U0943571

数字电视技术丛书

地面数字电视发射系统与覆盖网络

数字电视国家工程实验室（北京）　编著

科学出版社
北京

内 容 简 介

本书在比较现有地面数字电视国际标准的基础上，详细介绍了国家地面数字电视传输标准 DTMB。全书共分 8 章。第 1～2 章从整体上介绍了地面数字电视广播发射系统的组成、技术指标、安装调试与备份技术等；第 3～6 章针对地面数字电视发射系统中的激励器、发射机、天馈线系统和补点发射机，详细介绍了这些组成部分的原理、结构和技术指标等；第 7 章介绍了覆盖网络规划与优化；第 8 章介绍了单频网的基本概念与原理、覆盖模型以及与工程实践相关的问题。

本书可作为广播电视技术院校的教学用书，也可作为数字电视领域工程技术人员的参考书。

图书在版编目(CIP)数据

地面数字电视发射系统与覆盖网络/数字电视国家工程实验室（北京）编著. —北京：科学出版社，2012
（数字电视技术丛书）
ISBN 978-7-03-033635-4

Ⅰ.①地… Ⅱ.①数… Ⅲ.①数字电视-发射系统②数字电视-电视网 Ⅳ.①TN949.197

中国版本图书馆 CIP 数据核字(2012)第 030116 号

责任编辑：张 濮 王 哲/责任校对：李 影
责任印制：赵 博/封面设计：迷底书装

科 学 出 版 社 出版
北京东黄城根北街 16 号
邮政编码：100717
http://www.sciencep.com

北京佳艺恒彩印刷有限公司 印刷
科学出版社发行 各地新华书店经销

*

2012 年 3 月第 一 版 开本：B5(720×1000)
2012 年 3 月第一次印刷 印张：14 1/4 插页：4
字数：273 600

定价：38.00 元

（如有印装质量问题，我社负责调换）

实施数字电视国标
培养数字电视人才
发展数字电视产业
惠及数字电视用户

邬贺铨
2012.3.8

邬贺铨　中国工程院院士

普及数字电視知识
培养專门技术人才
提高服務质量

吴佑寿
二〇一二、三

吴佑寿　中国工程院院士

《数字电视技术丛书》编写委员会

丛 书 序

2006年8月我国颁布了自主研发的国家地面电视标准——《数字电视地面广播传输系统帧结构、信道编码和调制》(GB 20600—2006)(以下简称国标),并作为国家强制性标准在全国范围内推广使用。国标采用了先进的技术和设计理念,拥有完全自主知识产权,与现有的国际标准比较,在频谱利用率、快速同步、接收灵敏度、支持高清移动接收、支持未来业务扩展及系统的整体性能等方面都有较大的提高。在2007年开始的国标海外推广过程中,与现有国际标准(美国、欧洲及日本标准)进行了充分的对比测试,国标技术第一次得到普遍认可。目前国标海外推广工作已经取得突破性进展,该项工作得到国家有关部委及国家领导人的高度重视。2009年国家发改委批准清华大学、北京航空航天大学、上海交通大学、中国电子技术标准化研究所、中国普天信息产业股份有限公司、北京海尔集成电路设计有限公司、北京北广科技股份有限公司、北京同方凌讯科技有限公司、北京牡丹电子集团有限责任公司、北京京东方科技集团股份有限公司、北京数码视讯科技股份有限公司、深圳市国微控股股份有限公司等组建数字电视国家工程实验室(北京)。实验室的主要工作任务是国标演进技术研发及国标海外推广应用工作,其中很重要的一部分工作就是培训熟悉国标使用的工程技术人员,以保证国标实施的最佳效果。

国际上绝大多数国家数字电视转换工作都还没有开始或者刚刚开始,我国的数字电视转制工作也刚起步。按国家广播电影电视总局的规划,2015年开始关闭模拟电视广播,因此,未来几年将是数字电视加速发展的阶段,支持数字电视的发展需要规模庞大的技术人员。数字电视尤其是地面数字电视带来的产业革命,在技术的复杂度、业务应用的深度和广度等方面都是模拟电视不可比拟的,模拟电视时代的技术人员已经很难适应发展的需要。基于这样的背景,数字电视国家工程实验室(北京)结合海外培训教材的准备情况,联合业内研究、生产第一线的专家,编写了这套数字电视技术丛书。

本套丛书涵盖数字电视节目制作、前端系统、发射系统与测试全产业链,注重实用性,适合数字电视领域工程技术人员学习,可以作为广播电视技术院校的教材,将有助于培养具备产业前沿技术知识与实际工作能力的技术人员。相信本套丛书的出版将对我国数字电视产业发展起到积极的推动作用。

《数字电视技术丛书》编写委员会

2012年3月

前　言

地面数字电视广播具有信息传播安全可靠、覆盖面广、传播内容灵活、抗干扰能力强、建设维护成本低及支持移动、便携接收等特点，是不可或缺的电视传播途径。地面数字电视广播发射系统是地面数字电视广播系统的重要组成部分，直接影响地面数字电视广播网络的覆盖效果。

本书力图让读者对地面数字电视发射系统的组成、关键设备、地面数字电视广播网络规划和单频网组网等方面的知识有一个全面的了解。全书共分 8 章。第 1 章主要介绍了我国地面数字电视传输标准 DTMB；第 2 章介绍了地面数字电视发射系统的特点、组成与技术指标；第 3 章介绍了激励器的原理、基本结构、主要功能与技术指标；第 4 章介绍了数字电视发射机的基本原理、组成和技术指标等；第 5 章介绍了 UHF 波段地面数字电视广播发射系统中天馈线系统的组成、发射天线、技术指标以及常见故障与维护方法；第 6 章介绍了补点发射机的基本原理、应用与安装；第 7 章介绍了地面数字电视覆盖网络规划与优化；第 8 章介绍了地面数字电视广播单频网的基本概念、适配器、覆盖模型和工程实践。

北京北广科技股份有限公司为本书提供了素材，上海全波通信技术有限公司参与了第 2 章和第 8 章的编写，江苏恩巨网络有限公司组织编写了第 7 章，在此一并表示感谢。同时，在本书的编写过程中我们参考了较多的书籍、论文和网络文献，在此向其作者表示深深的谢意。

本书注重实用性，面向数字电视领域工程技术人员，可作为广播电视技术学院(校)的参考教材，有助于培养具备产业前沿技术知识与实际工作能力的技术人员。

由于数字电视技术及产业均处于不断发展和完善的阶段，加上编者水平有限，书中难免存在疏漏和不足之处。我们将在今后的研发、生产和工程实践中不断改进和完善，恳请广大读者和同行提出宝贵意见。

作　者

2012 年 1 月

目　录

第1章　地面数字电视传输国际标准

1.1　基本介绍

目前被国际电信联盟(International Telecommunication Union,ITU)采纳的地面数字电视传输标准有美国的高级电视系统委员会标准(Advanced Television Systems Committee,ATSC)、欧洲的数字视频地面广播标准(Digital Video Broadcasting-Terrestrial,DVB-T)和日本的地面综合业务数字广播标准(Integrated Service Digital Broadcasting-Terrestrial,ISDB-T)。我国的地面数字多媒体广播标准(Digital Terrestrial Multimedia Broadcasting,DTMB)在2011年被ITU接纳成为地面数字电视D系统,成为ITU认可的第四个地面数字电视传输国际标准。

1.1.1　ATSC系统

ATSC采用格形编码的八电平残留边带(Trellis-Coded 8-Level Vestigial Side-Band,8-VSB)调制。ATSC数字电视标准是美国高级电视系统委员会开发的,它是为了在单个6MHz频道中传输高质量视频和音频以及辅助数据而设计的,用于地面广播和有线分配系统。它能够可靠地在6MHz地面信道中实现19.4Mbit/s的数据吞吐量,在有线电视信道中实现38.8Mbit/s的数据吞吐量。有两种有效的操作模式:8-VSB和16-VSB。其中,8-VSB"地面同播模式"便于更好地抵抗NTSC干扰,16-VSB"高码率模式"主要用于更可靠的有线信道。

ATSC系统可以抵抗多种类型的干扰:现存的模拟电视节目、白噪声、脉冲噪声、相位噪声、连续波和无源反射(多径)。系统提供固定的接收,不支持移动接收。

ATSC系统使用单载波调制方案,即八电平残留边带(8-VSB)调制,用于多频网(Multi-Frequency Network,MFN)实现。虽然此系统是为6MHz频道开发和测试的,但它能应用于任何信道带宽(6MHz、7MHz、8MHz),只是相应地改变数据容量。ATSC在初期是不支持单频网的,但是经过技术人员的努力,目前ATSC已经可以在单频网下工作。

1.1.2　DVB-T系统

DVB-T采用编码正交频分复用(Coded Orthogonal Frequency Division Multiplexing,C-OFDM)调制,DVB-T系统是欧洲数字视频广播组织开发的。DVB-T是DVB

系列标准之一，其他还有卫星（DVB-S）和有线（DVB-C）数字视频广播等，此系列标准考虑了数字视频和音频的传输，以及将来的多媒体节目。对于地面广播，此系统可以在现存的已分配给模拟电视传输的频谱内广播。8MHz 信道内传输的有效净比特码率在不同的信道编码参数、调制类型和保护间隔的组合下，可以支持4.98～31.67Mbit/s。

DVB-T 系统不仅能够处理高斯信道，而且也能适应莱斯信道和瑞利信道。它能够抵抗高电平（0dB）、长延时的静态和动态多径失真，能有效地克服延时信号的干扰，包括地势或建筑物反射的回波，或者单频网环境中远方发射机发射的信号。

DVB-T 系统通过多种可选择参数的组合，可以适应大范围的载噪比和信道特性，支持固定、便携或者移动接收。

DVB-T 采用编码正交频分复用多载波调制技术，有两种操作模式：2K 模式和 8K 模式，分别进行 2K 和 8K 点快速傅里叶变换（Fast Fourier Transform，FFT）。系统可以选择不同的 QAM 调制级数和不同的内码码率，也允许两层分级信道编码和调制。此外，长度可选择的保护间隔允许系统支持不同的网络配置，例如大范围的单频网（Single Frequency Network，SFN）和多频网（MFN）。2K 模式适用于单发射机广播，并能很好地支持移动接收以及具有有限发射机距离的小的单频网。8K 模式既能用于单发射机广播，也能用于小的和大的单频网，一般用于固定接收。

1.1.3 ISDB-T 系统

ISDB-T 系统是日本无线电工商业协会（Association of Radio Industries and Businesses，ARIB）开发的，它系统地综合了各种类型的数字内容，包括从标准清晰度电视（Standard Definition Television，SDTV）到高清晰度电视（High Definition Television，HDTV）的多节目视频、多节目音频、图形和文本等。因为 ISDB 概念覆盖了各种服务，因此系统必须面对各种需求，而且一个业务和另一个业务可能是不同的。为了综合不同的业务需求，系统提供了可选择的调制、误码保护方案和灵活的组合，以便面对这些综合业务的各种需求。

系统采用的调制方法称为频带分段传输正交频分复用（Bandwidth Segmented Transmission OFDM，BST-OFDM），由一组共同的称为 BST 段的基本频率块组成。每段的带宽为 BW/14MHz，这里 BW 是指地面电视信道带宽（6MHz、7MHz 或 8MHz，依赖于所处地区）。例如，对于 6MHz 信道，每段占据 6/14MHz≈428.6kHz 频谱，7 段等于（6×7）/14MHz＝3MHz。在 OFDM 特性之外，BST-OFDM 对不同的 BST 段采用不同的载波调制方案和内码编码码率，依此提供了分级传输特性。每个数据段有其自己的误码保护方案（内码编码码率、时间交织深度）和调制类型（QPSK、

DQPSK、16-QAM 或者 64-QAM)，那么每段能满足不同的业务需求。许多段可以灵活地组合到一起，提供宽带业务(如 HDTV)。通过传输不同传输参数的 OFDM 段群，可以实现分级传输。

1.1.4　DTMB 系统

DTMB 系统由中国开发，采用时域同步正交频分复用(Time Domain Synchronous OFDM，TDS-OFDM)调制方式，它由时域同步和频域数据两个传输模块组成。2006 年 8 月，我国公布了用于地面数字电视广播的 DTMB 标准，并已于 2007 年 8 月 1 日起强制执行。

我国的 DTMB 标准具有后发优势，具有码字捕获快速和同步跟踪稳健、频谱利用效率高、移动性能好、广播覆盖范围大、多业务广播方便等优点。

在信道编码方面，DTMB 标准采用了 BCH 码和低密度奇偶校验(Low Density Parity Check，LDPC)码级联的形式。由于 LDPC 码优越的性能，DTMB 系统在对抗各种干扰等方面具有非常好的性能。由于采用了 TDS-OFDM 的独特技术，DTMB系统在同步性能上明显优于循环前缀编码正交频分复用(Cyclic Prefix-OFDM，CP-OFDM)系统。而且由于采用训练序列代替循环前缀，接收机可通过训练序列进行信道估计，从而可以节省传统 CP-OFDM 系统中的频域导频，提高了频谱利用率。

DTMB 系统在 8MHz 带宽内可支持 4.813～32.486Mbit/s 的净载荷数据传输率，可支持 SDTV 和 HDTV，支持固定接收和移动接收，支持单频组网和多频组网。

关于 DTMB 标准的技术内容将在 1.2 节中详细介绍。

四种地面数字电视传输标准主要参数对比如表 1-1 所示。

表 1-1　四种地面数字电视传输标准主要参数对比

传输标准		美国 ATSC	欧洲 DVB-T	日本 ISDB-T	中国 DTMB
传送码流		ISO/IEC 13818-1(MPEG-2 TS)传送码流 TS			
信道纠错编码	外码	RS(207,187,t=10)	RS(204,188,t=8)		BCH(762,752)
	外码交织	52 RS 块交织	12 RS 块交织		卷积交织
	内码	2/3 码率格形码	缩短的卷积码，码率：1/2、2/3、3/4、5/6、7/8 约束长度=7，多项式(八进制)171，133		LDPC(7488，3008/4512/6016)
	内码交织	12∶1 格形码交织	卷积交织和频率交织	卷积交织、频率交织和选择的时间交织	FFT 块内交织
	数据随机化	16bit PRBS			

续表

传输标准		美国 ATSC	欧洲 DVB-T	日本 ISDB-T	中国 DTMB
信道调制	调制方案	8/16 电平残留边带调制 8-VSB 或 16-VSB	编码的正交频分复用 C-OFDM	13 个频率分段的正交频分复用 BST-OFDM	时域同步的正交频分复用 TDS-OFDM
	星座图	8-VSB、16-VSB	QPSK、16-QAM、64-QAM	QPSK、DPSK、16-QAM、64-QAM	QPSK、16-QAM、32-QAM、64-QAM
	分级调制	—	多分辨率星座图 16-QAM、64-QAM	分级调制 13 个分段上有 3 种不同的调制	—
	载波数目	单载波	2K、8K	2K、4K、8K	单载波、4K
	信道估计	时域	频域	频域	时域
	同步	PN 序列和导频	导频	导频	PN 序列

1.2 DTMB系统详情

1.2.1 DTMB 信道编码

DTMB 定义了数字电视地面广播传输系统发送端完成从输入数据码流到地面电视信道传输信号的转换。输入数据码流经过扰码器、前向纠错编码、星座映射、交织后形成基本数据块;基本数据块与系统信息组合后,经过帧体数据处理形成帧体;帧体与相应的帧头复接为信号帧,根据帧地址组帧单元构建与绝对时间日、时、分、秒同步的复帧结构;经过基带后处理转换为基带输出信号,该信号经正交上变频转换为射频信号。

DTMB 的发送端原理如图 1-1 所示。

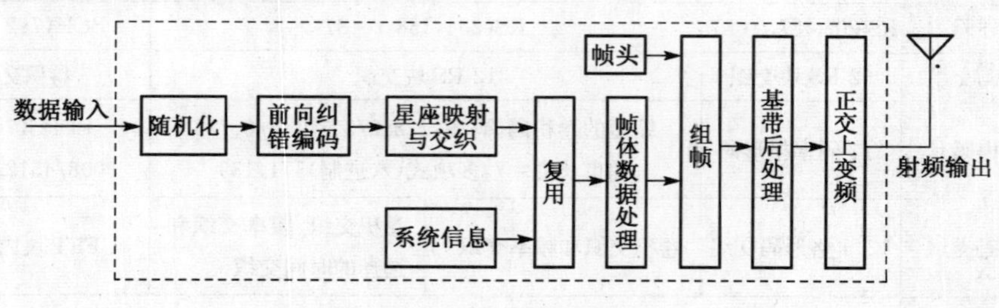

图 1-1 发送端原理框图

1.2.2　DTMB 主要参数

DTMB 的主要部分参数如表 1-2 所示。

表 1-2　DTMB 主要部分参数

差别	名　称	定　义	说　明
数据	数据格式	MPEG-2 接口	188 字节/包
	载荷	4.8～32.4Mbit/s	
	纠错编码外码	BCH(762,752)	
	纠错编码内码	LDPC(7488,3008/4512/6016)	
	时域交织	卷积交织	模式 1:深度＝240 个符号 模式 2:深度＝720 个符号
	频域交织	FFT 块内交织	块大小＝3780 个符号
TPS	TPS 导频数量	36 个符号	72bit
	TPS 调制方式	4-QAM	
	载波方式	多载波/单载波	IFFT 系数:多载波取 3780,单载波取 1
多载波参数	子载波数量	3780	3744(FEC)＋36(TPS)
	信号帧体长度	500μs	8MHz 带宽系统
	子载波间隔	2.0kHz	8MHz 带宽系统
	保护间隔 (PN 序列填充)	420、595、945 个符号 (1/9、1/6、1/4、3780)	1/9、1/6、1/4 的信号帧体长度
	子载波调制	QPSK,16-QAM 或 64-QAM	也可以采用 4-QAM-NR,32-QAM
射频特性	有效带宽	7.56MHz	8MHz 带宽系统
	信道成型滤波器	升余弦滚降滤波器	α＝0.05

1.2.3　输入接口

地面数字电视广播传输系统的数据输入接口的格式定义支持标准 GB/T 17975—1 信息技术运动图像及其伴音信息的通用编码第 1 部分:系统(GB/T

17975—1—2000，idt ISO/IEC 13818—1—1996)。但对于载荷内容不做定义和要求，对于输入数据而言，DTMB实现透明传输。

1.2.4 随机化

为了保证传输数据的随机性以便于传输信号处理，输入的数据码流数据需要用扰码进行加扰。扰码原理是以线性反馈移位寄存器理论为基础的。在数字基带信号传输中，将二进制数字信息先进行“随机化”处理，变为伪随机序列，从而限制连“0”或连“1”码的长度，以保证位定时信息恢复的质量，这种“随机化”处理称为“扰码”。在接收端解除这种“扰码”的过程称为“解扰”。扰码作为有效克服连“0”或连“1”码的手段，在多种通信系统中得到应用。

DTMB系统中的扰码是一个最大长度二进制伪随机序列。该序列生成多项式定义为

$$G(x) = 1 + x^{14} + x^{15} \tag{1-1}$$

该序列的初始相位定义为100101010000000。

输入的比特码流(来自输入接口的数据字节的MSB在前)与PN序列进行逐位模二加后产生数据扰乱码。扰码器的移位寄存器在信号帧开始时复位到初始相位。扰码器组成如图1-2所示。

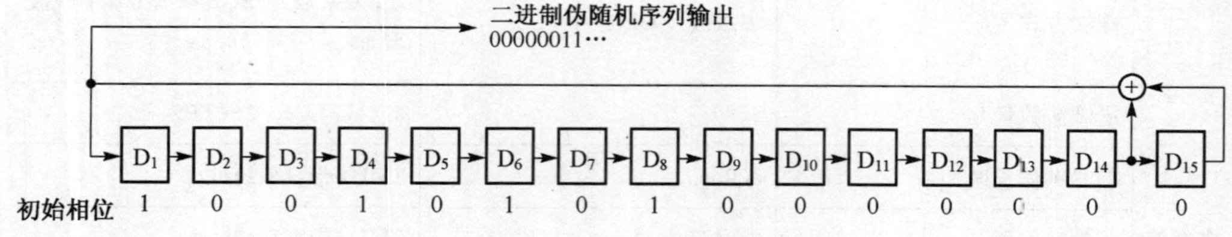

图1-2　扰码器组成框图

与欧洲DVB-T不同，扰码器对所有的输入信号都进行加扰，而欧洲DVB-T对帧头是不加扰的。DVB-T的扰码器组成如图1-3所示。

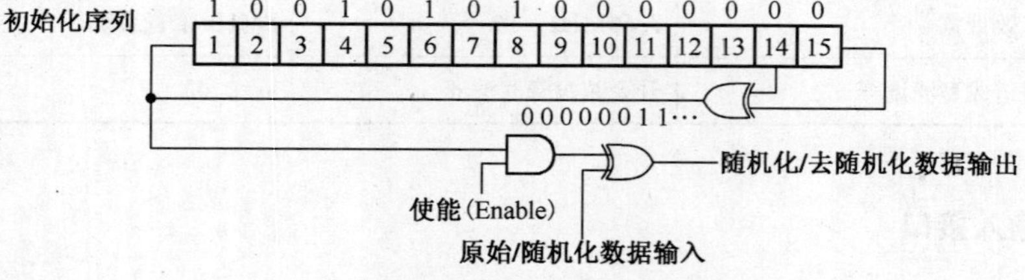

图1-3　DVB-T扰码器组成框图

1.2.5　前向纠错编码

纠错编码技术是DTMB相对于其他三个地面数字电视广播标准的主要区别之一。

LDPC码是目前通信领域研究的热点，因为其自身的结构和特点，具有良好的纠错增益，可以在一定程度上逼近香农极限，是一种性能优越的编码方式，在无线通信等领域得到了广泛的重视。

LDPC码虽然拥有目前最好的编码效率和性能，但是有限长度的LDPC码在低误码率时存在误码平层，即随着信噪比的增加，误码率并不是单调减小的，而是趋近于一个很小的常数。虽然通过不同的编码构造方法可以降低误码平层，但是难以彻底消除。为此，DTMB系统采用BCH码和LDPC码级联的方式来解决这个问题。BCH码在系统中可以起到两个重要的作用，首先BCH码可以降低误码平层，测试表明，DTMB系统的误码平层低于10^{-12}，可以满足高清数字广播的需求；其次，BCH码可以完成速率适配，使得在每个信号帧里面有整数个MPEG包。

编码效率为0.6，64-QAM，载荷速率为24.365Mbit/s的系统实测曲线如图1-4所示。从图中可以看出系统具有较好的误码平层特性。

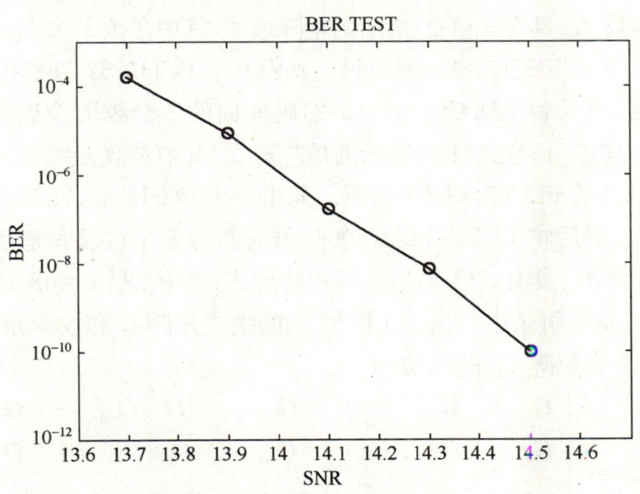

图1-4　LDPC误码平层实测曲线

DTMB系统中前向纠错(Forward Error Correction，FEC)编码的外码BCH码为BCH(762，752)。该BCH(762，752)码是由BCH(1023，1013)系统码缩短而成的，BCH(1023，1013)生成多项式为

$$G_{\mathrm{BCH}}(x)=1+x^3+x^{10} \tag{1-2}$$

该BCH码构建时在752bit的数据码前加入261bit的0来补足1013bit，然后进

行 BCH(1023,1013)编码。编码后得到 1023bit 码字，然后删除前 261bit 的 0，得到码长为 762bit 的 BCH 码。根据线性分组码的原理，BCH(1023,1013)码可以纠正 1bit 的突发错误。

BCH 码编码器将编码生成的 10bit 校验信息附加到输入信息比特后输出到 LDPC 码编码器，如图 1-5 所示。

752信息比特	10编码比特

图 1-5　BCH 编码器输出信号示意图

在国标中，提供了三种不同码率的 LDPC 编码方式，分别是：

(1)等效编码码率为 $R=0.4$ 的 LDPC(7493,3048)码；

(2)等效编码码率为 $R=0.6$ 的 LDPC(7493,4572)码；

(3)等效编码码率为 $R=0.8$ 的 LDPC(7493,6096)码。

三种不同内码码率的 FEC 码的结构分别是：

(1)码率为 0.4 的 FEC(7488,3008)码。先由 4 个 BCH(762,752)码和 LDPC(7493,3048)码级联构成，然后将 LDPC(7493,3048)码前面的 5 个校验位删除。LDPC(7493,3048)码的生成矩阵 $\boldsymbol{G}_{qc}$ 具有式(1-3)所示的矩阵形式，其中参数 $k=24,c=35,b=127$。

(2)码率为 0.6 的 FEC(7488,4512)码。先由 6 个 BCH(762,752)码和 LDPC(7493,4572)码级联构成，然后将 LDPC(7493,4572)码前面的 5 个校验位删除。LDPC(7493,4572)码的生成矩阵 $\boldsymbol{G}_{qc}$ 具有式(1-3)所示的矩阵形式，其中参数 $k=36,c=23,b=127$。

(3)码率为 0.8 的 FEC(7488,6016)码。先由 8 个 BCH(762,752)码和 LDPC(7493,6096)码级联构成，然后将 LDPC(7493,6096)码前面的 5 个校验位删除。LDPC(7493,6096)码的生成矩阵 $\boldsymbol{G}_{qc}$ 具有式(1-3)所示的矩阵形式，其中参数 $k=48,c=11,b=127$。

GB 20600—2006 附录中给出了 LDPC 码的生成矩阵 $\boldsymbol{G}$ 和校验矩阵 $\boldsymbol{H}$。

LDPC 码的生成矩阵 $\boldsymbol{G}_{qc}$ 的结构为

$$\boldsymbol{G}_{qc}=\begin{bmatrix}\boldsymbol{G}_{0,0} & \boldsymbol{G}_{0,1} & \cdots & \boldsymbol{G}_{0,c-1} & \boldsymbol{I} & \boldsymbol{O} & \cdots & \boldsymbol{O}\\ \boldsymbol{G}_{1,0} & \boldsymbol{G}_{1,1} & \cdots & \boldsymbol{G}_{1,c-1} & \boldsymbol{O} & \boldsymbol{I} & \cdots & \boldsymbol{O}\\ \vdots & \vdots & \boldsymbol{G}_{i,j} & \vdots & \vdots & \vdots & \ddots & \vdots\\ \boldsymbol{G}_{k-1,0} & \boldsymbol{G}_{k-1,1} & \cdots & \boldsymbol{G}_{k-1,c-1} & \boldsymbol{O} & \boldsymbol{O} & \cdots & \boldsymbol{I}\end{bmatrix}\tag{1-3}$$

式中：$\boldsymbol{I}$ 为 $b\times b$ 阶单位矩阵；$\boldsymbol{O}$ 为 $b\times b$ 阶零阵；$\boldsymbol{G}_{i,j}$ 为 $b\times b$ 循环矩阵，取 $0\leqslant i\leqslant k-1, 0\leqslant j\leqslant c-1$。

DTMB 标准的附录中给出的 $\boldsymbol{G}_{i,j}$ 指示了每个小矩阵第一行的定义，矩阵 $\boldsymbol{G}_{i,j}$ 内的每一行都是上一行的向右循环移位一位，此方阵的第一行是此方阵的最后一行的向右循环移位一位；此方阵内的每一列都是左一列的向下循环移位一位，并且第一列是最后一列

的向下循环移位一位。例如，$G[0][0]$:44DB4147E6075A92E878EB68C44DD51F

由于 $G_{i,j}$ 是 127×127 的矩阵，而 $G[0][0]$ 定义有 128bit，所以在定义矩阵时舍弃最高位。

这定义了 $G_{0,0}$ 的第一行为

100 0100 1101 1011 0100 0001 0100 0111 1110 0110 0000 0111 0101 1010 1001 0010 1110 1000 0111 1000 1110 1011 0110 1000 1100 0100 0100 1101 1101 0101 0001 1111

LDPC 编码器输出的码字信息位在后，校验位在前。不同码率的编码器输出信号中，输入信息、BCH 编码校验位、LDPC 编码校验位的关系如图 1-6～图 1-8 所示。

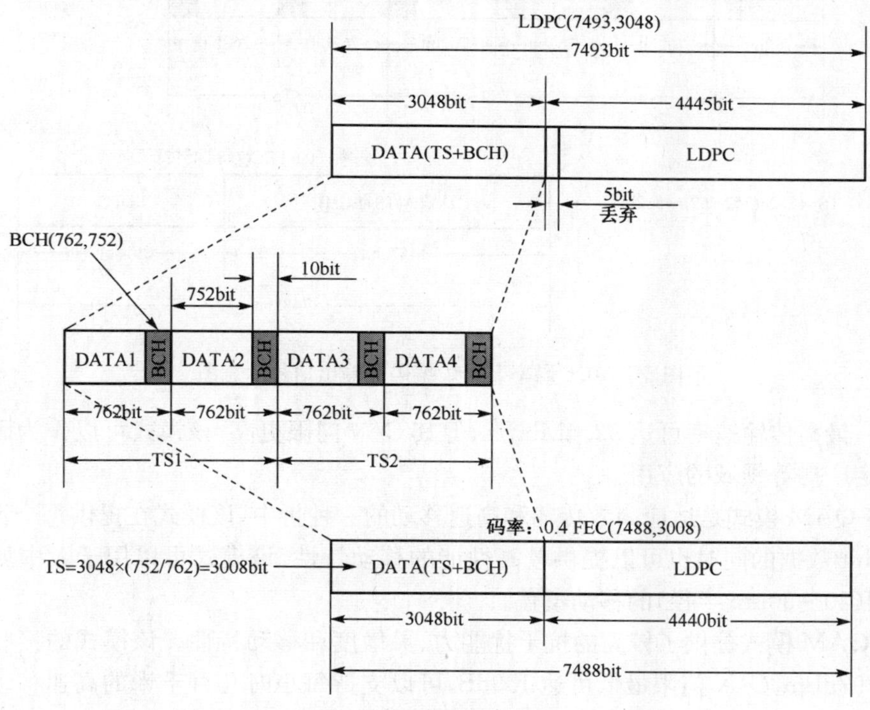

图 1-6　0.4 码率 LDPC 编码器输出信号示意图

1.2.6　星座图映射

DTMB 系统支持多种调制方式：64-QAM、32-QAM、16-QAM、4-QAM、4-QAM-NR。各种符号映射加入相应的功率归一化因子，使各种符号映射的平均功率趋同。

前向纠错编码产生的比特流要转换成均匀的 n-QAM（n 为星座点数）符号流（最先进入的 FEC 编码比特作为符号码字的 LSB）。

64-QAM 作为最高阶调制模式，每个符号可传输 6bit 数据，可以提供最高的频谱

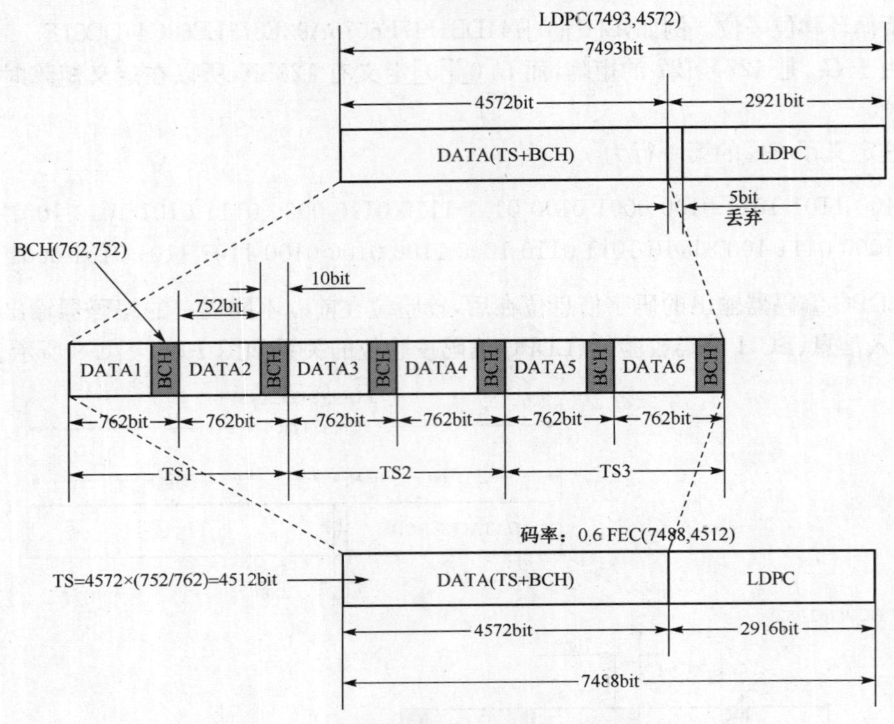

图 1-7　0.6 码率 LDPC 编码器输出信号示意图

利用率，最高传输速率可达 32.4Mbit/s，但其 C/N 门限更高，该模式可以作为固定接入、固定广播等领域的应用。

16-QAM 模式是适应高效传输和高速移动的一种折中，该模式在提供每个符号可传输 4bit 数据的同时也可以提供较高性能的移动特性，该模式可以用于大中城市中小范围(20～50km 半径)的移动覆盖。

4-QAM 模式提供了较高的抗干扰能力、灵敏度和移动特性。该模式的接收灵敏度为-97dBm，C/N 门限最低可达 1.9dB，可以支持每小时几百千米的高速移动。该模式可用于大范围、高接通率的覆盖。

1.2.7　64-QAM 映射

对于 64-QAM，每 6bit 对应于 1 个星座符号。FEC 编码输出的比特数据被拆分成 6bit 为一组的符号($b_5b_4b_3b_2b_1b_0$)。该符号的星座映射是同相分量 $I=b_2b_1b_0$，正交分量 $Q=b_5b_4b_3$，星座点坐标对应的 I 和 Q 的取值为-7，-5，-3，-1，1，3，5 和 7。其星座映射如图 1-9 所示。

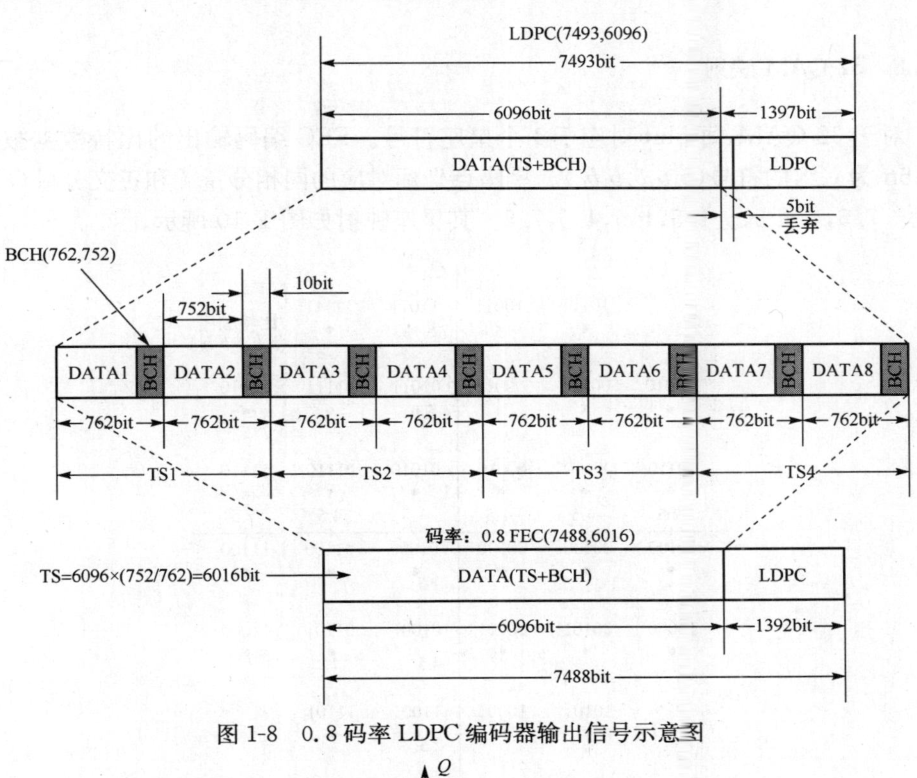

图 1-8　0.8 码率 LDPC 编码器输出信号示意图

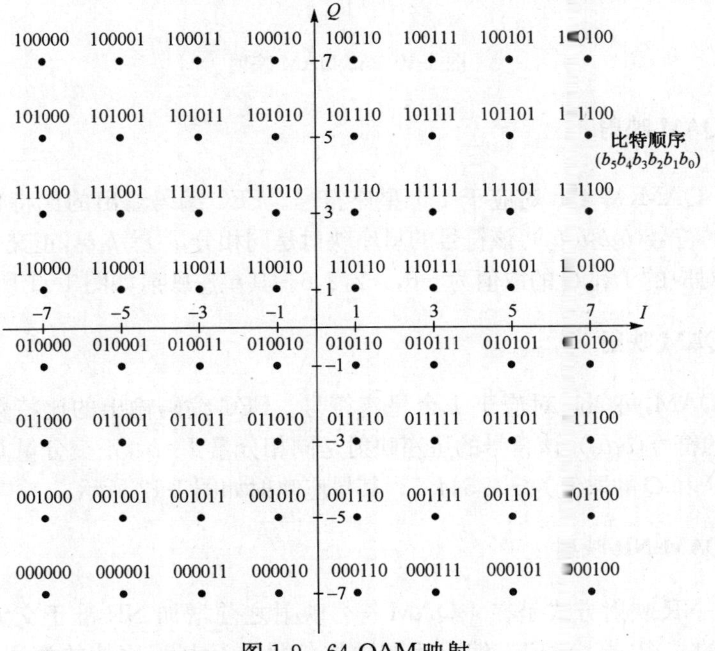

图 1-9　64-QAM 映射

1.2.8　32-QAM 映射

对于 32-QAM，每 5bit 对应于 1 个星座符号。FEC 编码输出的比特数据被拆分成 5bit 为一组的符号($b_4b_3b_2b_1b_0$)。星座点坐标对应的同相分量 I 和正交分量 Q 的取值为−7.5，−4.5，−1.5，1.5，4.5，7.5。其星座映射如图 1-10 所示。

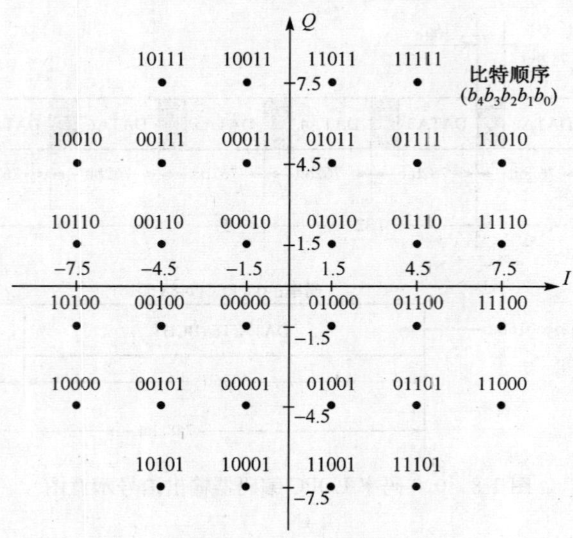

图 1-10　32-QAM 映射

1.2.9　16-QAM 映射

对于 16-QAM，每 4bit 对应于 1 个星座符号。FEC 编码输出的比特数据被拆分成 4bit 为一组的符号($b_3b_2b_1b_0$)，该符号的星座映射是同相分量 $I=b_1b_0$，正交分量 $Q=b_3b_2$，星座点坐标对应的 I 和 Q 的取值为−6，−2，2，6。其星座映射如图 1-11 所示。

1.2.10　4-QAM 映射

对于 4-QAM，每 2bit 对应于 1 个星座符号。FEC 编码输出的比特数据被拆分成 2bit 为一组的符号(b_1b_0)，该符号的星座映射是同相分量 $I=b_0$，正交分量 $Q=b_1$，星座点坐标对应的 I 和 Q 的取值为−4.5，4.5。其星座映射如图 1-12 所示。

1.2.11　4-QAM-NR 映射

4-QAM-NR 映射方式是在 4-QAM 符号映射之前增加 NR 准正交编码映射。按照时域描述的交织方法对FEC编码后的数据信号进行基于比特的卷积交织，然后进

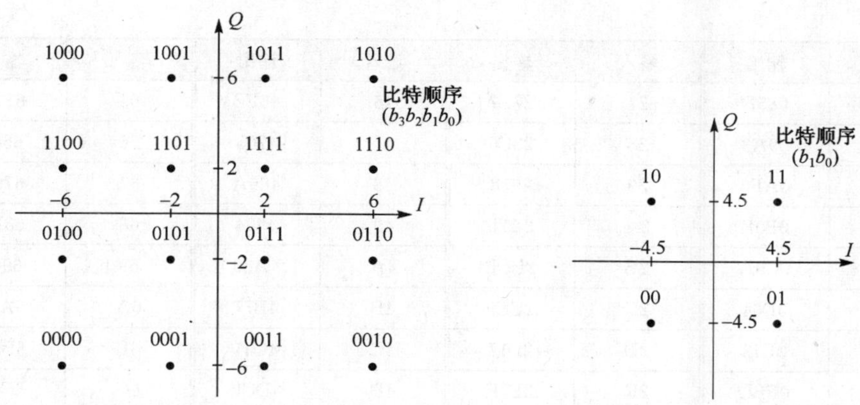

图 1-11　16-QAM 映射　　　　图 1-12　4-QAM 映射

行一个 8bit 到 16bit 的 NR 准正交预映射，再把预映射后每 2bit 按照 4-QAM 调制方式映射到星座符号，直接与系统信息复接。NR 映射关系的描述如下。

NR 映射将每 8 个 FEC 编码比特映射为 16 个比特，将这 16 个比特表示为

$$x_0x_1x_2x_3x_4x_5x_6x_7y_0y_1y_2y_3y_4y_5y_6y_7$$

式中：$x_0x_1x_2x_3x_4x_5x_6x_7$ 为信息比特；$y_0y_1y_2y_3y_4y_5y_6y_7$ 为衍生比特，取值均为 0 或者 1，其约束关系满足

$$\begin{aligned}
y_0 &= x_7+x_6+x_0+x_1+x_3+(x_0+x_4)(x_1+x_2+x_3+x_5)+(x_1+x_2)(x_3+x_5)\\
y_1 &= x_7+x_0+x_1+x_2+x_4+(x_1+x_5)(x_2+x_3+x_4+x_6)+(x_2+x_3)(x_4+x_6)\\
y_2 &= x_7+x_1+x_2+x_3+x_5+(x_2+x_6)(x_3+x_4+x_5+x_0)+(x_3+x_4)(x_5+x_0)\\
y_3 &= x_7+x_2+x_3+x_4+x_6+(x_3+x_0)(x_4+x_5+x_6+x_1)+(x_4+x_5)(x_6+x_1)\\
y_4 &= x_7+x_3+x_4+x_5+x_0+(x_4+x_1)(x_5+x_6+x_0+x_2)+(x_5+x_6)(x_0+x_2)\\
y_5 &= x_7+x_4+x_5+x_6+x_1+(x_5+x_2)(x_6+x_0+x_1+x_3)+(x_6+x_0)(x_1+x_3)\\
y_6 &= x_7+x_5+x_6+x_0+x_2+(x_6+x_3)(x_0+x_1+x_2+x_4)+(x_0+x_1)(x_2+x_4)\\
y_7 &= x_0+x_1+x_2+x_3+x_4+x_5+x_6+x_7+y_0+y_1+y_2+y_3+y_4+y_5+y_6
\end{aligned} \tag{1-4}$$

式中：加法为模二加运算，乘法为模二乘运算。

NR 映射关系如表 1-3 所示。

表 1-3　NR 映射

输入	输出	输入	输出	输入	输出	输入	输出
00	0000	02	0297	04	042F	06	06CC
01	01FE	03	0369	05	05D1	07	0732

续表

输入	输出	输入	输出	输入	输出	输入	输出
08	085D	27	27E7	46	46FB	65	657D
09	09A3	28	28C6	47	4705	66	6660
0A	0AF0	29	2938	48	486A	67	679E
0B	0B0E	2A	2A25	49	4994	68	68BF
0C	0C9A	2B	2BDB	4A	4A89	69	6941
0D	0D64	2C	2CE9	4B	4B77	6A	6A12
0E	0E43	2D	2D17	4C	4C31	6B	6BEC
0F	0FBD	2E	2E7E	4D	4DCF	6C	6C0C
10	10B9	2F	2F80	4E	4EA6	6D	6DF2
11	1147	30	306C	4F	4F58	6E	6ED5
12	125A	31	3192	50	508E	6F	6F2B
13	13A4	32	32C1	51	5170	70	7015
14	14E2	33	333F	52	5223	71	71EB
15	151C	34	34DF	53	53DD	72	72F6
16	1675	35	3521	54	5449	73	7308
17	178B	36	3606	55	55B7	74	743A
18	1836	37	37F8	56	5690	75	75C4
19	19C8	38	380B	57	576E	76	76AD
1A	1AEF	39	39F5	58	58D3	77	7753
1B	1B11	3A	3A9C	59	592D	78	78A0
1C	1C85	3B	3B62	5A	5A44	79	795E
1D	1D7B	3C	3C50	5B	5BBA	7A	7A79
1E	1E28	3D	3DAE	5C	5CFC	7B	7B87
1F	1FD6	3E	3EB3	5D	5D02	7C	7C67
20	2073	3F	3F4D	5E	5E1F	7D	7D99
21	218D	40	40E5	5F	5FE1	7E	7ECA
22	22AA	41	411B	60	60D8	7F	7F34
23	2354	42	423C	61	6126	80	80CB
24	24B4	43	43C2	62	624F	81	8135
25	254A	44	4456	63	63B1	82	8266
26	2619	45	45A8	64	6483	83	8398

续表

输入	输出	输入	输出	输入	输出	输入	输出
84	8478	A3	A303	C2	C251	E1	E1D7
85	8586	A4	A445	C3	C3AF	E2	E284
86	86A1	A5	A5BB	C4	C49D	E3	E37A
87	875F	A6	A6D2	C5	C563	E4	E4EE
88	88AC	A7	A72C	C6	C60A	E5	E510
89	8952	A8	A891	C7	C7F4	E6	E637
8A	8A3B	A9	A96F	C8	C807	E7	E7C9
8B	8BC5	AA	AA48	C9	C9F9	E8	E874
8C	8CF7	AB	ABB6	CA	CADE	E9	E98A
8D	8D09	AC	AC22	CB	CB20	EA	EAE3
8E	8E14	AD	ADDC	CC	CCC0	EB	EB1D
8F	8FEA	AE	AE8F	CD	CD3E	EC	EC5B
90	90D4	AF	AF71	CE	CE6D	ED	EDA5
91	912A	B0	B0A7	CF	CF93	EE	EEB8
92	920D	B1	B159	D0	D07F	EF	EF46
93	93F3	B2	B230	D1	D181	F0	F042
94	9413	B3	B3CE	D2	D2E8	F1	F1BC
95	95ED	B4	B488	D3	D316	F2	F29B
96	96BE	B5	B576	D4	D424	F3	F365
97	9740	B6	B66B	D5	D5DA	F4	F4F1
98	9861	B7	B795	D6	D6C7	F5	F50F
99	999F	B8	B8FA	D7	D739	F6	F65C
9A	9A82	B9	B904	D8	D818	F7	F7A2
9B	9B7C	BA	BA57	D9	D9E6	F8	F8CD
9C	9C4E	BB	BBA9	DA	DAB5	F9	F933
9D	9DB0	BC	BC3D	DB	DB4B	FA	FA2E
9E	9ED9	BD	BDC3	DC	DCAB	FB	FBD0
9F	9F27	BE	BEE4	DD	DD55	FC	FC96
A0	A01E	BF	BF1A	DE	DE72	FD	FD68
A1	A1E0	C0	C0B2	DF	DF8C	FE	FE01
A2	A2FD	C1	C14C	E0	E029	FF	FFFF

注：NR 映射由 8bit 到 16bit，表中给出具体映射规则，输入输出数据都用 16 进制表示。

1.2.12 交织

DTMB系统采用了时域符号交织技术以提高抗脉冲噪声干扰和对抗时间选择性信道的能力，时域符号交织编码是在多个信号帧的基本数据块之间进行的。数据信号(即星座映射输出的符号)的基本数据块间交织采用基于星座符号的卷积交织编码，如图1-13所示，其中变量B为交织宽度(支路数目)，变量M为交织深度(延迟缓存器尺寸)。进行符号交织的基本数据块的第一个符号与支路0同步。交织/解交织对的总延时为$M\times(B-1)\times B$符号。根据应用情况，基本数据块间交织的编码器有两种工作模式。

模式1:$B=52$,$M=240$符号，交织/解交织总延迟为170个信号帧。

模式2:$B=52$,$M=720$符号，交织/解交织总延迟为510个信号帧。

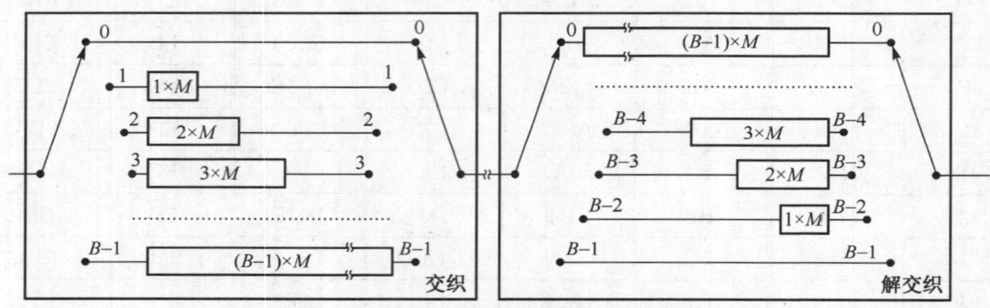

图1-13 卷积式数据块间交织示意图

DTMB这两种交织模式一种称为长交织，另一种称为短交织。长交织可以提供更好的抗干扰能力，但是将带来更长的延时并需要较多的解交织存储器，这在考虑交互、实时应用方面有一定的缺陷。短交织模式的交织深度只有长交织的1/3，其抗宽脉冲干扰性能较差。

对于短交织，其交织的宽度B是52个符号，深度M是240个符号，其编解码延时是$B\times(B-1)\times M=636480$符号。在发送端，如果符号宽度是8bit，那么编码所需要的存储器为$B\times(B-1)\times M\times 8/2=2545920$bit。对于接收机，如果其符号宽度为24bit，那么编码所需要的存储器为$B\times(B-1)\times M\times 24/2=7637760$bit。

对于长交织，交织的宽度B是52个符号，深度M是720个符号，其编解码延时是$B\times(B-1)\times M=1909440$符号。在发送端，如果符号宽度是8bit，那么编码所需要的存储器为$B\times(B-1)\times M\times 8/2=7637760$bit。对于接收机，如果其符号宽度为24bit，那么编码所需要的存储器为$B\times(B-1)\times M\times 24/2=22913280$bit。

数据符号需要分布到若干个3744个FFT载荷中传输，由于帧头有420、595和945三种模式，所以交织、解交织延时如表1-4所示。

表 1-4　交织解交织处理延时

交织深度/符号	帧头长度/符号	交织处理延时/ms
240	420	94.44
	595	98.38
	945	106.25
720	420	288.33
	595	295.14
	945	318.75

长交织用于处理较长的突发传输错误，严重的脉冲噪声或者衰落通常会产生较长的突发传输错误。考虑到目前半导体工艺的发展以及长交织对抵抗脉冲干扰能力方面的优势，推荐在可能的情况下优先使用长交织模式。

1.2.13　系统信息

系统信息为每个信号帧提供参数选择信息，包括映射方式、LDPC 码率、交织深度、单多工作模式等。系统信息长度为 36 个符号。36 个符号的前 4 个符号用做单多模式指示符，其中用 0000 表示单载波，1111 表示多载波。

系统中预设了 64 种不同的系统信息模式，并采用扩频技术传输。64 种系统信息在扩频前可以用 6 个信息比特来表示，采用扩频技术将其变换为 32bit 长的系统信息矢量，即用长度为 32bit 的 Walsh 序列和长度为 32bit 的随机序列来映射保护，使得系统信息在多径时变信道中有很强的抗衰落特性，并具有很强的鲁棒性。

系统信息采用 I、Q 相同的 QPSK 映射方式，这 64 种系统信息在扩频前可以用 6 个信息比特（$s_5 s_4 s_3 s_2 s_1 s_0$）来表示，系统信息结构如图 1-14 所示。

4 个单多模式指示符号 C=1 模式时为“0000” C=3780 模式时为“1111”	32 个 32 位长的 Walsh 矢量通过取反得到 64 个矢量，用 6 个信息比特（$s_5 s_4 s_3 s_2 s_1 s_0$）来表示：s_5 为 MSB，s_4 为交织模式，s_5 保留，$s_3 s_2 s_1 s_0$ 为码率、调制组合模式。

图 1-14　系统信息结构

系统信息的第 0～3 比特定义如表 1-5 所示。

表 1-5　系统信息的第 0～3 比特定义

$s_3 s_2 s_1 s_0$	表示含义
0000	奇数编号的超帧的首帧指示符号
0001	4-QAM，LDPC 码率 1

续表

$s_3s_2s_1s_0$	表示含义
0010	4-QAM，LDPC 码率 2
0011	4-QAM，LDPC 码率 3
0100	保留
0101	保留
0110	保留
0111	4-QAM-NR，LDPC 码率 3
1000	保留
1001	16-QAM，LDPC 码率 1
1010	16-QAM，LDPC 码率 2
1011	16-QAM，LDPC 码率 3
1100	32-QAM，LDPC 码率 3
1101	64-QAM，LDPC 码率 1
1110	64-QAM，LDPC 码率 2
1111	64-QAM，LDPC 码率 3

s_4为交织信息，其定义如表 1-6 所示。s_5 保留。

表 1-6　系统信息第 4 比特定义

s_4	表示含义
0	交织模式 1
1	交织模式 2

该 6bit 系统信息采用扩频技术变换为 32bit 长的系统信息矢量，即用长度为 32bit 的 Walsh 序列和长度为 32bit 的随机序列来映射保护。

通过以下步骤，可以得到 64 个 32bit 长的系统信息矢量，将 2^6 种系统信息与这 64 个系统信息矢量一一对应。

产生 32 个 32 位长的 Walsh 矢量，它们分别是 32×32 的 Walsh 块的各行矢量。Walsh 块的系统化产生方法如下：

$$\boldsymbol{W}_2=\begin{bmatrix}1 & 1\\ 1 & -1\end{bmatrix}$$

$$\boldsymbol{W}_{2n}=\begin{bmatrix}\boldsymbol{H} & \boldsymbol{H}\\ \boldsymbol{H} & -\boldsymbol{H}\end{bmatrix} \tag{1-5}$$

式中：$\boldsymbol{H}$ 为上一阶的 Walsh 块，即 $\boldsymbol{W}_{2(n-1)}$。

(1)将上述 32 个 32 位长的 Walsh 矢量取反，连同原有的 32 个 Walsh 矢量，共可以得到 64 个矢量。再将每个矢量经过“+1”到 1 值及“−1”到 0 值的映射，得到 64 个二进制矢量。

(2)这 64 个矢量与一个长度为 32bit 的随机序列按位相异或后得到 64 个系统信息矢量。该随机序列由一个 5bit 的线性反馈移位寄存器(Linear Feedback shift register，LFSR)产生一个长度为 31bit 的 5 阶最大长度序列后，再后续补一个 0 而产生。该 31 位最大长度序列的生成多项式定义为

$$G_{31}(x) = 1 + x + x^3 + x^4 + x^5$$

(3)初始相位为 00001，在每个信号帧开始时复位。

随机序列可采用图 1-15 所示的 LFSR 结构产生。

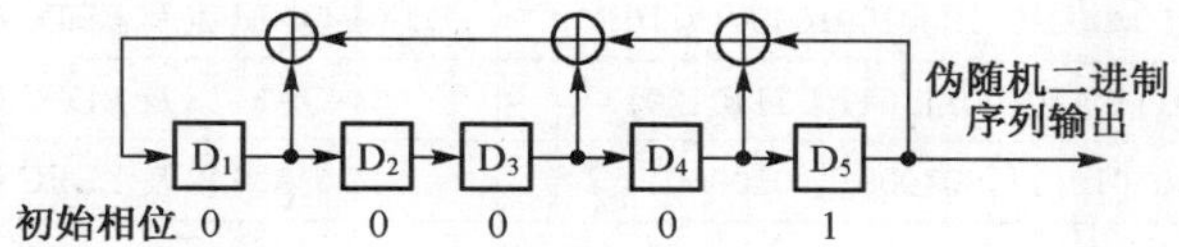

图 1-15　5 阶 m 序列生成结构

(4)将这 32bit 采用 I、Q 相同的 4-QAM 调制映射成为 32 个复符号。

这样经过保护后，每个系统信息矢量的长度为 32 个复符号，在其前面再加 4 个复符号作为数据帧体模式的指示。这 4 个复符号在映射前，$C=1$ 模式时为“0000”，$C=3780$ 模式时为“1111”，这 4 个比特也采用 I、Q 相同的 4-QAM 映射为 4 个复符号。系统信息映射如表 1-7 所示。

表 1-7　系统信息映射表

编号	系统信息矢量	含　义
1	00011110101011100100100010110011	序号为奇数的超帧的首帧指示符号
2	11100001010100011011011101001100	序号为偶数的超帧的首帧指示符号
3	01111000110010000010111011010101	4-QAM-NR 以及 LDPC 码率 3，交织模式 1
4	10000111001101111101000100101010	4-QAM-NR 以及 LDPC 码率 3，交织模式 2
5	01110111110001110010000111011010	4-QAM 以及 LDPC 码率 1，交织模式 1
6	10001000001110001101111000100101	4-QAM 以及 LDPC 码率 1，交织模式 2
7	00100010100100100111010010001111	4-QAM 以及 LDPC 码率 2，交织模式 1
8	11011101011011011000101101110000	4-QAM 以及 LDPC 码率 2，交织模式 2
9	01001011111110110001110111100110	4-QAM 以及 LDPC 码率 3，交织模式 1
10	10110100000001001110001000011001	4-QAM 以及 LDPC 码率 3，交织模式 2
11	00010001101000010100011110111100	16-QAM 以及 LDPC 码率 1，交织模式 1
12	11101110010111101011100001000011	16-QAM 以及 LDPC 码率 1，交织模式 2

续表

编号	系统信息矢量	含　义
13	01111000001101110010111000101010	16-QAM 以及 LDPC 码率 2,交织模式 1
14	10000111110010001101000111010101	16-QAM 以及 LDPC 码率 2,交织模式 2
15	00101101100111010111101110000000	16-QAM 以及 LDPC 码率 3,交织模式 1
16	11010010011000101000010001111111	16-QAM 以及 LDPC 码率 3,交织模式 2
17	01110111001110000010000100100101	32-QAM 以及 LDPC 码率 3,交织模式 1
18	10001000110001111101111011011010	32-QAM 以及 LDPC 码率 3,交织模式 2
19	00100010011011010111010001110000	64-QAM 以及 LDPC 码率 1,交织模式 1
20	11011101100100101000101110001111	64-QAM 以及 LDPC 码率 1,交织模式 2
21	01000100000010110001001000010110	64-QAM 以及 LDPC 码率 2,交织模式 1
22	10111011111101001110110111101001	64-QAM 以及 LDPC 码率 2,交织模式 2
23	00010001010111100100011101000011	64-QAM 以及 LDPC 码率 3,交织模式 1
24	11101110101000011011100010111100	64-QAM 以及 LDPC 码率 3,交织模式 2
25	00101101011000100111101101111111	保留
26	11010010100111011000010010000000	保留
27	01000100111101000001001011101001	保留
28	10111011000010111110110100010110	保留
29	01001011000001000001110100011001	保留
30	10110100111110111110001011100110	保留
31	00011110010100010100100001001100	保留
32	11100001101011101011011110110011	保留
33	01111000110010001101000100101010	保留
34	10000111001101110010111011010101	保留
35	00101101100111011000010001111111	保留
36	11010010011000100111101110000000	保留
37	01001011111110111110001000011001	保留
38	10110100000001000001110111100110	保留
39	00011110101011101011011101001100	保留
40	11100001010100010100100010110011	保留
41	01110111110001111101111000100101	保留
42	10001000001110000010000111011010	保留
43	00100010100100101000101101110000	保留

续表

编号	系统信息矢量	含　义
44	11011101011011010111010010001111	保留
45	01000100111101001110110100010110	保留
46	10111011000010110001001011101001	保留
47	00010001101000011011100001000011	保留
48	11101110010111100100011110111100	保留
49	01111000001101111101000111010101	保留
50	10000111110010000010111000101010	保留
51	00101101011000101000010010000000	保留
52	11010010100111010111101101111111	保留
53	01001011000001001110001011100110	保留
54	10110100111110110001110100011001	保留
55	00011110010100011011011110110011	保留
56	11100001101011100100100001001100	保留
57	01110111001110001101111011011010	保留
58	10001000110001110010000100100101	保留
59	00100010011011011000101110001111	保留
60	11011101100100100111010001110000	保留
61	01000100000010111110110111101001	保留
62	10111011111101000001001000010110	保留
63	00010001010111101011100010111100	保留
64	11101110101000010100011101000011	保留

该 36 个系统信息符号通过复用模块与信道编码后的数据符号复合成帧体数据，其复用结构为:36 个系统信息符号连续排列于帧体数据的前 36 个符号位置。$C=1$ 和$C=3780$两种模式通用的帧体结构如图 1-16 所示。

4 个帧体模式指示符号	32 个调制和码率等模式指示符号	3744 个数据符号

系统信息(36 个符号)+数据(3744 个符号)

图 1-16　帧体信息结构

注:TPS 不经过时域交织的处理。

1.2.14　帧结构

国标信号是由一系列帧结构组成复帧结构来承载的，信号的基本结构单元是信号帧，如图 1-17 所示。

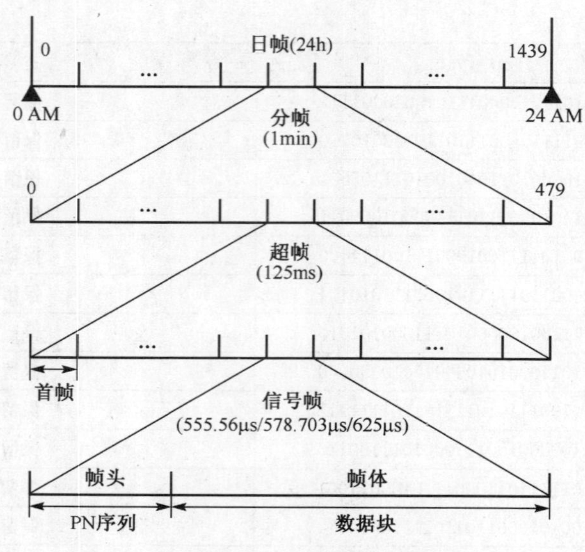

图 1-17　国标信号复帧结构

(1)信号帧:信号帧是系统帧结构的基本单元,一个信号帧由帧头和帧体两部分时域信号组成。帧头和帧体信号的基带符号率相同(7.56Msps)。帧头部分由 PN 序列构成,采用 I 路和 Q 路相同的 4-QAM 调制。为适应不同应用,定义了三种可选帧头模式以及相应的信号帧结构,如图 1-18(a)、(b)、(c)所示。三种帧头模式所对应的信号帧的帧体长度和超帧的长度都保持不变。对于图 1-18(a)的帧结构,每 225 个信号帧组成一个超帧(225×4200×1/7.56μs=125ms);对于图 1-18(b),每 216 个信号帧组成一个超帧(216×4375×1/7.56μs=125ms);对于图 1-18(c),每 200 个信号帧组成一个超帧(200×4725×1/7.56μs=125ms)。

帧头(420 个符号)(55.6μs)	帧体(含系统信息和数据)(3780 个符号)(500μs)

(a)采用帧头模式 1 的信号帧结构

帧头(595 个符号)(78.7μs)	帧体(含系统信息和数据)(3780 个符号)(500μs)

(b)采用帧头模式 2 的信号帧结构

帧头(945 个符号)(125μs)	帧体(含系统信息和数据)(3780 个符号)(500μs)

(c)采用帧头模式 3 的信号帧结构

图 1-18　信号帧的结构

信号帧包含帧头和帧体两个部分,根据帧头的不同有三种结构。

(2)超帧:长度为 125ms,8 个超帧为 1s,这样便于与定时系统(如 GPS)校准时间。

每秒有整数个 MPEG-2 传输流包。超帧中第一个信号帧为超帧头，在系统信息中有明确定义。由于保护间隔的长度不同，超帧里面包含的信号帧数也不相同。

(3)分帧：由 480 个超帧组成，长度为 1min。

(4)日帧：由 1440 个超帧组成，长度为 24h。日帧是国标最顶层帧结构，日帧以一个公历自然日为周期进行周期性重复，由 1440 个分帧构成，时间为 24h。日帧与北京时间自然日同步，每天重复一次。在北京时间 0AM 或其他选定的参考时间，日帧被复位，开始一个新的日帧。

对于 $C=3780$ 模式，一个信号帧由 3780 个子载波的帧体和保护间隔构成，如图 1-19 所示。在 3780 个子载波中，3744 个子载波传输载荷数据，36 个子载波传输传输参数信令(Transmission Parameter Signalling, TPS)。TPS 传输发射端的各种载波方式、调制方式、纠错码率、交织和保护间隔长度等信息，在接收机端通过对 TPS 信号的解调可以得到发射机端信息，这样可以方便接收机端自动适应发射端的工作模式，实现自动接收功能。

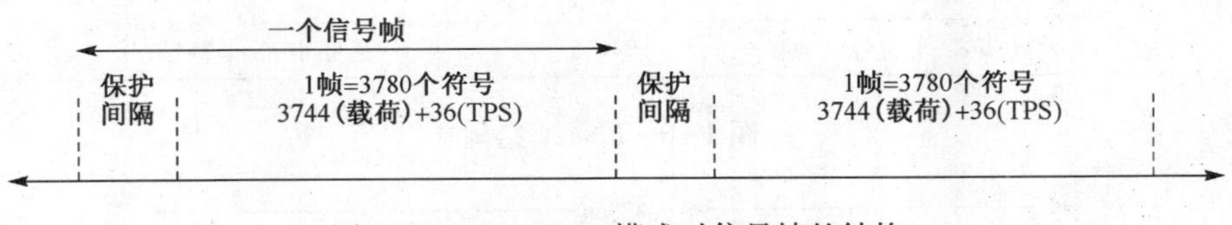

图 1-19　$C = 3780$ 模式时信号帧的结构

1.2.15　帧头

地面数字电视传输系统通常工作在复杂的多径信道条件下，如来自不同建筑物和不同地形地物的反射信号。在单频网环境下，一台接收机会同时接收到来自相邻发射机的发送信号，并将其作为回波信号处理。多径信号的存在会对接收机的接收性能产生很大的影响，造成系统的误码率变大，以至于不能正常接收。

国家地面数字电视标准的基本传输单元为信号帧，信号帧由帧头和帧体两部分组成，帧头是能提供快速同步和高效信道估计与均衡的 PN 伪随机序列。为了对抗不同时延长度的多径干扰，标准提供了三种不同长度的帧头模式，如表 1-8 所示。

表 1-8　三种不同长度帧头模式

帧 头 模 式	帧头符号数	帧头长度/μs	信号帧长度
模式 1(PN420)	420	55.56	4200 个符号
模式 2(PN595)	595	78.7	4375 个符号
模式 3(PN945)	945	125	4725 个符号

帧头长度越长，越有利于抵抗长时延回波，但会降低系统的净荷数据率。较大范围的单频网可以考虑选用较长的帧头模式。

模式 1 可以提供 56μs 的保护间隔，适合在城市环境下组建地区性的单频网，模式 3 可以提供高达 125μs 的保护间隔，适合组建全省、全国性的大范围的单频网。

1. 帧头模式 1

帧头模式 1 采用的 PN 序列定义为循环扩展的 8 阶 m 序列，可由一个 LFSR 实现，经"0"到＋1 值及"1"到－1 值的映射变换为非归零的二进制符号。

长度为 420 个符号的帧头信号(PN420)，由一个前同步、一个 PN255 序列和一个后同步构成，前同步和后同步定义为 PN255 序列的循环扩展，其中前同步长度为 82 个符号，后同步长度为 83 个符号，如图 1-20 和图 1-21 所示。LFSR 的初始条件确定所产生的 PN 序列的相位。在一个超帧中共有 225 个信号帧。每个超帧中各信号帧的帧头采用不同相位的 PN 信号作为信号帧识别符。

前同步 82 个符号	PN255	后同步 83 个符号

图 1-20　PN420 结构

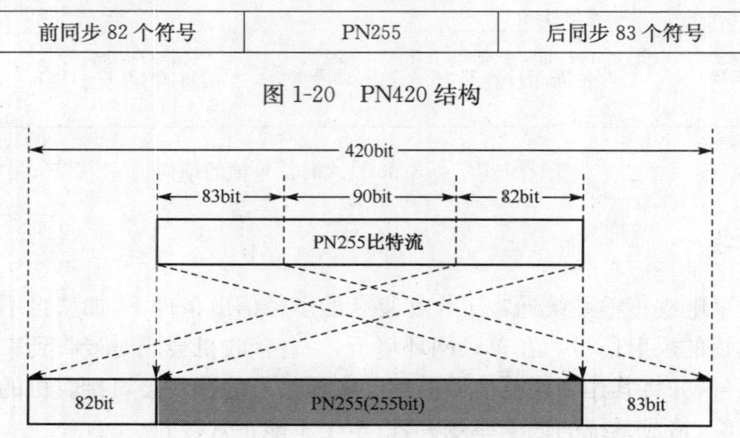

图 1-21　PN420 结构示意图

产生序列 PN255 的 LFSR 的生成多项式定义为

$$G_{255}(x) = 1 + x + x^5 + x^6 + x^8$$

PN420 序列可以用图 1-22 所示的 LFSR 产生。

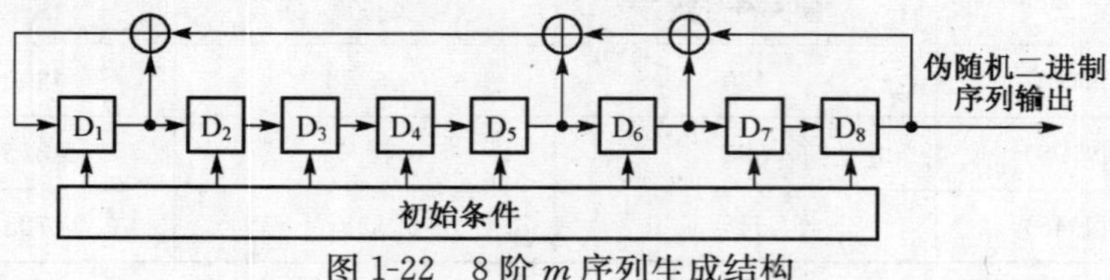

图 1-22　8 阶 m 序列生成结构

基于该 LFSR 的初始状态，可产生 255 个不同相位的 PN420 序列，从序号 0 到序号 254。本标准选用其中的 225 个 PN420 序列，从序号 0 到序号 224。为了尽量减小相邻序号的相关性，经过计算机优化选择，形成的信号帧序号序列和 LFSR 的初始状态如表 1-9 所示。在每个超帧开始时 LFSR 复位到序号 0 的初始相位。

表 1-9　PN420 初始相位

序号	初始相位（$D_8 \sim D_1$）	序号	初始相位（$D_8 \sim D_1$）	序号	初始相位（$D_8 \sim D_1$）	序号	初始相位（$D_8 \sim D_1$）	序号	初始相位（$D_8 \sim D_1$）
0	10110000	26	10111110	52	11000001	78	10001010	104	00110001
1	01100001	27	01111010	53	11110101	79	11001111	105	10110011
2	11011000	28	01011111	54	01100000	80	11000101	106	00011000
3	11000010	29	11110100	55	11101010	81	10011110	107	01100110
4	11101100	30	10101111	56	00110000	82	01100010	108	00001100
5	10000101	31	11101001	57	11010100	83	00111100	109	11001101
6	01110110	32	11010111	58	10011000	84	10110001	110	00000110
7	00001010	33	11010011	59	10101000	85	01111000	111	10011010
8	10111011	34	11101011	60	01001100	86	01011000	112	10000011
9	00010100	35	10100111	61	01010000	87	11110000	113	10011010
10	11011101	36	01110101	62	10100110	88	10101100	114	00000110
11	00101001	37	01001111	63	10100001	89	11100001	115	11001101
12	01101110	38	10111010	64	01010011	90	11010110	116	00001100
13	01010010	39	10011111	65	01000011	91	11000011	117	01100110
14	10110111	40	01011101	66	10101001	92	01101011	118	00011000
15	10100101	41	00111111	67	10000111	93	10000110	119	10110011
16	11011011	42	00101110	68	01010100	94	00110101	120	00110001
17	01001011	43	01111111	69	00001110	95	00001101	121	11011001
18	11101101	44	00010111	70	10101010	96	00011010	122	01100011
19	10010111	45	11111111	71	00011100	97	00011011	123	01101100
20	11110110	46	00001011	72	01010101	98	10001101	124	11000110
21	00101111	47	11111110	73	00111001	99	00110110	125	00110110
22	11111011	48	00000101	74	00101010	100	11000110	126	10001101
23	01011110	49	11111101	75	01110011	101	01101100	127	00011011
24	01111101	50	10000010	76	00010101	102	01100011	128	00011010
25	10111101	51	11111010	77	11100111	103	11011001	129	00001101

续表

序号	初始相位（D_8～D_1）	序号	初始相位（D_8～D_1）	序号	初始相位（D_8～D_1）	序号	初始相位（D_8～D_1）	序号	初始相位（D_8～D_1）
130	00110101	149	01110011	168	00110000	187	01001111	206	11101101
131	10000110	150	00101010	169	11101010	188	01110101	207	01001011
132	01101011	151	00111001	170	01100000	189	10100111	208	11011011
133	11000011	152	01010101	171	11110101	190	11101011	209	10100101
134	11010110	153	00011100	172	11000001	191	11010011	210	10110111
135	11100001	154	10101010	173	11111010	192	11010111	211	01010010
136	10101100	155	00001110	174	10000010	193	11101001	212	01101110
137	11110000	156	01010100	175	11111101	194	10101111	213	00101001
138	01011000	157	10000111	176	00000101	195	11110100	214	11011101
139	01111000	158	10101001	177	11111110	196	01011111	215	00010100
140	10110001	159	01000011	178	00001011	197	01111010	216	10111011
141	00111100	160	01010011	179	11111111	198	10111110	217	00001010
142	01100010	161	10100001	180	00010111	199	10111101	218	01110110
143	10011110	162	10100110	181	01111111	200	01111101	219	10000101
144	11000101	163	01010000	182	00101110	201	01011110	220	11101100
145	11001111	164	01001100	183	00111111	202	11111011	221	11000010
146	10001010	165	10101000	184	01011101	203	00101111	222	11011000
147	11100111	166	10011000	185	10011111	204	11110110	223	01100001
148	00010101	167	11010100	186	10111010	205	10010111	224	10110000

注：帧头信号平均功率是帧体信号平均功率的 2 倍。在不要求指示帧序号时，上述 PN 序列无须实现相位变化，使用序号 0 的 PN 初始相位。

2. 帧头模式 2

帧头模式 2 采用 10 阶最大长度伪随机二进制序列截短而成，帧头信号的长度为 595 个符号，是长度为 1023 个符号的 m 序列的前 595 个码片。其结构示意图如图 1-23 所示。

图 1-23　PN595 结构示意图

该最大长度伪随机二进制序列由 10bit LFSR 产生。该最大长度伪随机二进制序列的生成多项式为

$$G_{1023}(x) = 1 + x^3 + x^{10}$$

该 10bit LFSR 的初始相位为 0000000001，在每个信号帧开始时复位。

产生该最大长度伪随机二进制序列的结构如图 1-24 所示。

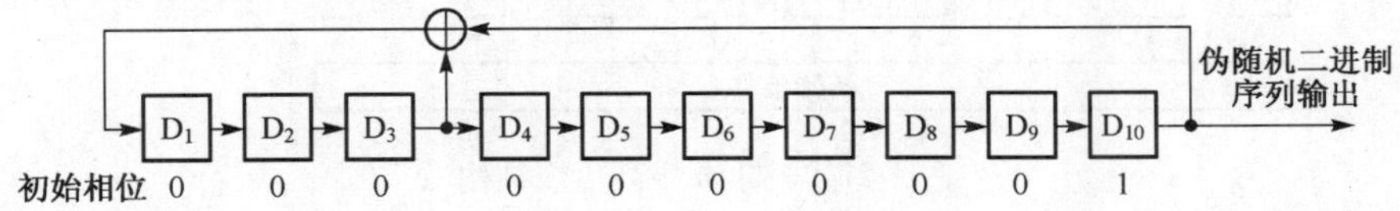

图 1-24　10 阶 m 序列生成结构

由图 1-24 产生的伪随机序列的前 595 码片，经“0”到+1 值及“1”到-1 值的映射变换为非归零的二进制符号。在一个超帧中共有 216 个信号帧。每个超帧中各信号帧的帧头采用相同的 PN 序列。帧头信号的平均功率与帧体信号的平均功率相同。

3. 帧头模式 3

帧头模式 3 采用的 PN 序列定义为循环扩展的 9 阶 m 序列，可由一个 LFSR 实现，经“0”到+1 值及“1”到-1 值的映射变换为非归零的二进制符号。

长度为 945 个符号的帧头信号(PN945)由一个前同步、一个 PN511 序列和一个后同步构成。前同步和后同步定义为 PN511 序列的循环扩展，前同步和后同步长度均为 217 个符号，如图 1-25 和图 1-26 所示。LFSR 的初始条件确定所产生的 PN 序列的相位。在一个超帧中共有 200 个信号帧。每个超帧中各信号帧的帧头采用不同相位的 PN 信号作为信号帧识别符。

前同步 217 个符号	PN511	后同步 217 个符号

图 1-25　PN945 结构

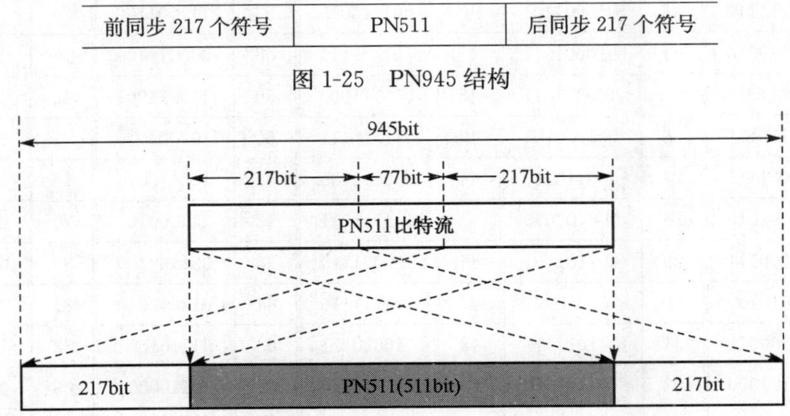

图 1-26　PN945 结构示意图

产生序列 PN511 的 LFSR 的生成多项式定义为

$$G_{511}(x) = 1 + x^2 + x^7 + x^8 + x^9$$

PN945 序列可以用图 1-27 所示的 LFSR 产生。

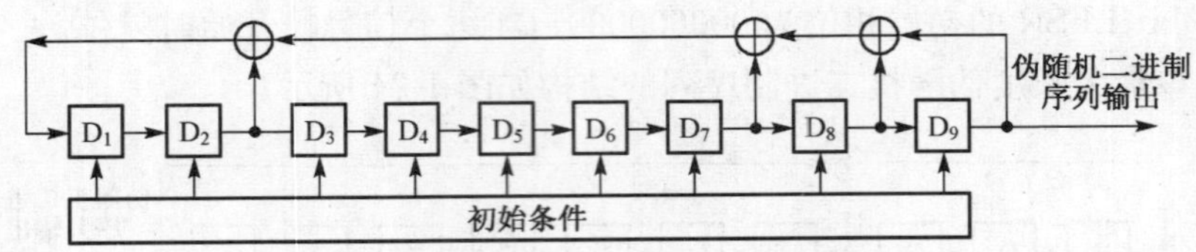

图 1-27　9 阶 m 序列生成结构

基于该 LFSR 的初始状态，可产生 511 个不同相位的 PN945 序列，从序号 0 到序号 510。本标准选用其中的 200 个 PN945 序列，从序号 0 到序号 199。为了尽量减小相邻序号的相关性，经过计算机优化选择，形成的信号帧序号序列和 LFSR 的初始状态如表 1-10 所示。在每个超帧开始时 LFSR 复位到序号 0 的初始相位。

表 1-10　PN945 初始相位

序号	初始相位 (D_9～D_1)	序号	初始相位 (D_9～D_1)	序号	初始相位 (D_9～D_1)	序号	初始相位 (D_9～D_1)	序号	初始相位 (D_9～D_1)
0	111110111	17	001010001	34	110000100	51	111111001	68	010110000
1	111101110	18	001011000	35	101101111	52	010100001	69	100100101
2	011111011	19	010100011	36	111000010	53	111110011	70	101011000
3	111011100	20	000101100	37	011011111	54	001010000	71	001001011
4	001111101	21	101000110	38	011100001	55	111100110	72	110101100
5	110111001	22	100010110	39	110111111	56	000101000	73	010010110
6	000111110	23	010001101	40	001110000	57	111001100	74	111010110
7	101110010	24	010001011	41	101111111	58	000010100	75	100101100
8	100011111	25	100011011	42	000111000	59	110011001	76	111101011
9	011100101	26	001000101	43	011111111	60	100001010	77	001011001
10	110001111	27	000110110	44	000011100	61	100110010	78	111110101
11	111001010	28	000100010	45	111111111	62	110000101	79	010110011
12	011000111	29	001101101	46	100001110	63	001100100	80	011111010
13	110010100	30	000010001	47	111111110	64	011000010	81	101100110
14	101100011	31	011011011	48	010000111	65	011001001	82	101111101
15	100101000	32	100001000	49	111111100	66	101100001	83	011001101
16	010110001	33	110110111	50	101000011	67	110010010	84	110111110

续表

序号	初始相位（D_9～D_1）	序号	初始相位（D_9～D_1）	序号	初始相位（D_9～D_1）	序号	初始相位（D_9～D_1）	序号	初始相位（D_9～D_1）
85	110011010	108	110111011	131	100100101	154	100001110	177	010001101
86	111011111	109	011010110	132	010110000	155	111111111	178	100010110
87	100110101	110	101110111	133	110010010	156	000011100	179	101000110
88	011101111	111	001101011	134	101100001	157	011111111	180	000101100
89	001101011	112	011101111	135	011001001	158	000111000	181	010100011
90	101110111	113	100110101	136	011000010	159	101111111	182	001011000
91	011010110	114	111011111	137	001100100	160	001110000	183	001010001
92	110111011	115	110011010	138	110000101	161	110111111	184	010110001
93	110101101	116	110111110	139	100110010	162	011100001	185	100101000
94	111011101	117	011001101	140	100001010	163	011011111	186	101100011
95	101011010	118	101111101	141	110011001	164	111000010	187	110010100
96	011101110	119	101100110	142	000010100	165	101101111	188	011000111
97	010110101	120	011111010	143	111001100	166	110000100	189	111001010
98	001110111	121	010110011	144	000101000	167	110110111	190	110001111
99	101101011	122	111110101	145	111100110	168	100001000	191	011100101
100	000111011	123	001011001	146	001010000	169	011011011	192	100011111
101	101101011	124	111101011	147	111110011	170	000010001	193	101110010
102	001110111	125	100101100	148	010100001	171	001101101	194	000111110
103	010110101	126	111010110	149	111111001	172	000100010	195	110111001
104	011101110	127	010010110	150	101000011	173	000110110	196	001111101
105	101011010	128	110101100	151	111111100	174	001000101	197	111011100
106	111011101	129	001001011	152	010000111	175	100011011	198	011111011
107	110101101	130	101011000	153	111111110	176	010001011	199	111101110

注：帧头信号平均功率是帧体信号平均功率的 2 倍。在不要求指示帧序号时，上述 PN 序列无须实现相位变化，使用序号 0 的 PN 初始相位。

1.2.16 帧体数据处理与组帧

DTMB 系统提供了两种载波方式：$C=1$ 和 $C=3780$。$C=1$ 为单载波方式，$C=3780$为多载波方式。两种载波方式具有统一带宽、统一传输码率、统一定时时钟、统一系统信息和统一帧结构，单、多载波在实现时的区别在于 IFFT 的处理算法不同。除 IFFT 单元之外，系统其他功能单元完全一样，具有相同的实现结构。系统可以根据应用需要在单载波与多载波之间进行简单切换。

多载波模式抗多径干扰能力强、频谱利用率高，目前的宽带无线传输技术的发展趋势充分表明多载波技术在无线广播和通信系统应用中具有一定的优势。国标的实验室测试表明：国标的多载波方式和单载波方式的峰均比指标基本相同，在频域均衡接收条件下，系统的白噪声门限和抗相位噪声、多普勒频移、单频、同频、脉冲干扰等性能指标基本相当，在抗多径干扰能力和场地应用测试效果方面，多载波具有明显优势。

数据符号复接系统信息后，经帧体数据处理后形成帧体，用 C 个子载波调制，占用的射频带宽为 7.56MHz，时域信号块长度为 500μs。

令 $X(k)$ 为对应帧体信息的符号，当 $C=1$ 时，生成的时域信号可表示为

$$\text{FBody}(k) = X(k) \qquad (k = 0,1,\cdots,3779)$$

在 $C=1$ 模式下，作为可选项，对组帧后形成的基带数据在 ±0.5 符号速率位置插入双导频，两个导频的总功率相对数据的总功率为 −16dB。插入方式为从日帧的第 1 个符号（编号为 0）开始，在奇数符号上实部加 1、虚部加 0，在偶数符号上实部加 −1、虚部加 0。

在 $C=3780$ 模式下，相邻的两个子载波间隔为 2kHz，对帧体信息符号 $X(k)$ 进行频域交织，得到 $X(n)$，然后按下式进行变换得到时域信号

$$\text{FBody}(k) = \frac{1}{\sqrt{C}}\sum_{n=0}^{C-1} X(n)\mathrm{e}^{\mathrm{j}2\pi n\frac{k}{C}} \qquad (k = 0,1,\cdots,3779)$$

频域交织仅适用于 $C=3780$ 模式，目的是将调制星座点符号映射到帧体包含的 3780 个有效子载波上。频域交织为帧体内的符号块交织，交织大小等于子载波数 3780。具体交织运算过程如下。

(1)数组 $X[3780]$ 的前 36 个元素为系统信息符号，后 3744 个元素为数据符号。为了使交织输出时 36 个系统信息符号集中放置，首先将这 36 个系统信息符号插入到 3744 个数据符号中，其插入位置构成的集合为

{0,140,279,419,420,560,699,839,840,980,1119,1259,1260,1400,1539,1679,1680,1820,1959,2099,2100,2240,2379,2519,2520,2660,2799,2939,2940,3080,3219,3359,3360,3500,3639,3779}

插入后得到的序列由数组 $Z[3780]$ 表示。该插入过程可以通过以下程序完成：

```
j=0;
k=36;
```

```
for(i=0;i<3780;i=i+1)
{
  if(i为插入位置构成集合中的元素)
  {
          Z[i]=X[j];
          j=j+1;
  }
  else
  {
      Z[i]=X[k];
      k=k+1;
  }
}
```

(2)将数组 $Z[3780]$ 通过以下程序进行位置调换得到最终交织输出序列 $Y[3780]$

```
for(i=0;i<3;i=i+1)
for(j=0;j<3;j=j+1)
for(k=0;k<3;k=k+1)
for(l=0;l<2;l=l+1)
for(m=0;m<2;m=m+1)
for(n=0;n<5;n=n+1)
for(o=0;o<7;o=o+1)
Y[o*540+n*108+m*54+l*27+k*9+j*3+i]=
Z[i*1260+j*420+k*140+l*70+m*35+n*7+o];
```

下面举一个具体例子。

(1)对于 $X[0]$,映射到 $Y[0]$。

(2)对于 $X[1]$,首先映射到 $Z[140]$,对于 $Z[140]$,$Z[i\times1260+j\times420+k\times140+l\times70+m\times35+n\times7+o]$中的系数为 $i=0,j=0,k=1,l=0,m=0,n=0,o=0$。由此可得 $Y[o\times540+n\times108+m\times54+l\times27+k\times9+j\times3+i]=Y[9]$

(3)对于 $X[2]$,首先映射到 $Z[279]$,对于 $Z[279]$,$Z[i\times1260+j\times420+k\times140+l\times70+m\times35+n\times7+o]$中的系数为 $i=0,j=0,k=1,l=1,m=1,n=4,o=6$。由此可得 $Y[o\times540+n\times108+m\times54+l\times27+k\times9+j\times3+i]=Y[37629]$

TPS 在交织后被集中在 $Y[0]\sim Y[17]$ 和 $Y[3762]\sim Y[3779]$ 两个位置,在经过映射调制后位于射频信号频谱的中央,如图 1-28 所示。

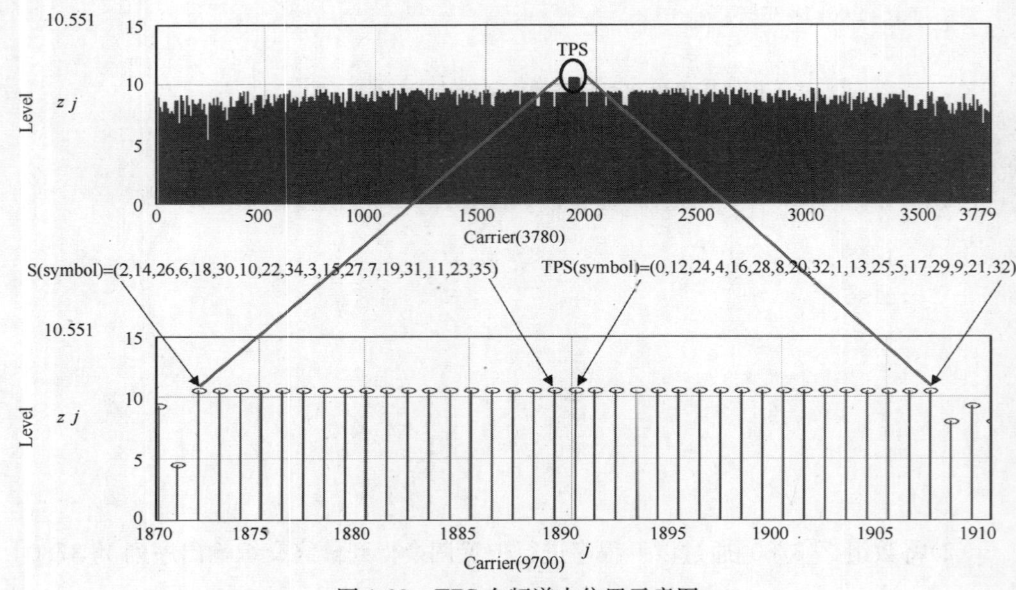

图 1-28　TPS 在频谱中位置示意图

1.2.17　基带后处理

基带后处理(成形滤波)采用平方根升余弦(Square Root Raised Cosine, SRRC)滤波器进行基带脉冲成形。SRRC 滤波器的滚降系数 α 为 0.05。

平方根升余弦滚降滤波器的频率响应表达式为

$$H(f)=\begin{cases}1, & |f|\leqslant f_{\mathrm{N}}(1-\alpha)\\ \left\{\dfrac{1}{2}+\dfrac{1}{2}\cos\dfrac{\pi}{\alpha f_{\mathrm{N}}}\left(\dfrac{|f|-f_{\mathrm{N}}(1-\alpha)}{2}\right)\right\}^{\frac{1}{2}}, & f_{\mathrm{N}}(1-\alpha)<|f|\leqslant f_{\mathrm{N}}(1+\alpha)\\ 0, & |f|>f_{\mathrm{N}}(1+\alpha)\end{cases}$$

式中：f_{N}为奈奎斯特频率，$f_{\mathrm{N}}=1/(2T_{\mathrm{s}})=R_{\mathrm{s}}/2$；$\alpha$ 为平方根升余弦滤波器滚降系数；T_{s}为输入信号的符号周期(1/7.56μs)；R_{s}为符号率。

SRRC 滤波器的滚降系数较小，其基带信号冲激响应如图 1-29 所示。

为实现该滤波器，需要在基带使用阶数较高的 FIR 滤波器实现，需要占用较多的资源。

调制后的 RF 信号为

$$S(t)=\mathrm{Re}\{\exp(\mathrm{j}\cdot 2\pi F_{\mathrm{c}}t)\times[h(t)\otimes \mathrm{Frame}(t)]\}$$

式中：$S(t)$为 RF 信号；F_{c}为载波频率，单位为 MHz；$h(t)$为 SRRC 滤波器的脉冲成形函数；Frame(t)为组帧后的基带信号，由帧头和帧体组成。

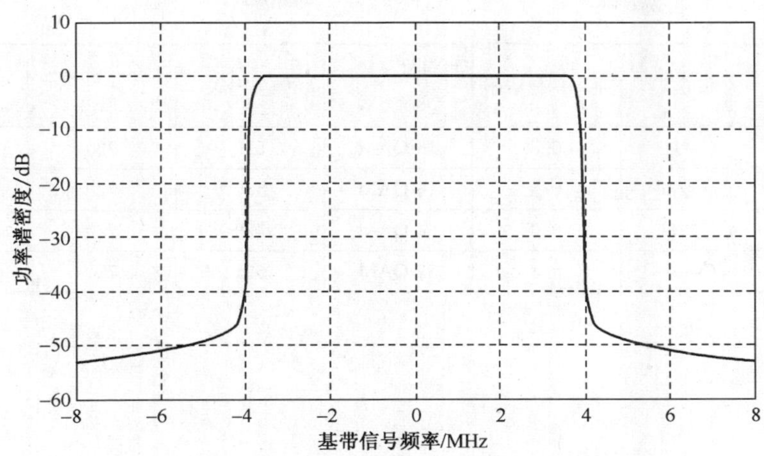

图 1-29　成形滤波后基带信号的频谱特性

1.2.18　射频输出接口

DTMB 的射频接口符合《电视发射设备通用技术条件》(SJ/T 10351)，根据我国的法律法规的规定，在我国 UHF 和 VHF 频段(48.5～862MHz)，每个数字电视频占 8MHz 带宽。

但是考虑到世界上的电视广播占用带宽分为 6MHz、7MHz、8MHz 三种，DTMB 标准也支持 6MHz 和 7MHz 系统带宽。

1.3　DTMB 主要工作模式

DTMB 支持 HDTV、SDTV、数据广播、互联网、消息传送等多种业务模式，支持固定、便携、步行和高速移动接收，支持单频网、多频网等各种组网方式。通过组合不同的载波模式、信道编码、符号星座映射方式、帧头模式等，DTMB 共支持 330 种工作模式，其中有几种主流工作模式，如表 1-11 所示。

表 1-11　7 种主流工作模式

工作模式	载波模式	前向纠错码率	符号星座映射方式	帧头模式	交织深度/符号	系统净码率/Mbit/s
1	C=3780	0.4	16-QAM	945	720	9.626
2	C=1	0.8	4-QAM	595	720	10.396
3	C=3780	0.6	16-QAM	945	720	14.438

续表

工作模式	载波模式	前向纠错码率	符号星座映射方式	帧头模式	交织深度/符号	系统净码率/Mbit/s
4	$C=1$	0.8	16-QAM	595	720	20.791
5	$C=3780$	0.8	16-QAM	420	720	21.658
6	$C=3780$	0.6	64-QAM	420	720	24.365
7	$C=1$	0.8	32-QAM	595	720	25.989

第2章　地面数字电视发射系统

2.1　概　　述

我国自1958年开始地面无线电视广播，随之电视发射机在我国首次出现，经过50余年的发展，如今拥有电视发射台站几万座，成为名副其实的电视大国。虽然20世纪80年代出现了有线电视、卫星电视广播，但是地面电视广播仍然是电视传播的主要途径之一。地面电视从制式上来说经历了黑白电视D/K制式、模拟彩色电视副载波逐行倒相制，即PAL/D制，目前正在实施地面数字电视制式。

2.1.1　地面数字电视的特点

与有线电视、卫星电视等其他电视传播模式相比，地面数字电视广播具有以下特点：信息传播安全、可靠，覆盖面广，传播内容灵活，抗干扰能力强，建设、维护成本低，支持移动接收及便携接收，从而实现从“信息到户”到“信息到人”的转变。

地面数字电视传输方式所具有的这些优势使其难以被其他传输方式所取代，对国家具有重要的战略意义。

首先，地面传输方式肩负着国家安全稳定方面的重大任务。例如，一旦发生战争，或是一些地区发生重大自然灾害、疫情等，有线和卫星电视网络易遭破坏，地面电视网络将起到至关重要的作用。21世纪以来，现代工业化国家进入了一个充满危机的高风险阶段，伴随着社会转型和经济腾飞的是频繁而至的各类重大突发事件(包括自然灾害、事故灾难、公共卫生事件、社会安全事件)。在最短的时间内将消息通过无线地面数字电视的传输方式传达给各个角落的人们，将在避免重大危机的发生和减小危害造成的损失等方面起着重要的作用。发达国家在战争动员和社会突发事件应急反应系统的设计和建设中，都将地面数字电视作为国家与民众沟通的重要手段。因此，出于国家安全和社会稳定的考虑，国际上绝大多数国家和地区将地面数字电视传输作为强制性标准推广。

其次，地面数字电视广播在一个模拟电视频道可以传送几套甚至十几套电视节目，极大地节省了无线频率资源。发达国家采取政策引导和经济手段并用，强制推进电视模拟制式向数字制式转换，其目的是加速信息数字化产业的发展，将不可再生的频率资源节省出来，用于新一轮技术创新的电视广播、移动通信，以及无线宽带网络等领域，促使信息消费产业发生更深远的变化，推动社会进步和产业发展。

基于数字电视地面传输的重要性，我国自主研发、制定了具有自主知识产权的数字电视地面传输标准 DTMB，并作为强制性国家标准在全国范围内推广。

2.1.2　地面数字电视发射技术的发展现状

1. 地面数字电视发射系统的特点

地面数字电视广播发射系统的输入信号不是通常的视频和音频节目信号，而是将音频、视频信号按一定的标准，经过压缩、编码，并与其他数据信息复用打包后的传输流(Transport Stream，TS)，简称 TS 流。TS 流经过信道编码与调制单元，然后变频至发射频率，经射频放大后发送。不同的数字电视地面广播标准，其主要的区别是在传输信道采用了不同的信道编码与调制技术。

与模拟电视发射系统相比，数字电视发射系统具有以下特点。

(1)发射机输出功率定义：模拟电视发射机的标称输出功率为同步顶功率 P_{syn}。数字电视发射机的标称输出功率为平均功率 P_{RMS}。另外，数字电视接收门限比模拟电视低，在边界场强达到同一覆盖效果时，数字电视发射机功率可以比模拟电视发射机功率小很多，通常大城市发射机的功率等级在 1～3kW。

(2)峰值平均功率比(Peak to Average Power Ratio，PAPR)：模拟电视发射机送黑场信号时同步顶功率与平均功率之比(即 PAPR)为 1.68(2.25dB)；当图像载波送 0dB，伴音载波送－10dB，色度副载波送－16dB 时(相对于同步顶功率，这是模拟正常播出状况)，PAPR 为 2.2(3.4dB)。而数字电视发射时 PAPR 远高于模拟电视发射的值，测试数据表明DVB-T的 PAPR 约为 9.5dB，DTMB 标准的 PAPR 约为 9.72dB(16-QAM 调制，99.99%)。

(3)非线性失真及度量指标：模拟电视发射机用微分增益、微分相位、亮度非线性、互调来度量；数字电视发射机用互调和肩距(shoulder distance)和调制误差率来度量。

(4)非所需辐射不同：模拟电视发射机带外非所需辐射为离散谱，分相邻频道和非相邻频道；数字电视发射机带外非所需辐射为近似连续谱以及谐波。

数字电视广播对发射机的最基本要求是功率放大器应有足够高的功率增益，要求放大器具有高线性、宽动态范围，即当数字调制信号在动态峰值范围内时，发射机仍有良好的线性。发射机应有足够高的频率精度和频率稳定度、较低的相位噪声，以保证被传输信号具有尽可能低的误码率和信噪比。数字电视发射机的额定输出功率按平均功率规定，这就要求数字电视发射机的末级功率放大器应能在平均功率比峰值功率低得多的情况下高效率应用。发射机的末级功率放大器通常采用 AB 类线性放大器。AB 类放大器的效率高，但线性较差，需要有预校正措施来改善放大器的线性。

2. 电视发射机的发展趋势

电视发射机经历了电子管、速调管、IOT管、全固态等几个阶段。当前国内外电视发射机的发展速度很快，总的趋势可以概括为以下四个方向。

(1)高可靠性。

高可靠性是用户对发射机及生产厂家提出的最主要要求，也是发射机生产厂家多年来坚持不懈追求的目标。20世纪80年代以前，电子管寿命普遍仅有几千小时，速调管、IOT管发明后，寿命可以提高到几万小时，使发射机的可靠性大大提高，但问题并未彻底解决。因为电子管发射机和速调管发射机都存在一个致命的弱点，即采用单级串联功率放大，其中任一级任一元件出现故障即可造成整机停播。20世纪80年代末，全固态发射机问世，因受大功率晶体管输出功率的限制，全固态发射机被迫采用晶体管并联运用，普遍采用功率合成技术，而整机采用了"冗余性"设计，从激励器至末级功率放大器全部采用并联结构，从而播出可靠性比电子管机型有了很大的突破。因而从可靠性而言，全固态发射机是当前电视发射机发展的方向。

(2)高效率

电视发射机与通信、声音广播发射机相比，其特点是频带占用比较宽。我国模拟、数字电视广播使用带宽均为8MHz，而且线性要求高。因此，发射机的效率相对较低，模拟机约为30%，数字机为15%～20%。更高的效率可以节约能源消耗。

(3)全固态化

全固态发射机由于功率合成技术的运用，从理论上讲，其输出可以像积木一样任意增加。另外由于其冗余性设计，可靠性大大提高，因此全固态发射机与其他机型相比更有优势。

(4)自动化

由于发射机的可靠性提高，发射台的无人值班、自动开关机、远程监控等功能得以实现。欧美、日本等国家和地区早已实现了发射台的无人值守。现在各发射机生产厂家大多数采用单片机控制，配有自动控制及自动监测功能，并配有监控接口，自动化功能日益完备。国内发射台、转播台大都设在高山顶部，条件极其艰苦，为减轻值班员的劳动强度，使全固态发射机实现自动化是一种必然的趋势。

2.2　发射系统的组成

2.2.1　地面数字电视发射系统的组成

地面数字电视发射系统的拓扑结构图如图2-1所示。系统将前端送来的TS流信号经过信道编码调制，并在基带信号上进行非线性预校正，将数字基带信号直接变换为指定发射频率的射频信号，然后经过功率放大器放大到指定发射功率，并用带通滤波器滤除带外的无用分量后，最后经主馈同轴电缆送至发射天线发射。

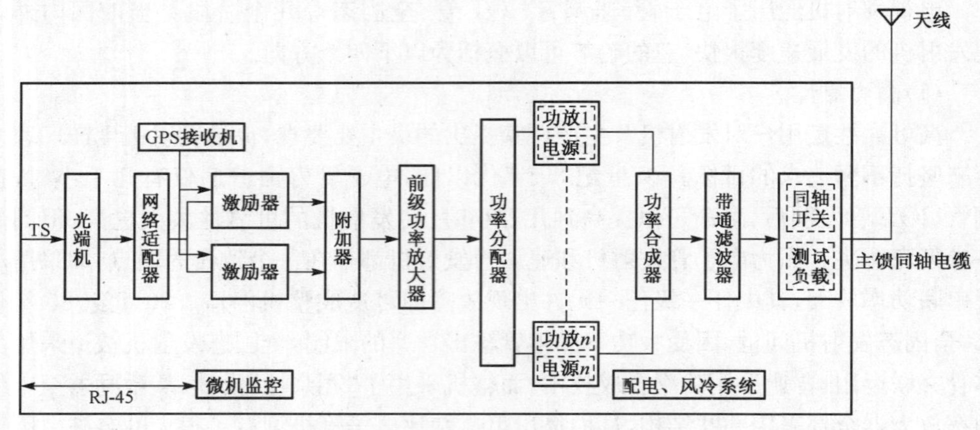

图 2-1　地面数字电视发射系统的拓扑结构图

地面数字电视发射系统包括数字电视发射机（含激励器）、带通滤波器、射频同轴切换开关、馈线和发射天线等。

在组建单频网时，数字电视发射机应增加节目分配网络和 GPS 接收机等设备。GPS 接收机用于给激励器授时，保证各发射站点同步发射；节目分配网络可通过直连光纤、SDH 光纤网络、微波链路等多种方式实现，并具备抖动管理功能。网络适配器应为透明传输。

图 2-1 中的激励器和附加器采用双激励器备份方式以提高数字电视发射系统的可靠性。

2.2.2　地面数字电视发射系统的备份技术

安全播出对于任何一家电视台来说都是重中之重，安全播出应急机制的建立也是广播电视播出部门重点考虑的问题。发射系统是安全播出的最后一个环节，有效的发射系统备份能避免因关键设备故障造成的停播事故。

1. 单机双激励器

单机工作方式是指一个频道只使用一部机器播出。由于固态发射机的功率放大器采用单元模块式，并且由每个独立的直流电源单元供电，工作电压在 50V 以内，所以一个功率放大器或电源单元有故障，不会造成整机功率下降太多。在单机方式情况下，配置两部激励器工作在主、备方式下，以保证激励源不中断。需要指出的是，在单机工作时，激励器切换是一个薄弱环节，出现问题时会使节目中断。发射机单机双激励器发射机的构成如图 2-2 所示。

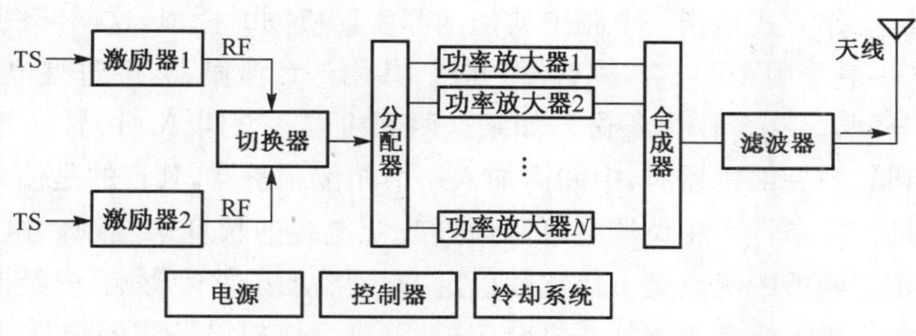

图 2-2　单机双激励器发射机的构成示意图

单机方式的优点是：在同等功率下，体积小，价格也较低。

2. 主、备机方式

主、备机工作方式是指一个频道用两部发射机播出，一部工作时，另一部做备份，两部机器的输出经同轴开关切换至天线。这种方式比单机方式可靠性高。但是，在备机投入工作时，因需转动交换闸使备机上天线，信号将间断几秒钟。发射机主、备机工作方式的构成如图 2-3 所示。

从经济上考虑，固态发射机的价格较高，采用主、备机工作方式，播出一个频道要购置两部机器，设备的利用率较低。

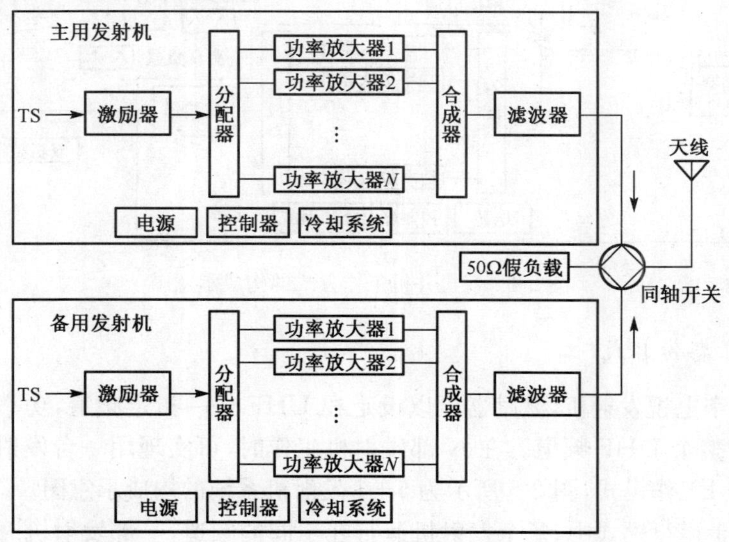

图 2-3　主、备机工作方式的构成示意图

3. 双机并机方式

双机并机工作方式是指一个频道使用两部发射机同时播出，这两部机器的输出经功率合成器（一般采用 3dB 定向耦合器）并机，共用一台激励器，经过继电器切换电路进行切换和分配，另一台作为备份。如果这两部机器一部叫 A 机，另一部叫 B 机，则激励器输出到其中一部机器时，中间需加入一个相位调整器，其目的是使 A、B 机之间在并机时满足相位条件。相位调整可以通过改变电缆的长度来实现。这种用改变电缆长度实现相位调整的优点是工作比较稳定，不受温度条件的影响，一经调好，不会发生变化。这种并机方式需要增加并机合成柜，并机合成柜设备主要包括 3dB 合成器、均衡负载、测试负载、U-Link 开关（US_1～US_8）、激励器切换器、双机控制器等，功能满足双机并机播出，必要时可以单机直接上天线。当一部机器停机时，信号不至于中断，只是总功率将下降 6dB，在市区内人口密集区不会影响收看。对于要求较高的电台，采用并机工作方式是可取的。这种发射机双机并机工作方式的构成如图 2-4 所示。

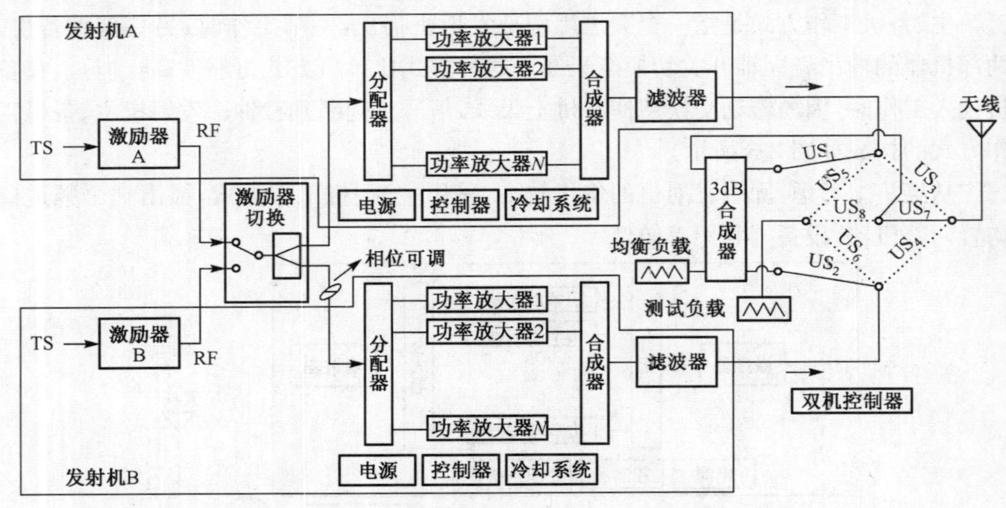

图 2-4　双机并机工作方式的构成示意图

4. $N+1$ 备份方式

对于数字电视发射机，激励器可以设定在 UHF 任一指定频道，功率放大器的带宽可以覆盖整个 UHF 频道。在 N 部发射机工作时，可实现用一台发射机作为公共备机，即$N+1$工作模式，图 2-5 所示为 5+1 发射机系统的构成示意图。

在 $N+1$ 运行模式中，每个发射机运行在不同的频道，一部发射机时刻处于备份状态，当有发射机出现故障时，备份的发射机立即变换频率到适当的频道播出信号。

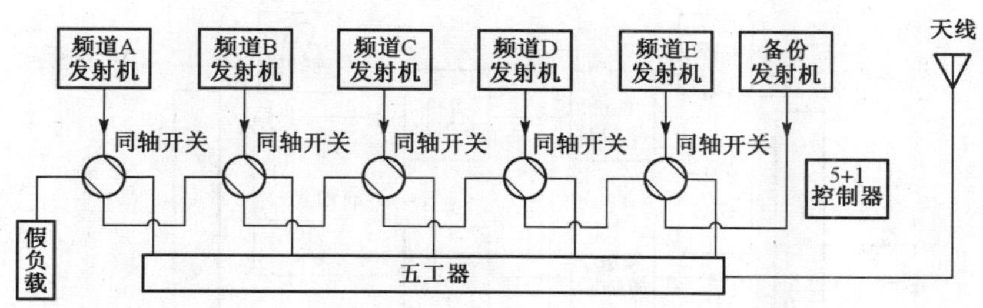

图 2-5　5+1 发射机系统构成示意图

因此，要求发射系统的激励器调制部分、功放模块、功分器/合成器、混合器等部件能适应全宽带频率范围，更换频道无须调整，激励器的数字预校正模块具有自动重新调整功能，在 $N+1$ 系统中进行发射机的频道设置。

采用 $N+1$ 运行模式，对于多频道多发射机播出系统来说，可减少备机的数量，降低设备投入，同时又保证了系统的可靠性。$N+1$ 技术在调频方面的应用非常广泛，在数字电视广播领域的应用也在逐步展开。随着数字电视发射机的技术发展，全频道适用功能增强，系统稳定可靠，没有必要配置 1+1 备份，$N+1$ 备份将成为比较合理的备份方式。

2.2.3　地面数字电视发射系统实例

本小节以数字电视国家工程实验室（北京）为某地设计的国标地面数字电视广播系统为例，介绍地面数字电视发射系统的实际构成，以及除激励器、发射机、天馈系统外的主要设备（激励器、发射机和天馈系统在本书其他章节介绍）。

该国标地面数字电视广播系统目前主要用于解决广播电视“村村通”工程，以 4 个发射站点形成单频网覆盖全区，用户以固定接收为主，采用 CH45（Fc-770MHz）、CH46（Fc-778MHz）、CH47（Fc-786MHz）三个频点播出。图 2-6 为单个发射站点系统构成示意图。

系统由异步串行接口（Asynchronous Serial Interface，ASI）切换矩阵、3+1 个激励器和发射机、同轴切换器、三工器、假负载、$N+1$ 控制单元和天馈线等组成。3 台主机和 1 台备机实现发射系统的实时热备份，当其中某台发射机出现异常时（异常停机或功率下降），系统将确认 3s 后自动切换到备机，从监测发射机异常至切换到备机并发射信号需 5s 左右。

1. $N+1$ 控制器

$N+1$ 系统采用单独的切换控制器，各发射机中的中央控制单元通过以太网接口与切换控制器连接，并把各发射机的工作状态实时传输给切换控制器。备份发射机对

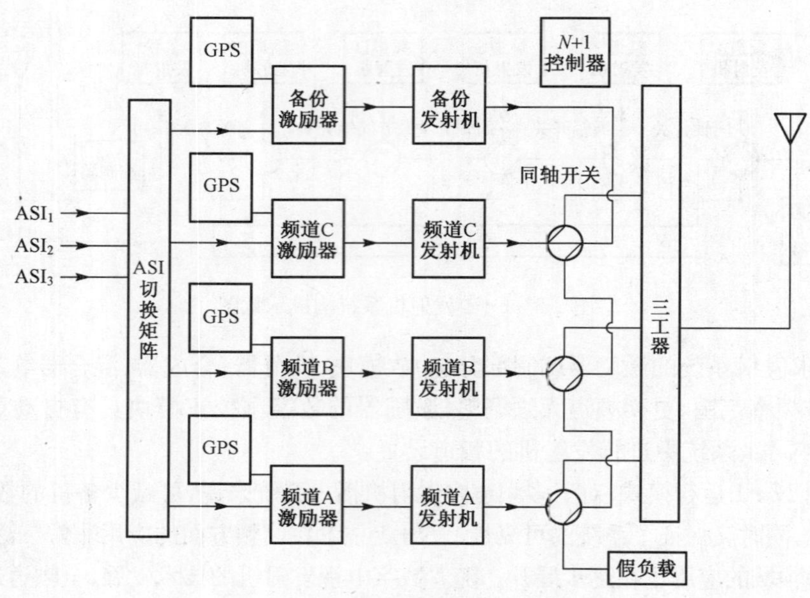

图 2-6　单个发射站点系统构成示意图

于本机的控制通过其中央控制单元完成。与工作发射机的中央控制单元不同的是，备份发射机中以不同参数文件的形式存储了各工作发射机的所有工作参数，包括工作频率、预校正曲线等。

切换控制器监测主、备发射机的工作状态，当工作发射机出现以下故障信息时，切换控制器可完成主备机间的自动切换：①工作发射机的输出功率低于额定值的 50%；②工作发射机出现反射故障告警；③工作发射机冷却系统出现故障；④无输入视音频或码流信号；⑤因其他硬件出现故障而造成输出功率低于额定值的 50%。

切换控制器同时通过控制器局域网总线（Controller Area Network Bus，CAN Bus）控制 ASI 切换矩阵、同轴开关等完成整个信号链路切换。

2. ASI 切换矩阵

ASI 切换矩阵将三个频点的 TS 流信号分别传输给三台工作发射机，并在启用备份发射机时在 $N+1$ 控制器的控制下将相应的 TS 流输出到备份发射机。

切换矩阵的原理就是选择，一般由有两种实现方式：继电器方式和芯片方式。

(1)继电器方式。利用继电器完成选择，通过电平控制继电器的通断，完成输出与输入信号之间的断开与连接，实现信号的选择。继电器方式依靠物理接触进行接通与关断，该方式价格低廉，但稳定性较差且操作时有声响。继电器有一定寿命，一般有 8 万次平均无故障操作。

(2)芯片方式。利用芯片内部电路的导通与关闭进行接通与关断,通过电平进行控制完成信号的选择。要保障技术指标,就要选择专用的切换芯片,因此价格较高,但稳定性好,可形成的矩阵规模较大。

3. 同轴开关

同轴开关用于传输和切换射频信号。$N+1$控制器监测到某个工作发射机发生故障,启用备份发射机,同时控制同轴开关将故障发射机输出切换到备份发射机输出。

同轴开关从工作机理上可分为两大类:电磁类产品和固体类产品。电磁类产品利用线圈的电磁力带动簧片动作实现射频触点的闭合或断开,固体类产品利用PIN二极管或GaAs场效应管的导通或截止特性实现射频信号的接通或关断。两类产品各有优缺点,固体类产品寿命无限(实验室环境下),尺寸小,切换速度快,成本低;电磁类产品通常在整个频率范围内可提供更好的射频特性,隔离度更高,插入损耗较低。下面以电磁类产品为例介绍同轴开关的工作原理。

同轴开关主要由控制电路、电磁系统、传动机构和射频传输切换系统等部分组成。当控制端加上额定电压时,控制电路工作,线圈有电流通过,产生的电磁力使衔铁动作,并通过传动机构带动切换组件动作,使触点闭合或断开,从而接通或断开射频信号;去除控制端电压时(对于磁保持产品,施加到另一组线圈上),工作状态相反。

电磁类同轴开关的工作流程图如图2-7和图2-8所示。

状态1:NC、C、NO端口接RF信号,A、B端口通电,电磁铁工作,D板离开触点,C、NO端口断开,由于杠杆原理,E板接通两个触点,NC、C端口接通。

状态2:当A、B两端控制电压消失时,电磁铁失去磁力,NC、C端口断开,C、NO端口接通。

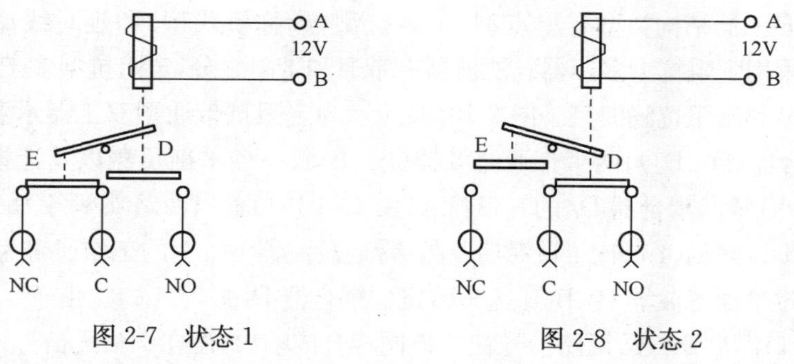

图2-7　状态1　　图2-8　状态2

图2-9所示为同轴开关的实物图片。目前同轴开关已形成系列化产品,具有多种类型、多种规格。按簧片的切换形式可分为三种类型:单刀双掷(Single Pole Double

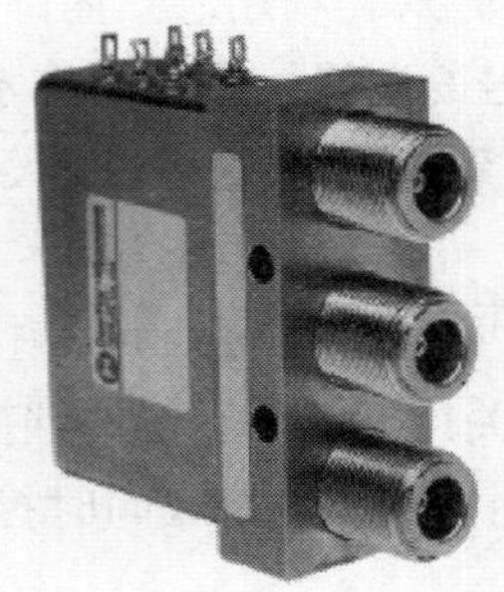

图 2-9　同轴开关实物

Throw,SPDT)型、单刀多掷(SPNT,3～14 掷)型和双刀双掷(Double Pole Double Throw,DPDT)型。根据触点的复位形式可分为磁保持(latching)型和去激励复位(failsafe)型(或非磁保持型)。输出阻抗一般为 50Ω,部分产品为 75Ω;产品内部可以带终端负载、辅助触点(指示器)等可选择的辅助功能。产品从工作频率上划分有 DC-1GHz、DC-3GHz、DC-8GHz、DC-12(12.4)GHz、DC-18GHz、DC-22GHz、DC-26GHz、DC-40GHz 等。产品的射频接口形式从低频到高频有 BNC 型、SC 型、N 型、TNC 型、SMA 型、SSMA 型等。产品等级有商业级、工业级、军品级和宇航级。产品控制方式有直接电压控制、脉冲控制和 TTL 控制等。

4. 多工器

多工器也称为频道合成器,其作用是将多部不同频率发射机的输出信号合成,共用同一副天线发射,并保证各路信号之间互不干扰。由于发射塔天线数量的限制,地面数字电视频道大都是多个频道共用天线播出,多工器也成为地面数字电视播出系统最常用的设备之一。

常见的多工器结构类型有星点型、定阻抗型(或称桥式型)和延时线型(或称相敏型),本方案采用定阻抗型多工器。滤波器有带通和带阻之分,定阻抗型多工器也可分为定阻抗带通型和定阻抗陷波型。图 2-10(a)所示为定阻抗带通型双工器示意图,由两个 3dB 定向耦合器(D_1、D_2)、两个带通滤波器(B_1、B_2)、一个平衡负载以及连接馈管组成。信号 F_1 由 3dB 定向耦合器 D_1 的 1 口输入,由 2 口、4 口输出两路功率各为一半的信号,其中 2 口与 1 口同相,4 口比 1 口滞后 90°。带通滤波器 B_1、B_2 的工作通带为 F_1 的频带,两路信号通过带通滤波器 B_1、B_2 到达 3dB 定向耦合器 D_2 的 2′、4′口。由于 4′口与 3′口同相,2′口比 3′口滞后 90°,故两路信号在 3′口同相合成输出,而在 1′口无信号输出。

信号 F_2 由 D_2 的 1′口输入,在 2′、4′口输出两路功率各一半的信号,在带通滤波器处被全反射回 D_2,由于相位的关系,两路信号被合成至 3′口输出,而在 1′口无信号输出。

3dB 定向耦合器 D_1 的 1 口只能输入 F_1 信号，故称为窄带输入口，D_2 的 1′口可输入除 F_1 以外的信号，故称为宽带输入口。

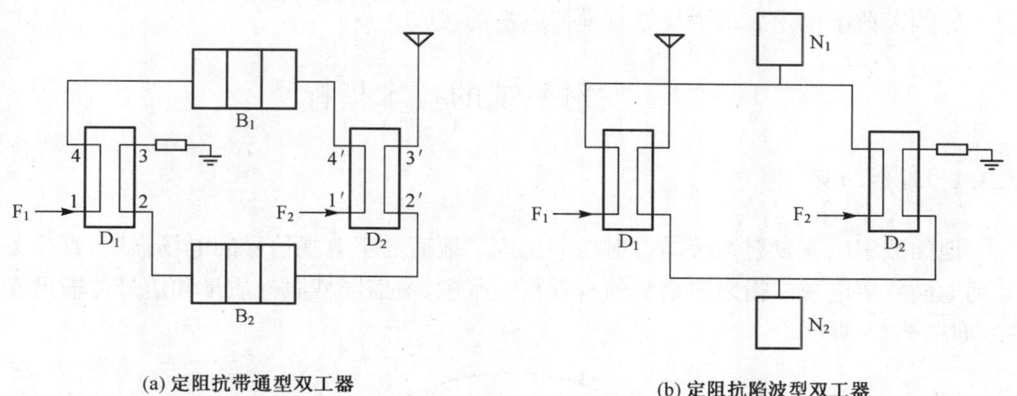

图 2-10　定阻抗型双工器示意图

3dB 定向耦合器能提供的隔离度一般在 30dB 以上，因此图 2-10(a)所示的双工器，窄带口到宽带口的隔离度要大于 30dB。宽带口到窄带口的隔离度为 3dB 定向耦合器提供的隔离度加上带通滤波器的带外衰减。当双工器为非相邻频道工作时，宽带口到窄带口的隔离度可以达到 60dB 以上。为了提高窄带口到宽带口的隔离度，可以在宽带口加上一个带通滤波器。

在系统结构完全对称的情况下，由于 3dB 耦合器的分配与合成的作用，这种形式的多工器能在很宽的频带范围内使窄带端和宽带端的反射很小，即具有恒定的阻抗特性。这就是定阻抗多工器名称的由来，它为吸收发射机带外杂波提供了条件。

图 2-10(b)所示为定阻抗陷波型双工器示意图，其结构与带通型相比，只是滤波器改为带阻滤波器，工作原理与带通型类似。

图 2-10 所示双工器称为一个桥式单元，将本单元的输出连接到下一个单元的宽带输入，若干个单元连接起来就组成了多工器。在 UHF 频段地面数字电视发射系统中已经有使用十工器的案例。

在地面数字电视广播发展的过程中，采用多工技术是一种较为高效、便捷的方式。地面数字电视发射台应尽可能考虑与模拟电视同址，所选择的数字电视频道应尽量靠近现有的模拟电视频道，通过多工器利用现有发射天线播出。这样既解决了场地、天线对新增频道的制约，又能降低建设成本，并能避免用户收看数字电视时更换或增加接收天线的麻烦。

为了尽量减小带外寄生辐射的影响，地面数字电视使用较多的多工器类型是定阻抗型，这样还能为发射机减少一个输出滤波器。尤其对于邻频系统，多工器的滤波器选择应符合邻频工作对带外衰减的要求。

对数/模邻频系统，由于数字电视抗干扰的能力优于模拟电视抗干扰的能力，所以特别应该保证数字电视发送系统输出信号满足 DTMB 规定的频谱模板要求，以保证引入邻频道数字电视后不干扰原有模拟电视的接收。

2.3　发射系统的技术指标

2.3.1　发射功率

地面数字电视发射系统的发射功率决定了地面数字电视信号的电场强度，直接关系到地面数字电视广播发射系统的有效覆盖范围、覆盖区域服务质量和信号传输可靠性，如图 2-11 所示。

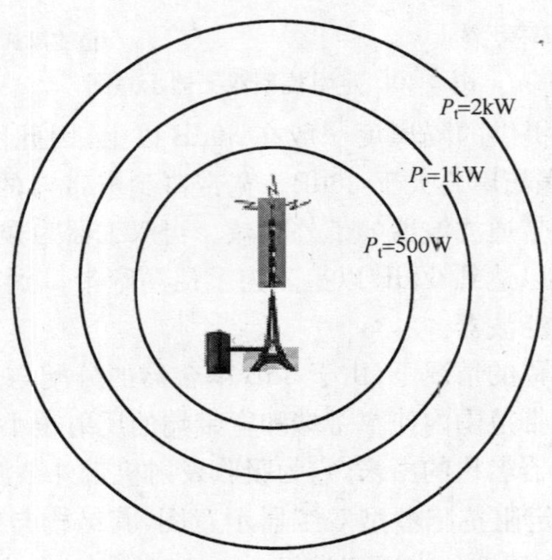

图 2-11　地面数字电视发射系统发射功率(P_t)与有效覆盖范围关系示意图

地面数字电视发射系统的输出功率应该符合设计要求，达到预期的覆盖效果。可以通过以下方法测量发射系统的发射功率。

选择周围场地空旷平坦，无建筑物、大片树林等障碍物，无反射波到达的地点作为测量点，测量点与发射天线之间为直视路径，且远离机场、主要交通运输公路、高压输电线、变电所、工厂等，保证没有来自上述设施的明显干扰或背景噪声电平较欲接收信号电平低 20dB。接收天线的极化方式与发射天线极化方式一致，记录测量点的信号场强 E_c(dBμV/m)，由下式计算发射天线的有效辐射功率 P_t(kW)

$$E_c = 10\lg P_t - 20\lg d + 106.92$$

式中：d 为到发射天线的距离(km)。

2.3.2　频谱特性

1. 带肩比

数字电视信号经过放大器后在频道外的互调产物为近似连续频谱，频道外的连续频谱在频道附近会产生“肩”部效应，这就是带肩。带肩比具体定义为信号中心频点的功率值与偏离中心频点载波外某点功率的比值。我国一个电视频道的带宽为 8MHz，带肩比规定为信号中心频点功率与偏离中心频点±4.2MHz 处功率的比值，单位为 dBc。

在数字电视发射机中，功率放大器是主要的非线性器件，其效率和线性是一对矛盾。通常为了提高功率放大器的效率，其会表现出很强的非线性。这种非线性会造成信号的畸变，使信号的输出频谱发生变化，产生带内、带外干扰，反映在频谱上就是带肩比差。带肩比是数字电视射频输出信号的一项关键技术指标，体现数字电视发射机的功率放大器的线性水平。线性化程度越高，带肩比就越小，越能够保证被传输信号具有尽可能低的误码率和高的信噪比。

带肩比可以通过频谱分析仪测量。图 2-12 所示为一个实际的带肩测试图。

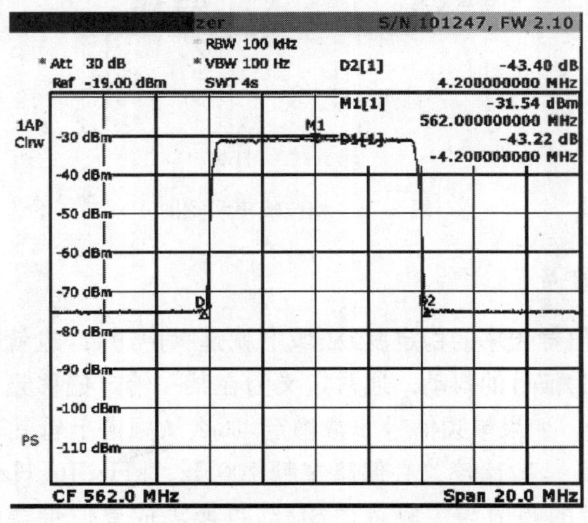

图 2-12　实际带肩测试图

2. 带内波动

带内波动指工作频段内最大最小电平之间的差值。它反映放大器的线性失真，一般要求带内波动在±0.5dB 以内。当超出容差范围时，相当于有强干扰，影响接收。

带内波动可通过频谱仪或矢量分析仪测量。

3. 邻频抑制

邻频道分为上邻频道、下邻频道，指标要求发射机泄漏到上、下邻频道内的功率均应比发射频道内功率低 50dB。邻频抑制效果好能减少对上、下邻频道信号的干扰。邻频抑制指标可通过频谱仪测量。

2.3.3 相位噪声

1. 相位噪声的定义

相位噪声和抖动是对同一种现象两种不同的定量方式。在理想情况下，一个频率固定的完美的脉冲信号（以 1MHz 为例）每 500ns 有一个跳变沿。但不幸的是，这种信号并不存在。信号传输过程中其周期的长度有一定变化，从而导致下一个沿的到来时间不确定。这种不确定就是相位噪声，或者称为抖动，如图 2-13 所示。相位噪声会使 *IQ* 平面上的星座点出现圆形模糊，直接加大信号的比特误码率。

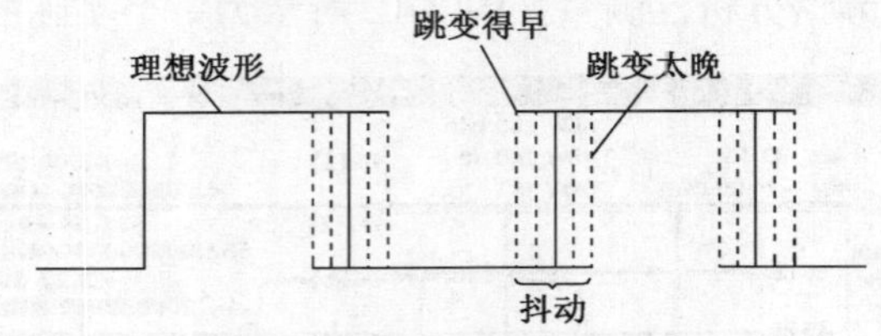

图 2-13 相位噪声示意图

2. 相位噪声的度量

相位噪声表征信号频率的稳定度，频域上就是噪声边带，也就是相位噪声。在时域上与之对应的称为信号的抖动。通常定义为在某一给定偏移频率处功率与总功率的比值，单位为 dBc。如果单频信号非常稳定，那么从频谱上看其边带会随着远离主频的位置逐渐降低。一般比较关心偏离主频 100Hz、1kHz、10kHz 处的边带，若是对数坐标，则此处边带的幅值与主频幅值相减，再换算成单位带宽即可，单位为 dBc/Hz。一个振荡器在某一偏移频率处的相位噪声定义为在该频率处 1Hz 带宽内的信号功率与信号的总功率比值，如图 2-14 所示。

频域测量相位噪声一般使用频谱分析仪，频谱分析仪可以测量偏离载频不同位置的相位噪声。相位噪声的值是以归一化的方式用偏移频率 f_m 处 1Hz 带宽内矩形的面积与整个功率谱曲线下包含的面积之比表示的，约等于中心频率处曲线的高度与 f_m 处曲线的高度之差。

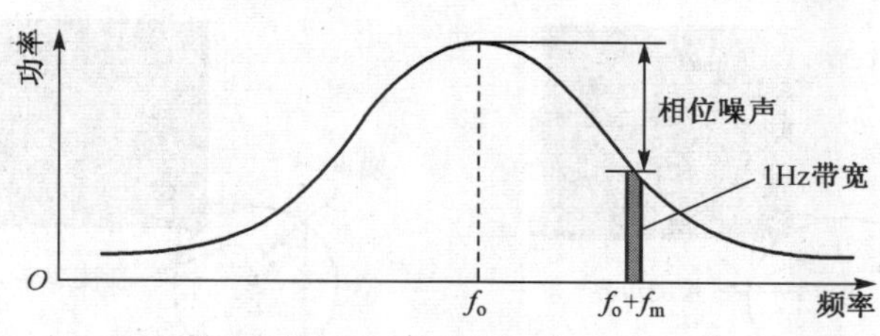

图 2-14　相位噪声的功率与总功率的比值

2.3.4　调制误差率

1. 星座图

数字电视信号(TS 流)经过 QAM 调制分成 I 和 Q 两组，分别量化，I、Q 两路信号经同一本振混频，但相位相差 90°。量化后的 I 路信号电平幅度按量化等级，在 I 轴方向有数个相应的位置，如量化 8 个等级则有 8 个位置，Q 路也是如此。这样一来，每一个数字电视信号都会在一个坐标图上有它相应的位置，这就是图 2-15 所示的星座图。如果 I、Q 各组量化 4 个等级，则有 4×4=16 个框的星座，量化 8 个等级则有 64 框的星座图。

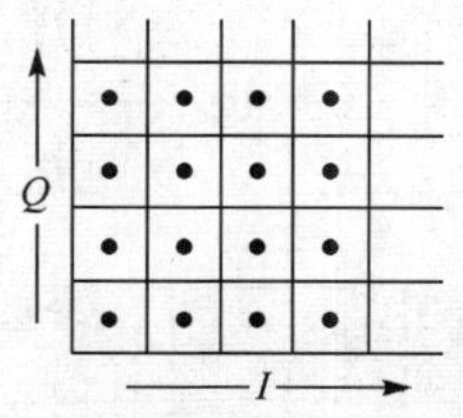

图 2-15　星座图

数字电视信号的每一个信号(称为符号)在星座图上都有一个相应的位置。如果这个符号是理想的，那么在其方框内是一个小点，方框线即为相邻符号的分界限，也称为“判断门限”。数字电视信号总是伴随着广义噪声而存在的，每时每刻都有噪声叠加，所以方框中的符号不可能在其理想的框的中心。用仪器测试，白噪声叠加造成星座点位置尽管每次都不一样，但都分布在中心的位置附近，多次取样形成如云雾状的圆点。图 2-16(a)所示为噪声较小、性能良好的星座图。时间很短、幅度较大的突发脉冲信号，会使符号偏离中心很大，甚至跨过了“判断门限”而到了邻近的符号框内，这就造成了误码，如图 2-16(b)所示。

2. 调制误差率

调制误差率(Modulation Error Ratio，MER)是以数学模型来表征数字电视信号

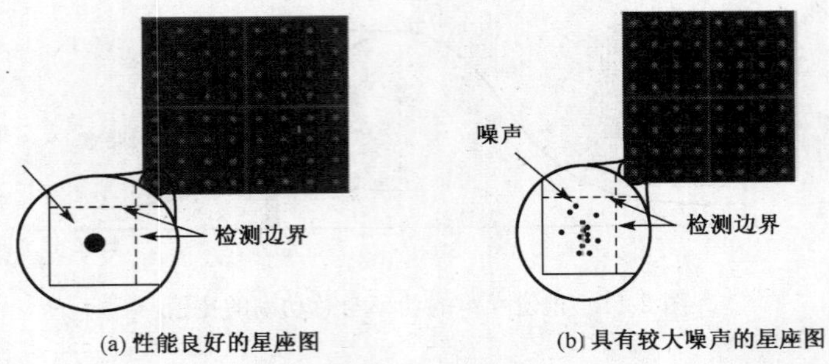

(a) 性能良好的星座图　　(b) 具有较大噪声的星座图

图 2-16　星座图

的噪声状态，而星座图是以图形来表征数字电视信号的噪声状态。具有广义噪声干扰的星座图如图 2-17 所示。在一个相当长的时间内进行测试，每个接收到的数据点 $j(j=[1,N])$ 在 IQ 平面上的坐标是 $I_j+\Delta I_j$ 和 $Q_j+\Delta Q_j$，其中 I 和 Q 是理想符号点的坐标，ΔI_j 和 ΔQ_j 代表从所选符号的理想位置(判断框中心)至接收到符号的实际位置间的距离，这个距离称为误差矢量。调制误差率定义为数字电视信号的理想符号功率与噪声功率之比，单位为 dB，表示为

$$\mathrm{MER}=10\times\lg\frac{\sum_{j=1}^{N}I_j^2+Q_j^2}{\sum_{j=1}^{N}\Delta I_j^2+\Delta Q_j^2}$$

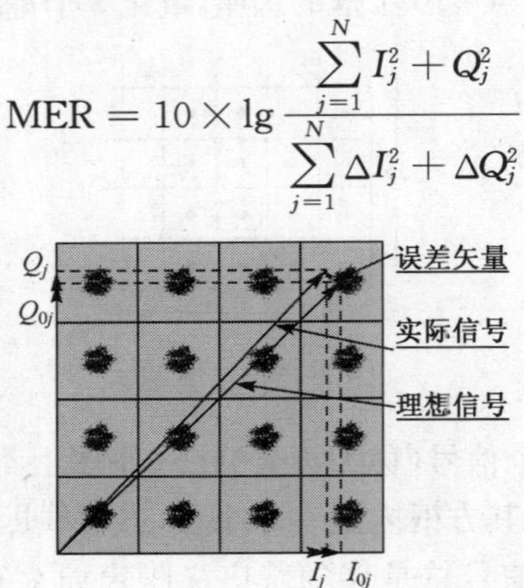

图 2-17　具有广义噪声干扰的星座图

MER 包含了信号所有类型的损伤，如各种噪声、载波泄漏、I/Q 幅度不平衡、I/Q 相位误差和相位噪声等。它反映了数字电视信号经传输后损伤的程度，是衡量数字电视系统的重要指标。

第3章　地面数字电视激励器

地面数字电视激励器是地面数字电视发射系统的核心和重要组成部分，地面数字电视激励器的技术指标直接影响发射机的性能和覆盖效果。本章将介绍激励器的主要功能和性能指标。

3.1　概　　述

广播电视系统是完成电视节目制作、电视节目播出、电视节目传送、电视节目信号发射以及电视节目信号检测和接收的整个系统的总称。按照组成和功能分类，可以分为广播电视中心、广播电视发射系统、广播电视传输系统和广播电视监测系统等四大类。其中，广播电视发射系统对来自广播电视中心所制作的电视节目进行信源编码和视频、音频压缩，然后在经过复用形成单一的数据流后，再对数据流进行信道编码和调制发射。

可见，广播电视发射系统具有包括信源发生、信号处理、信道传输和管理系统的功能，因此按照功能可以划分为前端、激励器和发射机三大部分，如图3-1所示。本章重点介绍激励器部分。

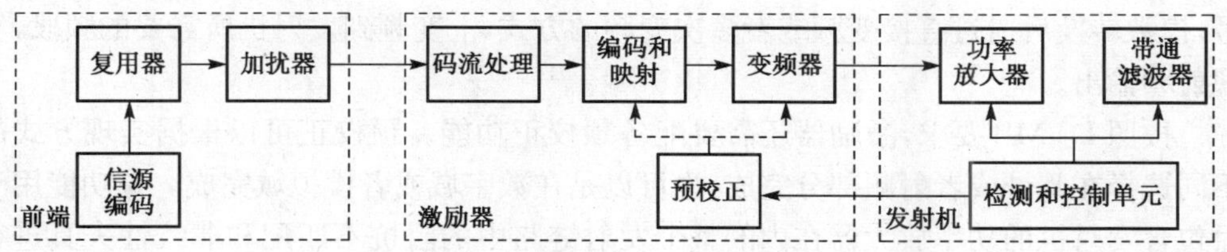

图3-1　广播电视发射系统示意图

地面数字电视激励器的主要功能是将在前端完成信源编码、复用、加扰后打包处理的TS流作为输入数据，在激励器端完成信道编码、调制、变频处理，以模拟信号在特定的射频频率输出。为了方便现场调试以及与发射机配合，输出的模拟射频信号有时候还会经过小功率放大模块放大后再推送，因此激励器除了完成编码和调制功能外，还具有一定功率输出的“激励”作用，又被称为激励器。相对应地，没有预放功能或者输出功率较小的器件被称为调制器。激励器同调制器的另外一个功能区别为非线性校准功能，一般来说激励器均具备此功能而调制器不具备。两者在实际应用中并没有非常明确的界限。

3.1.1　激励器的原理

激励器内部功能单元分为码流处理、信道编码和映射、频率变换等部分，按照DTMB要求，激励器还需要具备预校正功能，如图3-2所示。

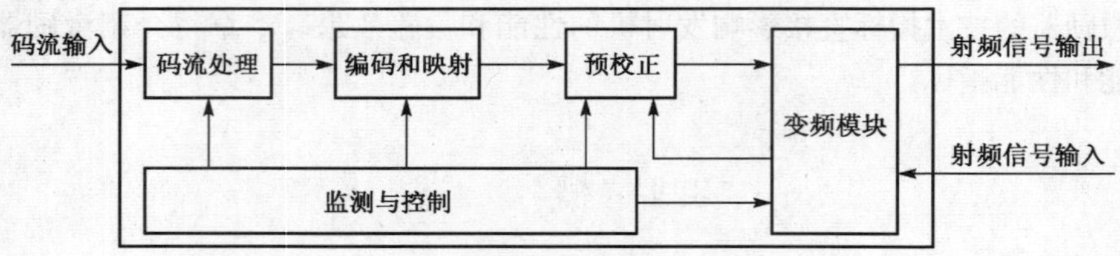

图3-2　激励器结构示意图

首先码流处理模块对通过ASI接口进入激励器的两路符合MPEG-2标准的TS流进行串并转换、时钟恢复和同步锁定，从而实现两路无缝切换，同时结合激励器调制模式完成码流适配预处理以及节目时钟基准(Program Clock Reference，PCR)校正等功能。

信道编码和映射模块是激励器的核心模块，是不同标准的具体体现。其作用在于对经过码流处理后的TS流，按相应标准规定，完成包括扰码、信道编码、交织和映射等一系列操作，最终调制到零频(基带)或者低中频输出。

变频模块的基本作用在于将来自信道编码和映射模块的数字基带或者低中频信号，模数转换后通过直接变频或者多次变频的方式，上变频到发射机所需要的频段，实现射频输出。

按照DTMB要求，激励器还需要配备预校正功能。预校正可以根据实现方式的不同选择在基带或者射频部分完成，也可以是在数字域或者模拟域完成。该功能用于对包含发射机的功率放大器在内的整个发射链路中的阻抗不匹配和非线性失真进行校正，从而改善发射信号质量，提高发射效率。

最后激励器还需要配备一定的监测和监控功能，以实现运行期间的远程遥控，以及实时监视、出错报警等功能。

数字电视激励器的输入信号是ASI格式的信源码流，输出是经过信道编码、调制、变频处理后的模拟射频信号。其中，频率合成、上变频、射频输出放大，在技术处理上与模拟电视激励器相似，不同的基带处理方式决定了激励器的工作模式。

3.1.2　激励器的基本要求

激励器除了要完成信道编码与调制的任务，还能够通过频率合成器设置 UHF 频段(470～890MHz)任一指定频道。从 RF 反馈信号，采用数字处理技术进行预补偿功放非线性失真，以减小发射机输出的互调分量，满足带肩指标。具备自动电平控制(Automatic Level Control，ALC)功能，当输出功率发生变化时，能自动地将功率控制在额定范围，保持稳定的输出功率。激励器 RF 输出电平为＋10dBm±1dB，阻抗为 50Ω。

1. 可调整的激励器内部参数

调整激励器有 LOCAL 和 REMOTE 两种方式。在 LOCAL 模式下，通过激励器面板的控制键设定激励器参数，查询激励器工作状态和报警信息。在 REMOTE 模式下，通过以太网通信端口或 RS-232-C 端口实现。

内部参数调整包括以下几方面。

(1)设置发射机输出频率。

(2)TS 流输入选择。对于主、备 TS 流切换有三种不同模式，AUTO、MANUAL 和 SINGLE。在 AUTO 模式时，如果正在工作的 TS 输入信号出现告警，则激励器会自动选择另一路。在 MANUAL 模式时，可以手动选择 TS_1 或 TS_2。若只有一路 TS 输入，则可选择SINGLE模式。

(3)内/外频率基准选择。

(4)调制参数设置。包括内部伪随机二进制序列(Pseudo Random Binary Sequence，PRBS)发生模式、单/多载波模式选择、交织时间 240/720、映射方式 QPSK/16-QAM/64-QAM、FEC 码率 0.4/0.6/0.8、保护间隔 420/595/945、控制帧 ON/OFF、单载波模式下导频 ON/OFF(ON 状态能输出导频)。

(5)单频网状态。单频网模式时选择及设置时延补偿等。

2. 报警显示

激励器具有完备的告警、监视功能。告警菜单包括：射频输出异常、输入 TS 流异常、电源异常、温度异常、冷却风扇异常、失真补偿功能中 RF-AGC 异常、1PPS 异常、外部 10MHz 基准信号输入异常、频率合成单元的 10MHz 锁相环异常、频率合成单元的本振锁相环路异常、失真补偿异常、采样时钟锁相环路异常等。

3. 激励器接口要求

激励器接口要求包括：信源码流输入、外部基准频率输入、1PPS 时钟输入、射频输出、监测输出、遥控监控接口。

3.2 激励器的基本结构

激励器按照功能可以划分为码流处理、信道编码和映射、频率变换等部分，同时按照 DTMB 要求还需要具备预校正功能，如图 3-2 所示。

3.2.1 码流处理模块

码流处理模块位于激励器的输入端，用于通过标准定义的 ASI 接口，接收来自发射链路前端的复用器(或者单频网模式下的单频网适用器)等设备的符合 MPEG-2 定义的 TS 流，最终完成包括 ASI 解码、时钟恢复和同步锁定、两路输入无缝切换、码率适配、PCR 校正、ASI 编码与环出功能。以下分功能模块进行详细说明。

1. ASI 编解码

在目前的广播电视系统的传输接口中，有两种 MPEG-2 视频传输接口标准：异步串行接口(ASI)和同步并行接口(Serial Peripheral Interface，SPI)。SPI 一共有 11 位有用信号，每位信号差分成两个信号用来提高传输抗干扰性，在物理连接上用标准 25 芯 D 型插头座(DB25)传输，因此连线多且复杂，传输距离短，容易出现故障。ASI 用串行传输，只需一根同轴电缆线，连线简单，传输距离长。

ASI 传输流可以有不同的数据速率，但传输时钟恒定，为 270Mbit/s。到达同轴电缆的接收数据，首先要经过连接器和耦合网络耦合到恢复时钟和数据的电路上，然后进行串/并变换；为了恢复字节同步，系统必须先搜寻到同步字，一旦搜索到同步字，即为随后接收的数据标定了边界，从而建立了 ASI 输出字节的正确字节排列；最后进行10bit/8bit变换，恢复出包同步的 MPEG-2 传输流数据。但是同步字不是有效数据，因此解码时必须删除。这个过程称为 ASI 解码。

在 SPI/ASI 转换方案中，激励器通常采用串行数据收发器完成 ASI 编解码工作。

2. 时钟恢复和同步锁定

ASI 解码后，恢复出码流时钟、数据有效使能和 ASI 码流时钟一并送到数字信号处理器。数字信号处理器以 ASI 码流时钟速度，并以数据有效信号当使能，读取输入的数据。根据读出的字节是否是十六进制值 0x47 来确定 TS 包的同步字节。如果找到一个字节值为 0x47，则先假定其为 TS 包同步字节，并建立对应的帧同步信号，同时数字信号处理器开始计数 188(或者 204)个字节，作为一个完整的 TS 包。如果此时下一个完整包的第一个字节不是 0x47，则说明输入数据有误，帧同步建立不成功。此时数字信号处理器将丢弃这些数据，直到最终找到真正的0x47同步字节为止。

当同时有两路ASI输入时，同步锁定模块还需要承担两路码流自动、手动切换的任务。一般以某一路ASI输入为主输入口（假设为ASI_1），则当系统设置为码流自动选择时，首选ASI_1并进行同步检测，如果ASI_1能锁定，则选定ASI_1为当前输入码流；当ASI_1出现输入中断、非TS流格式而导致无法检测或者无法同步锁定等情况时，自动切换到ASI_2进行同步检测。同样地，如果当前播放为ASI_2出现了故障，则自动切换到ASI_1进行同步检测。当两路（或者任一路）ASI出错，则通过激励器的监控报警机制进行报警。一般来说，两路码流之间的切换可以做到无缝连接，即由于切换时间短，肉眼基本无法观察到图像中断。

3. 速率匹配

当帧同步信号建立后，数字信号处理器以ASI码流时钟速度，并以数据有效信号和帧同步信号为使能，以完整TS包为单位，写入先进先出缓存器（First Input First Output，FIFO），则FIFO中的数据都是有效的数据。当FIFO半满（或满足某一特定条件）时，数字信号处理器将该FIFO的指示信号发送到下级的编码和映射模块作为起始标志，编码和映射模块生成读使能，开始读取FIFO中的数据。每次读出一个完整TS包，读的周期和频率与选定的编码调制模式有关。当下一个读包使能到达，而此时FIFO不到半满（或者不满足某一特定条件）时，数字信号处理器输出符合TS流格式的空包，以维持输出的码率恒定。同样地，如果输入的数据码率过高，也可以根据需求，删除无用的空包，从而实现码率的自动匹配。在速率匹配模块中，TS流的处理始终以整TS包为单位，从而确保帧同步信号不被破坏或丢失。

4. PCR校正

PCR是传输流中的一个基础时钟。在TS流里面，PCR是一个分两部分编码的42位字段，其中33位为PCR基础部分，9位为PCR扩展部分。PCR扩展部分以300为模进行计数，取模一次PCR基础部分加1，所有的计数都是以本地的基础27MHz时钟进行的。

作为数字电视流传输过程中的时钟基准，PCR在解码端有两个非常关键的作用。其一是同步头端和终端的27MHz时钟，并借此同步头端和终端的色度平衡和帧率。其二是为了在正确的时间对数据进行解码和显示，从而达到音频和视频相对于系统时间的同步，也在客观上实现了音频和视频之间的同步。

PCR对于视频、音频的质量和相互延时都非常关键。但是TS流在传输过程中，每经过一次设备的处理，由于码率以及TS包之间相互关系的变化，都会对PCR的抖动和间隔产生比较大的影响，从而影响终端的正常解码。因此在速率匹配模块之后，由于可能存在空包删除与插入等操作，需要重新对PCR进行校正。如果不进行校正或者校正精度不能满足要求，那么到达接收端解码器所恢复的图像容易失掉彩色，还会出现周期性的黑屏现象，同时图像会伴有马赛克，严重时会出现死机。

3.2.2 编码和映射模块

码流处理模块将经过上述处理的码流送到编码和映射模块，完成基于标准GB20600—2006的信道编码和调制，其系统框图如图3-3所示。输入数据码流经过扰码器（随机化）、前向纠错编码，然后进行从比特流到符号流的星座映射，再进行交织后形成基本数据块。基本数据块与系统信息组合（复用）后，经过帧体数据处理形成帧体。而帧体与相应的帧头（PN序列）复接为信号帧（组帧），经过基带后处理转换为基带输出信号。该信号经正交上变频最终转换为射频信号。

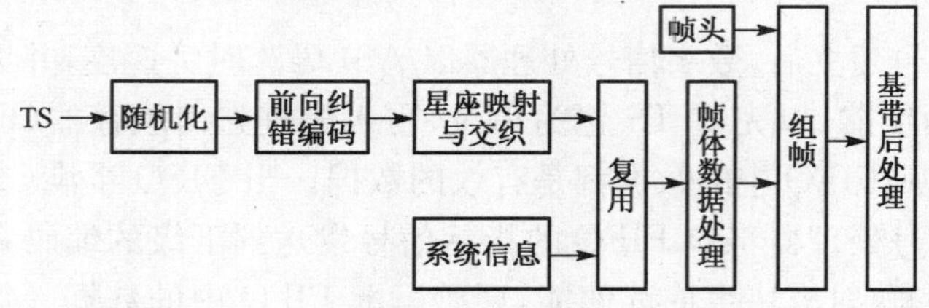

图3-3 GB 20600—2006 系统框图

3.2.3 变频模块

变频模块实现将基带后处理后的数字信号，经过正交上变频转换成所需要频段的射频信号。常见的几种变频方法包括：二次变频、一次变频和直接变频（又称为捷变频或者零中频）。以下分别介绍三种不同变频方式的技术流程和特点。

1. 二次变频

二次变频是将数字基带信号通过固定本振的数字混频器，得到数字低中频信号，其中心频率可以为36MHz、44MHz等，再通过数模转换器（Digital Analog Converter，DAC）转换为模拟低中频信号。在低中频处通过模拟的固定带通滤波器进行模拟滤波，用以滤除DAC的高次频谱谐波。然后将模拟低中频信号通过固定本振的混频器进行第一级变频上移到比较高的高中频，如1GHz，在高中频处通过模拟的固定带通滤波器进行带通滤波，用以滤除镜像频谱。最后再将该高中频信号通过变化本振的混频器进行第二级变频，从而下移到所需要的频率上，如图3-4所示。

这种变频方式能比较好地滤除镜像频谱，各模拟滤波器的频点固定，系统在各频率点上性能一致。而且载波频率不在所需要的频带之内，可以和镜像频谱一起很好地被滤除。但是这种变频方式需要二级模拟混频，对系统和电路设计有相当高的要求，

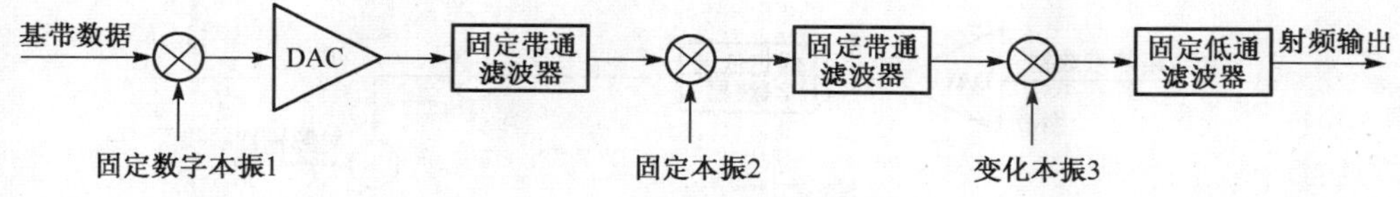

图 3-4　二次变频流程示意图

系统复杂，功耗相对较大。由于集成电感的 Q 值不高，所以这种处理方法的系统相位噪声特性相对较差。

2. 一次变频

一次变频是将数字基带信号通过固定本振的数字混频器得到数字低中频信号，如 36MHz、44MHz，等，再通过 DAC 转换为模拟低中频信号，在低中频处通过模拟的固定带通滤波器进行模拟滤波，用以滤除 DAC 的高次频谱谐波。然后将模拟低中频信号通过变化本振的混频器进行第一级变频上移到所需要的频率上，最后再通过变化带通滤波器滤除镜像频谱和本振频谱，如图 3-5 所示。

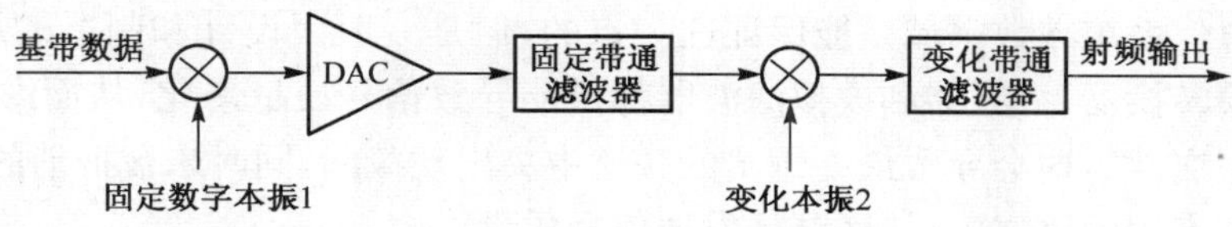

图 3-5　一次变频流程示意图

这种变频方式的相位噪声比二次变频的方式要好，但是需要随上变频率变化的模拟带通滤波器滤除镜像频谱和本振频谱。对于数字电视的频段，设计一个从 48MHz 到 886MHz、带宽为 8MHz 的模拟滤波器是非常困难的。在 48MHz 处，8MHz 带宽和该频率点的比值为 8/48≈0.17，但是在 866MHz 处，8MHz 带宽和该频率点的比值为 8/886≈0.01。通常模拟滤波器无法实现如此大范围的变化。而且这种变频率的模拟带通滤波器，既不能保证很好的带外抑制，也不能保证很好的带通特性，即带内的平坦度无法保证。

3. 直接变频

直接变频是将复数字基带信号通过 DAC 转换为复模拟基带信号，即复零中频信号。在零中频处进行简单的模拟固定低通滤波，用以滤除 DAC 的高次频谱谐波。再将该模拟复零中频信号通过复变频直接上移到所需要的频率上，如图 3-6 所示。

直接变频有着自身的优势。首先，系统只有一次变频，相位噪声优于二次变频和一次变频。其次，基带的模拟滤波器是简单的固定低通滤波器，性能很容易保证，设计简单。最后，因为零中频的结构，射频不需要任何模拟滤波器。

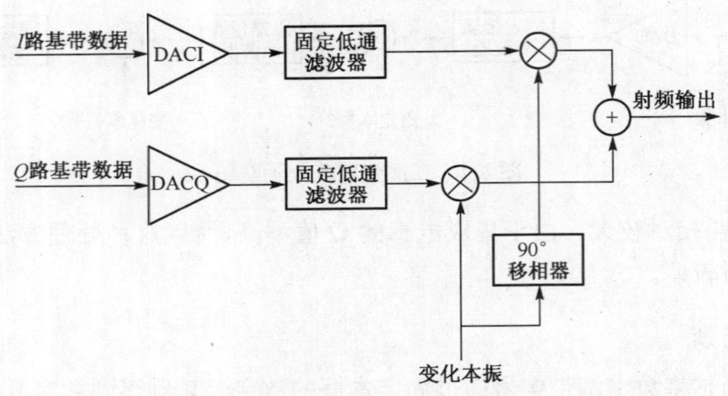

图 3-6　直接变频流程示意图

但是，由于直接变频的镜像频谱与有效频谱重叠，而且载波泄漏也位于有效频谱正中心，因此对进行正交调制的同相分量 I 和正交分量 Q 的信号质量要求非常严格。同相分量 I 和正交分量 Q 必须确保零均值、完全等幅度、相位完全垂直以实现正交。现代数字通信系统在数字域是能保证这一点的，但是一般因设计和制造的原因，模拟域中的数模转换器、混频器和模拟滤波器都可能导致信号质量恶化，从而影响 I、Q 两路的完整正交性。这会导致最终输出的频谱中央出现载漏，同时未被抵消的镜像频谱也会淹没在有用频谱之中，从而降低发送信号质量。

3.2.4　接口与控制

激励器作为专业广播发射设备，具有丰富的接口，如图 3-7 所示。《地面数字电视广播激励器技术要求和测量方法》(GY/T 229.2—2008)中，详细对激励器输入输出接口和控制方式等内容进行了说明。

常用的信号连接器包括 SMA、BNC 以及 N 型接头等。其中，SMA 连接器是一种微型连接器，可使用于最高 18GHz/26.5GHz 的条件下，其具有高力学强度、高耐久性、高可靠性和低电压驻波比(Voltage Standing Wave Ratio，VSWR)等显著特点。刺刀螺母连接器(Bayonet Nut Connector，BNC)是一种用于同轴电缆的连接器。由于同轴电缆是一种屏蔽电缆，传送距离长、信号稳定，因此目前被大量用于通信系统和音视频传输中。N 型接头又称为 N 型射频同轴连接器，主要供无线电设备和电子仪器的射频回路连接。使用时可根据实际需求选用不同的连接头作为信号输出。一般正常尺寸的激励器的信号连接口大多采用 N 型接头或者 BNC 接头。板级、模块化激励器则采用 SMA 接头以节省体积。

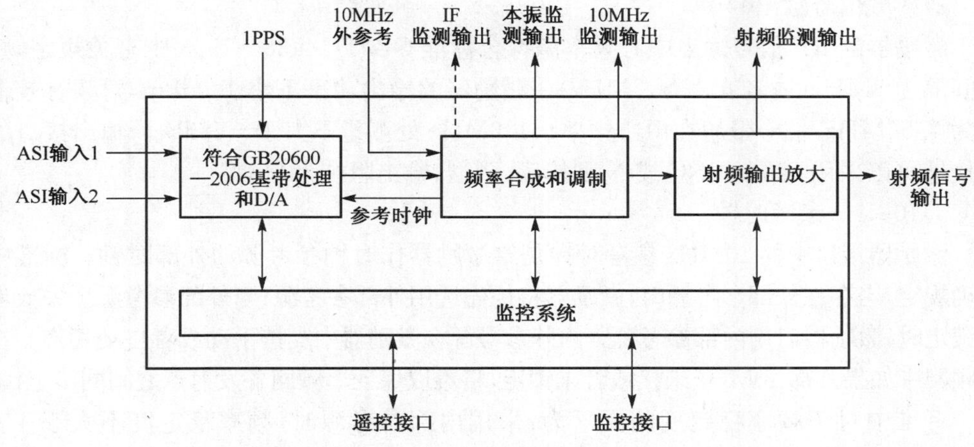

图 3-7　地面数字电视广播激励器结构框图

1. 主功能口

1)ASI 输入 1/ASI 输入 2

激励器的 ASI 输入是来自于前端的复用器(在单频网模式下来自于单频网适配器)的标准 TS 流。TS 流包的支持格式为:长为 188 字节格式的 TS 包,或者是带有 FEC 校验码,长为 204 字节格式的 TS 包。其中,FEC 校验码要符合《有线数字电视广播信道编码与调制规范》(GY/T 170—2001)中的 RS 编码规定。同时,ASI 的传输格式既可以是以 ASI 数据整包(Packet 模式)进行,也可以是 ASI 突发传输形式(Burst 模式)进行。两路 ASI 可以是来自不同来源的码流,互为备份,并具有自动或者手动切换功能。

ASI 输入接口符合以下性能指标:

(1)连接器具有 BNC 的机械特性,阴型,输入阻抗为 75Ω;

(2)单路 ASI 输入接口的最大支持有效码率不小于 52Mbit/s;

(3)ASI 输入接口的电气特性技术指标如表 3-1 所示。

表 3-1　ASI 输入接口的电气特性技术指标

序号	项　　目	单　　位	技术指标
1	接收灵敏度	mV	≤200
2	最大输入电压	mV	≥880
3	连接器的反射损耗(5～270MHz)	dB	≤−15

2)射频信号输出

激励器的 RF 信号输出中心频率需符合标准 GB/T 14433—1993 中有关规定，频道间隔为 8MHz(或者 6MHz、7MHz)。激励器的输出功率不小于 0dBm，射频有效带宽为 7.56MHz，信号带肩在中心频率±4.2MHz 处测量不大于−48dBc。输出接口的连接器可以采用 SMA、BNC 或 N 型接头，阴型，输出阻抗为 50Ω。

3)10MHz 参考时钟

激励器接口中的 10MHz 参考时钟是给激励器作时钟参考源的外部时钟。标准中明确规定，当存在外部参考源时，激励器将优先选用外部参考源；当外部参考源丢失或者未锁定时，激励器启用内部参考源。内外参考源在激励器中支持手动或者自动切换。在单频网中如果外部 10MHz 未接或者未锁定，将难以保证单频网各发射点之间同步工作。

标准中对于频率稳定度的要求为：采用内部参考源时，频率稳定度不大于 1×10^{-7}；当采用外部参考源时，频率稳定度不大于 1×10^{-10}。标准中对接口明确要求为采用 BNC 接头，阴型，输入阻抗为 50Ω，AC 耦合，且必须满足 $V_{\mathrm{P\text{-}P}}$不小于 600mV。不满足该电气特性可能导致外部时钟参考源无法被正常检测。

4)1PPS 信号接口

秒脉冲(Pulse Per Second，PPS)信号，就是每过一秒发生一个脉冲信号，用来辅助外部的标准时钟完成计时和校对功能，在激励器的实际应用中常与外部 10MHz 时钟一起作用于单频网模式下。在单频网中，如果秒脉冲信号未接或者未被检测，那么激励器无法在单频网模式下正常工作。标准中定义秒脉冲信号输入接口采用 BNC 接头，阴型，TTL 电平，上升沿有效，其输入阻抗为 50Ω。

5)反馈输入

反馈输入是指来自发射链路中激励器的下级设备(如发射机)的输出。由于该信号用于给激励器的预校正模块作为参考信号，形成一个反馈的环路，因此被称为反馈信号。一般来说，反馈信号作为输入接口其连接器为阴型，输出阻抗为 50Ω，接头可以根据实际情况采用 SMA、BNC 或 N 型接头。反馈信号输入的可接受范围根据激励器具体实现方式和器件不同而有差异。在具体使用时需要在相应规格书指导下进行连接，以避免校正性能受影响或者造成器件损坏。

2. 监控接口

1)射频监测输出

射频监测输出接口是激励器主射频输出口的监控输出。在正常的应用情况下，激励器的主输出口与下级发射机的输入口相连接，因此，如果需要同时监控激励器的输出信号状况，则需要借助射频监控输出口。标准中定义监控输出采用 SMA 或 BNC 接头，阴型，输出阻抗为 50Ω。

2)10MHz 监测输出

10MHz 监测输出接口是用于监测激励器 10MHz 时钟性能的接口,也可以用来为另外设备提供 10MHz 参考时钟。该 10MHz 时钟的性能取决于激励器所使用的参考时钟的性能。标准中定义 10MHz 监测输出采用 SMA 或 BNC 接头,阴型,输出阻抗为 50Ω。

3)本振监测输出

本振监测输出接口是用于监测激励器本振信号性能的接口,可以用于测试本振信号的性能。标准中定义本振监测输出采用 SMA 或 BNC 接头,阴型,输出阻抗为 50Ω。

4)IF 监测输出(可选)

当激励器采用两次变频或者一次变频模式实现频率变换时,基带信号先变换成 IF 信号,再调制到所需要的频率上去。此时 IF 监测输出口可以提供激励器中频输出的信号或者本振,以测试中频输出时信号或者本振性能。标准中定义 IF 监测输出采用 SMA 或 BNC 接头,阴型,输出阻抗为 50Ω。

5)ASI 输出(可选)

为了便于现场测试或者设备联调,激励器可以增加 ASI 输出。输出的信号来自于 ASI 两路输入的无源的 ASI 环出。

ASI 输出接口符合以下性能指标:

(1)连接器具有 BNC 的机械特性,阴型,输入阻抗为 75Ω;

(2)单路 ASI 输出接口的最大支持有效码率不小于 52Mbit/s;

(3)ASI 输出接口的电气特性技术指标如表 3-2 所示。

表 3-2　ASI 输出接口的电气特性技术指标

序号	项　目	单位	技术指标
1	输出幅度	mV	800±80
2	上升时间(20%～80%)	ps	≤1200
3	下降时间(20%～80%)	ps	≤1200
4	确定性抖动(峰峰值)	%	≤10
5	随机性抖动(峰峰值)	%	≤8

3. 控制口

1)串行通信接口

串行通信接口简称串口(serial interface)是指数据按位顺序传输,其特点是通信线路简单,只需要一对传输线就可实现双向通信,因此成本低,适用于远距离通信,但是传送速度较慢。目前大多用于工业控制和测量设备以及部分通信设备中。

2)标准串口 RS-232

RS-232 也称为标准串口,是最常用的一种串行通信接口,其全名是“数据终端设备(Data Terminal Equipment,DTE)和数据通信设备(Data Communications Equipment,DCE)之间串行二进制数据交换接口技术标准”。传统的 RS-232 接口有 22 根线,采用标准 25 芯 D 型插头座(DB25),后来简化为 9 芯 D 型插座(DB9),目前应用中大多为 DB9 类型插头。

RS-232 采取不平衡传输方式,即所谓单端通信。由于其发送电平与接收电平的差仅为 2～3V,所以其共模抑制能力差,再加上双绞线上的分布电容,其传送距离最大约为 15m,最高速率为 20kbit/s。RS-232 是为点对点(即只用一对收、发设备)通信而设计的,其驱动器负载为 3～7kΩ。所以 RS-232 适合本地设备之间的通信。

3)RS-422 接口

RS-422 标准全称是“平衡电压数字接口电路的电气特性”,其定义了接口电路的特性。典型的 RS-422 是四线接口,实际上还有一根信号地线,共 5 根线。由于接收器采用高输入阻抗,发送驱动器具有比 RS-232 更强的驱动能力,故允许在相同传输线上连接多个接收节点,最多可接 10 个节点。即一个主设备(master),其余为从设备(slave),从设备之间不能通信,所以 RS-422 支持点对多的双向通信。接收器的输入阻抗为 4kΩ,故发送端最大负载能力是 10×4kΩ＋100Ω(终接电阻)。RS-422 四线接口由于采用单独的发送和接收通道,因此不必控制数据方向,各装置之间任何必需的信号交换均可以按软件方式(XON/XOFF 握手)或硬件方式(一对单独的双绞线)实现。

RS-422 的最大传输距离为 1219m,最大传输速率为 10Mbit/s。其平衡双绞线的长度与传输速率成反比,在 100kbit/s 速率以下,才可能达到最大传输距离。只有在很短的距离下才能获得最高速率传输。一般 100m 长的双绞线上所能获得的最大传输速率仅为 1Mbit/s。

4)RS-485 接口

RS-485 是从 RS-422 基础上发展而来的,所以 RS-485 的许多电气规定与 RS-422 相仿。例如,都采用平衡传输方式、都需要在传输线上接终接电阻等。RS-485 可以采用二线与四线方式,二线制可实现真正的多点双向通信;而采用四线连接时,与 RS-422 一样只能实现点对多的通信,即只能有一个主设备,其余为从设备;但它比 RS-422 有改进,无论四线还是二线连接方式,总线上可最多接 32 个设备。

RS-485 与 RS-422 的不同还在于其共模输出电压,RS-485 是－7～＋12V 之间,而 RS-422 为－7～＋7V 之间,RS-485 接收器最小输入阻抗为 12kΩ,RS-422 是 4kΩ。由于 RS-485 满足所有 RS-422 的规范,所以 RS-485 的驱动器可以在 RS-422 网络中应用。

RS-485 与 RS-422 一样,其最大传输距离约为 1219m,最大传输速率为 10Mbit/s。平衡双绞线的长度与传输速率成反比,在 100kbit/s 速率以下,才可能使用规定最长的电缆长度。只有在很短的距离下才能获得最高速率传输。一般 100m 长的双绞线最大传输速率仅为 1Mbit/s。

5)标准要求

标准中定义了两种串行接口进行遥控和监测,分别是 RS-232 和 RS-485。其中 RS-232 遥控采用 DB9 接头,阳型。RS-485 监控采用 DB9 接头,阳型或阴型。连接时最为简单且常用的是三线制接法,即接收数据针脚(或线)与发送数据针脚(或线)相连,彼此交叉,信号地对应相接。但是注意不同串口之间不能混接。当 RS-232 口与 RS-485 口需要相连时,必须通过转换器才能进行。

6)网口(可选)

为了远程遥控和监测的方便,激励器上一般会预留接头类型为 RJ-45 的网口连接方式。RJ-45 接头根据线的排序不同有两种,一种是橙白、橙、绿白、蓝、蓝白、绿、棕白、棕;另一种是绿白、绿、橙白、蓝、蓝白、橙、棕白、棕。因此,使用 RJ-45 接头的线也有两种,分别为直通线和交叉线。其中,交叉线适用于电脑与电脑(即对等网连接)、集线器与集线器、交换机与交换机之间的连接。直通线适用于电脑与调制解调器、电脑与路由器、电脑与交换机等连接。在激励器的应用中应使用直通线完成电脑与激励器本身的网络连接。在具体使用时还应根据需要在激励器上或者电脑上设定包括 IP 地址、网关、掩码等在内的网络设置,以确保连接成功。

3.3　激励器的主要功能

3.3.1　工作模式

根据调制子载波数量、保护间隔、内纠错码比率、交织深度、星座映射、导频和 PN 序列相位设置等的不同,标准 GB 20060—2006 中各种参数组合模式共 330 种。其所对应的不同系统净荷数据率如表 3-3 所示,表中横线表示标准不支持的组合模式。可见,只有保护间隔、内纠错码比率以及星座映射三个参数会影响系统的净荷数据率。

表 3-3　8MHz 带宽系统净荷数据率　(单位:Mbit/s)

信号帧长度/符号	帧头模拟	FEC 码率	映射				
			4-QAM-NR	4-QAM	16-QAM	32-QAM	64-QAM
4200	PN420	0.4	—	5.414	10.829	—	16.243
		0.6	—	8.122	16.243	—	24.365
		0.8	5.414	10.829	21.658	27.072	32.483
4375	PN595	0.4	—	5.198	10.396	—	15.593
		0.6	—	7.797	15.593	—	23.390
		0.8	5.198	10.396	20.791	25.989	31.187

续表

信号帧长度/符号	帧头模拟	FEC 码率	映射				
			4-QAM-NR	4-QAM	16-QAM	32-QAM	64-QAM
4725	PN945	0.4	—	4.813	9.626	—	14.438
		0.6	—	7.219	14.438	—	21.658
		0.8	4.813	9.626	19.251	24.064	28.877

3.3.2 预校正

在地面数字电视发射系统中，功率放大器是必不可少的。因为在发射系统的前级电路中，激励器的输出所产生的射频信号功率一般都很小，需要经过一系列的放大—缓冲级、中间放大级、末级功率放大级，获得足够的射频功率以后，才能馈送到天线上辐射出去。为了获得足够大的射频输出功率，必须采用功率放大器。一个理想的放大器，其输出信号应当如实的反映输入信号，即二者尽管在幅度上不同，时间上也可能有延迟，但波形应当是相同的。但是，在实际放大器中，由于种种原因，输出信号不可能与输入信号的波形完全相同，这种现象叫做失真。功率放大器是导致发射系统中信号失真的主要原因。

发射系统常见的失真类型有两种，分别是线性失真(linear distortion)和非线性失真(non-linear distortion)。下面先就两种不同失真的成因和影响进行分析，再结合应对方式展开阐述。

1. 线性失真

传输的信号有三个主要特性：频率、幅度和相位。只有这三个因素都正确，信号才能被完美地再生和体现，而不会出现所谓的失真。这有助于帮助我们理解线性失真产生的原因。

从信道编码和调制输出的数字基带信号，依次需要通过数模转换器转换成模拟基带信号，通过模拟低通滤波器滤除高次频谱谐波或镜像频谱，通过上变频器变频到所需要调制的频率上，最后送到功率放大器进行功率放大，以及带通滤波器滤波整形后，才能经由发射天线发射出去。

常见线性失真的原因有以下几种。

(1)功率放大器的放大电路中有隔直流电容、射极旁路电容、结电容和各种寄生电容，使得其对不同频率的输入信号产生不同的增益和相位。这就是功率放大器的频率特性不平坦对信号的影响。

(2)发射链路中各级滤波器，包括模拟低通滤波器、上变频器和发射机后端的带通滤波器在内的带内不平坦，导致带内频谱的倾斜，也会产生线性失真。

(3)即使信号在不同频率的幅度相应是正确的，但如果整个发射链路中不同频率的群时延不相等，也会导致线性失真。所谓群时延，就是系统在某频率处，相位相对于频率的变化率。群时延的指标也经常用来表征系统线性失真的程度。

(4)整个发射链路中各个模拟器件之间的连接可能存在阻抗不匹配的现象，这些阻抗不匹配会导致器件之间的信号反射，引起带内频谱波动，从而产生线性失真。

信号线性失真虽然没有产生新的频率分量，但是产生相应的幅度失真、相位失真和群时延失真等问题，从而影响发射信号质量，损耗发射功率，降低发射效率。直接测量线性失真度往往需要专业的、带有解调功能的精密测试仪器设备(如安捷伦公司的 N9020A MXA 信号分析仪)才能进行，因此为了降低现场操作的不便性，在实际中常常通过发射机关键指标来衡量线性失真的程度，例如通过带内平坦度和调制误差率(Modulation Error Ratio，MER)两个指标。标准 GY/T 229. 4—2008 中对发射机输出信号带内平坦度要求为不大于±0. 5dB，MER 不小于 32dB，对激励器输出本身也有类似的要求：带内平坦度要求为不大于±0. 5dB，MER 不小于 36dB。当输出信号的射频指标能够满足包括带内平坦度和调制误差率在内的标准要求时，往往就认为输出信号的线性失真在可允许的范围内。这样的简化操作既在合理的基础上对降低发射系统线性失真提出了量化的要求，也简化了对日常的监测和测量设备的要求，具有积极可靠的现实意义。

2. 非线性失真

非线性失真又称为波形失真，顾名思义就是输入信号和输出信号不成线性关系，使得输出信号中产生了新的频率成分，原信号频谱被改变，从而原有的频率线性度变差，即产生了非线性失真。

非线性失真的产生，既跟模拟器件(如晶体管)本身的非线性特性有关，更多还是跟当前功率放大器的静态工作等位置设置不合适或者输入信号过大有关。

功率放大器本身总是存在着固有的非线性特性。当输入信号的功率较小时，功率放大器通常工作在线性区，此时并不会产生频率失真，但是功率放大器的效率很低。因此为了提高功率放大器的效率，生产厂商往往会在一定程度上牺牲线性度，上调各级功率放大管的放大输出，允许功率放大器工作于接近饱和的非线性区。此时的确获得更佳的功率放大效率。然而当信号的峰值接近功率放大器的饱和工作点时，就会产生非线性失真。这一点在 OFDM 等多载波技术中尤其明显。由于它们不再是恒包络调制，其功率会随着时间变化而变化，而且会体现出较高的峰值平均功率比(PAPR)，因此同等条件下非线性失真比 PAPR 较低的单载波还要严重。

非线性失真会带来以下的问题。

(1)非线性失真会导致带外频谱再生，从而造成邻信道干扰。

(2)非线性失真会对有效带宽内信号产生互调失真，导致信号质量下降，MER 降低，误差矢量幅度增大。

可见，在功率放大器的线性度和工作效率之间存在着矛盾。在超过功率放大器线性工作区后，功率放大器的效率与线性度近似成反比。因此，线性度和功效一直是发射机中功率放大器设计所需要均衡的两个参数。

衡量发射系统线性度的常用指标是邻信道功率比(Adjacent Channel Power Ratio，ACPR)，是指相邻频率信道的平均功率和当前所用信道的平均功率之比，可以用来描述功率放大器非线性失真引起的信号带外频谱失真特性，也就是主功率泄漏到邻频信道的程度。在实际中，常常用测量当前输出信号的带肩比来简化测量。标准 GY/T 229.4—2008 中要求发射机输出信号带肩比不大于－36dBc，对应的激励器标准 GY/T 229.2—2008 中要求激励器输出信号带肩比不大于－48dBc。同时，输出信号质量指标 MER 也可以用来衡量非线性失真程度。

为了解决发射系统的线性度问题，实际中最简单易行的解决方法就是针对给定的功率放大要求和调制方案，尽量使用线性功率放大器(如 A 类功率放大器)，并将功率放大器通过功率回退的方式，使之工作到线性且无失真的工作点，同时系统工作效率被降低。但是功率回退法存在以下缺点。

(1)通常功率放大器的线性区是一个很窄的范围，即使同功率同组成的功率放大器，线性区也并非完全一致，要通过手动调节找到满足要求的功率放大器的线性工作点是比较困难的。

(2)在 OFDM 等多载波技术下，PAPR 较大，信号容易进入非线性区。此时需要回退很大时才能满足对信号峰值的线性放大，然而峰值信号出现的概率较低，从而导致功率放大器的效率非常低，大部分功率放大器被直接浪费掉。

(3)由于功率回退法降低了功率放大器的效率，在需要使用更大功率的输出的时候，设备成本将大幅增加。在某些情况下，功率放大器成本可能会达到发射系统总成本的二分之一。

(4)功率回退法会降低电源利用率，增加热耗散，不符合绿色、环保、节能的概念。

(5)当功率回退到一定程度时，即使继续回退也将无法显著改善功率放大器的线性度。

3. 预校正方式

在对线性度要求很高的现代无线通信系统中，功率回退法已无法满足系统的要求。因此为了改善功率放大器的线性度，对于功率放大器的线性化电路的研究成为了一时的热点。例如，传统的模拟前馈线性化技术(feed-forward 法)，它位于发射机功放模块内，由两个环路构成，分别用于载波信号的抵消和交调信号的抵消。模拟的前馈线性化技术可提供很好的线性度，但通常效率低下，并且模拟硬件较为昂贵、复杂且不便系统集成和维护。除前馈技术外，其他线性化方法包括笛卡尔反馈和使用非线性组件实现线性放大等。与前馈技术及其变形类似，这些技术虽然在一定程度上能改善功率放大器的线性度，但是或者涉及大量模拟器件，或者需要使用难以控制的非线性组件，并不适合大规模生产。

与对功率放大器直接进行线性化操作不同，所谓预校正，就是预先对将要进入功率放大器的输入信号的幅度和相位进行预失真，从而以抵消包括功率放大器在内的整个发射链路的线性失真和非线性失真的一种操作。可以把预校正操作也看做功率放大器之前的一个非线性器件，它所输出的信号也"遭受"了线性失真和非线性失真，扩展成了非线性信号，只不过它的非线性特性刚好与发射机包含功率放大器在内的其余器件产生的失真互逆，从而使得包括预失真器和功率放大器在内的整个发射链路是一个线性系统，原有的输入信号被完美地放大，于是发射链路最后输出信号为理想信号。在标准 GY/T 229.2—2008 中明确地对激励器提出了需要具有线性和非线性预校正功能的要求，以求通过激励器的预校正功能改善发射机输出信号的频谱特性。

预校正技术可以在射频、中频和基带位置上完成，分别对应射频预校正、中频预校正和基带预校正。通常射频预校正和中频模拟预校正大多在模拟域完成，数字预校正在基带完成。模拟预校正受限于自身的自增幅效应以及功率放大器中高阶非线性特性的影响，对线性度的改善效果有限，同时低阶的模拟预失真必然导致高阶非线性分量的产生。对于中频预失真而言，后接的混频器和滤波器的时延特性还会对预校正的结果产生影响。相比数字信号处理技术的高速发展，模拟的方式存在精度差、处理复杂、调控难的缺陷，约束了它在实际中的推广应用。

数字基带预校正是在基带信号进入 DAC 之前对输入信号进行预先的反失真，也就是完全在数字域内进行的改善线性和非线性的数字信号处理，因此有着很多优点。

(1)数字基带预校正技术需使用少量的模拟器件，因此成本比前馈技术低。

(2)数字基带预校正技术在基带进行信号处理，不依赖于系统的工作频率。

(3)不涉及复杂的模拟和射频信号处理，全数字化操作，从而具有精度高、一致性强、易于调整和控制等优点。

(4)结构相对简单、固定，新技术(如自适应技术)可以被方便地应用于数字预失真技术中。

数字基带预校正技术是预校正发展的必然趋势。尤其是最新的自适应预校正算法，其摆脱了传统预校正需要人工干预的手动调节方式，自动化程度高。由于其并非预存失真模型，而是根据放大器的特性变化而变化，因此即使对于具有记忆功能的射频功率放大器，或者根据时间、温度变化而变化的非线性特性，也有相当理想的效果。自适应算法通过比较来自功率放大模块的反馈信号和延迟后的输入信号，判断失真程度，实时自动生成预失真曲线，从而完成预校正功能。数字基带预失真的研究热点包括DSP自适应算法、查找表非均匀索引、基于神经网络的自适应预失真和具有记忆功能的功率放大器预失真等。

由于加入了预校正功能后，功率放大器就可以工作到接近饱和的状态并同时保持良好的线性，从而大大地提升功率放大器的效率。这相当于在相同输入功率下能发射更大的功率，从而有利于改善覆盖效果；或者是在同样的额定输出功率下，需要更小的输入功率，从而有助于降低设备成本和运行成本，也符合能源节省和绿色环保的概念。

3.3.3 监控和报警

激励器作为地面数字电视的重要专业设备，标准GY/T 229.2—2008明确要求需要对激励器的工作状况等提供实时监控和报警功能。设定明确的监控系统检测激励器各部件的工作状态，一旦发生异常情况时，将及时给出报警指示。报警情况可以通过远程控制端口进行查询。

1. 码流部分

常见的错误类型如下。

1)码流中断

地面数字电视广播系统中，前端设备为激励器提供码流。一旦码源出错，或者传输链路出错，都有可能造成码流中断。码流中断将直接导致接收端电视信号中断，影响正常收看。因此，激励器应该对该状态提供监控，提示码流中断，并及时报警，尽快修复码流信号。

2)码流不符合格式

提供给激励器的码流需要符合标准要求的特定格式。以地面国标为例，采用的是长度为188或者204的TS包，其包头格式为0x47，可以是Burst模式或者Packet模式。如果传输的码流不符合特定的格式，则激励器将无法有效地确定码流的同步位置，因此无法锁定码流，从而无法正常播放。这种情况下激励器将及时报警无法锁定码流。

3)码流溢出

激励器所选定的工作模式与所需要的净荷码率之间有着明确的对应关系。但是一般来说，激励器都设计了码率适配模块。也就是说，并不要求输入码流严格地等于该工作模式所需要的净荷码率，只需要输入码流略低于该净荷码率即可。激励器自身可以通过插入同等格式的空包来完成码流输入和调制输出之间的码率匹配。但是如果输入码流的有效码率(去除了冗余填充空包后的实际音频、视频数据)比该工作模式的净荷码率高，则激励器就无能为力了。这样的情况下会出现激励器来不及处理输入的码流，从而发生丢包现象，体现在图像播放就会出现俗称“卡”的停顿现象。

需要注意是，正常情况下仅在多频网组网模式下可能出现码流溢出提示。这是因为单频网组网模式下要求在不同播放点实现“时间、频率、比特”同步，所以单频网组网下所播放的码流是通过单频网适配器输出的，码率与调制模式完全一致。激励器端对码流不进行任何改变，因而一般不会存在码流溢出的情况。

2. 系统部分

1)温度告警

根据标准 GY/T 229.2—2008 定义，激励器正常工作的环境温度是 5～45℃，要求允许工作环境温度范围是 0～50℃。但是作为专业设备，在密闭的空间内或者缺乏温度调节的机房中，往往机箱内部的温度会比环境温度高上 20℃甚至更高。过高的温度容易导致芯片器件不能正常工作，从而降低系统的可靠性，甚至造成电子元件的永久性损伤而最终导致激励器不工作。

当监测到激励器过热的时候，需要提示温度告警，必要的时候(如激励器部件发生严重故障、输出过载等)还需要监控系统自动切断激励器的射频输出或者关机，避免对下级设备造成进一步的损害。

2)射频无输出

当发现出现激励器无射频输出的情况，应当第一时间报警。激励器无射频输出的原因可以分为三大类。

(1)激励器器故障。硬件方面如因为高温或者意外损伤导致的重要器件损坏(如电源模块损坏、10MHz 晶振失效、射频锁相环未锁定等)，或者软件方面如嵌入式系统崩溃。

(2)激励器保护机制。有些时候激励器无输出并不是因为激励器本身出现了故障，而有可能是进入了保护机制，例如在单频网模式下发现参考时钟丢失，1PPS 基准丢失或者码流丢失等。此时如果设置了保护机制，则出错的激励器将不向外发射射频信号，以免对单频网内其余正常发射点的正常信号产生影响。

(3)操作不当。例如人为操作不当导致射频信号被关闭，或者在采用双激励器备份时，接收到了来自发射系统的错误操控信号，导致本该正常发射的激励器主机输出被关闭。

3. 预校正部分

预校正功能是激励器的重要组成部分。具有预校正功能的激励器在开启预校正功能后，整个发射链路形成了一个大的环路。激励器的输出和发射机功率放大器本身产生联动关系。因此，尽管标准中没有明确定义预校正部分的报警机制，但是为了确保预校正功能正常运行，有必要制定相应的监控和报警机制，以更好地发挥和利用预校正功能，并维持整个发射系统的正常。

1)反馈信号电平过高或过低

在预校正功能中，反馈信号来自于发射机功率放大器的输出。对于激励器，其输入端口能接收的反馈信号有一定的范围。当超出该范围的时候，将会导致反馈信号无法正常检测，从而影响校正性能，严重的情况下还会导致器件损坏。一般情况下，在现场操作中应该遵照激励器的具体要求，在进行功率测量时，确认符合激励器输入范围后才进行连接。但是遇到现场缺乏合适的测量设备时，激励器提供相应的报警显示就显得尤为重要。这样可以确保校正过程正常进行，在实际操作中有很强的指导意义。

2)反馈信号中断或者功率变化异常

在预校正的过程中，有一个很大的优点就是可以通过实时监控的方式对校正状况“保驾护航”。例如，在校正进行过程中，如果出现连接线松动、插口接触不良等情况，反馈信号会因此出现幅度或者相位的变化，或者是发射机在校正过程中出现异常，功率变化非常大。这些都导致在校正过程中反馈信号出现了不确定性的抖动。当抖动超过了一定范围，参考信号相当于失真，激励器会把这些意外的抖动都当做发射机固有特性算进预校正曲线中，校正性能会因此恶化，达不到预期的效果。因此，需要在校正中对反馈信号加以严格的监控。当出现明显不属于校正效果的抖动时需要报警，并中断校正过程，以保护包括发射机和激励器在内的整个链路，也保障预校正的性能。

3.4　激励器的技术指标与测试

3.4.1　激励器的技术指标

按照2008年2月广电总局发布的《广播电影电视行业标准地面数字电视广播激励器技术要求和测量方法》(GY/T 229.2—2008)，国标地面数字电视广播激励器技术指标要求见表3-4。

表3-4　地面数字电视广播激励器技术指标

序号	项　目	指　标
1	工作频率	符合GB/T 14433—1993有关规定
2	单频网模式频率调节步长	1Hz

续表

序号	项　目		指　标
3	频率准确度		对于 MFN 模式,频率准确度为±100Hz; 对于 SFN 模式,频率准确度为±1Hz
4	频率稳定度(3 个月)		采用内部参考源时,频率稳定度为 1×10^{-7}; 采用外接参考源时,频率稳定度为 1×10^{-10}
5	输出功率		≥0dBm
6	输出功率稳定度(24 小时)		在±0.3dB 以内
7	射频有效带宽		7.56MHz
8	滚降系数		0.05
9	信号带肩(f_c±4.2MHz)		≤−48dBc
10	带内不平坦度(f_c±3.591MHz)		在±0.5dB 以内
11	带外杂散	邻频道带内无用发射功率	低于带内信号功率 50dB
		邻频道带外无用发射功率	低于带内信号功率 55dB
12	相位噪声		≤−60dBc/Hz @10Hz; ≤−75dBc/Hz @100Hz; ≤−85dBc/Hz @1kHz; ≤−95dBc/Hz @10kHz; ≤−110dBc/Hz @100kHz; ≤−120dBc/Hz @1MHz
13	峰值平均功率比(PAPR)		满足 CCDF 曲线模板要求
14	调制误差率(MER)		≥36dB
15	单频网时延调整范围		0～999.9999ms
16	单频网时延调整步进		100ns

3.4.2　主要技术指标测量

射频性能指标是激励器性能最直接的体现,需要采用专业的测试仪器进行测量和分析。最常见的测试仪器有频谱分析仪、矢量分析仪、示波器等。性能指标的测试结果和测试仪器本身精度以及测量参数设置都有着很大的关系。因此,明确测量参数设置与操作步骤,对得到真实合理的测量结果有着重要的意义。下面针对激励器常见的若干性能指标参数,首先进行定义和成因分析,然后根据实际情况,给出性能指标测试的具体方法和详细步骤,以供工程人员在实际操作中参考。

1. 调制误差率

1)MER 的成因和影响

MER 的恶化是传输网络质量恶化最主要的因素。MER 的恶化会导致误码率的增加，从而会提高接收门限，损失接收灵敏度并最终影响用户接收机的接收效果。多种损伤都会导致 MER 下降，同时使星座图变差。下面简单分析对 MER 造成损伤的常见原因。

图 3-8 所示为仅对理想信号加入加性高斯白噪声(Additive White Gaussian Noise，AWGN)的情况下的星座图。AWGN 是最常见的噪声，示例中将信号噪声的功率比(Signal to Noise Ratio，SNR)设置为 45dB，可以近似认为是比较接近现实状况中经过了模拟器件后的信号。此时，理想星座点尽管已经被 AWGN 加权的信号完全遮盖，但是绝大部分采样点仍集中在理想的星座点位置，并没有受到明显失真，而且各点分布均匀，排列整齐，对应着较高的信号质量。

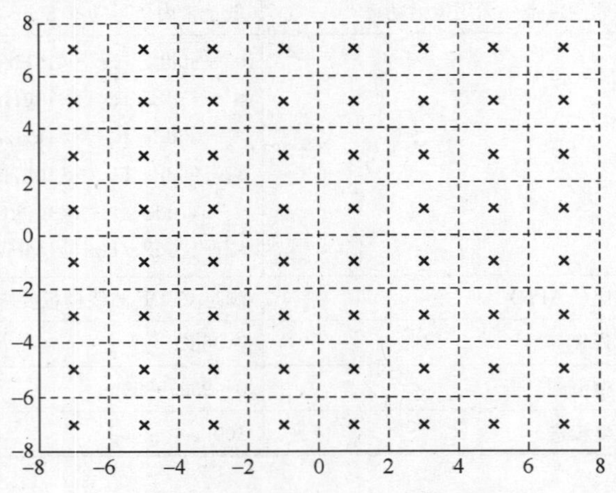

图 3-8　仅有 AWGN 的信号星座图

(1)增益压缩

最常见的影响 MER 的原因之一是增益压缩。这是指在发射链路上因有源器件(例如功率放大器或上变频器件)工作在非线性区域，或者有不良的有源器件，从而导致的信号幅度被压缩失真，结果在星座图上显示出四个角落被扭曲，造成四边弯成如弓形的现象，而不是正常的方形。QAM 调制下的峰均比越大，越容易发生压缩，而且星座图中半径越大的部分，压缩越严重。

如图 3-9 所示，可以看到 I、Q 两个方向上都出现了类似的幅度失真，而且幅度失真的程度随着原信号点幅度的增大而加剧。这样的幅度失真在实际中往往是由于有源器件产生了新的频率分量所致，并以输出频谱的非线性失真的形式体现。可见，改善发射系统的非线性状况，减少信号的增益压缩，对提高信号质量有直接效果。

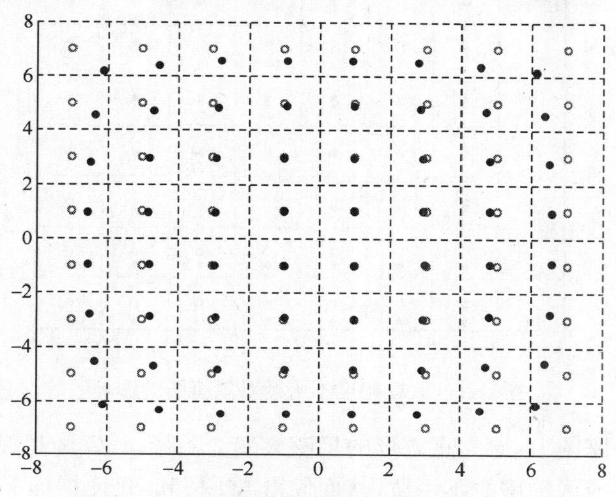

图 3-9　信号增益压缩对星座图的影响

(2)幅度不平衡

在正交调制中，常常要求 I、Q 两路的平均幅度是一致的。但是设计和制造的原因，如器件固有的物理特性、生产流程导致的不一致性等，就会带来 I、Q 两路的增益差。而且这些增益差还可能随着环境温度、湿度的变化而变化，从而最终导致了输出射频信号的 I、Q 幅度不平衡。这种因为调制部分的 I、Q 正交载波幅度的不平衡度所造成的星座图 I、Q 两轴增益不一致，将造成接收符号脱离理想星座点，变成长方形状，从而直接使得 MER 和 BER 指标下降。

如图 3-10 所示，将原本应该与 I 路幅度均值一致的 Q 路幅度，设计成是 I 路的1.1倍，实心圆圈代表理想的星座点，空心圆圈代表加载了幅度不平衡后的星座点。可见，尽管 I 轴方向上基本上还保留在原先的位置，但是 Q 轴方向上都朝着原先信号符号的方向，单方向地偏离了原先的星座点，而且幅度越大的点偏离得越多，因此整个星座图成长方形。现实中，I、Q 的幅度不均衡大多可以通过归一化归结成本实例所示的情况。

(3)正交不平衡

正交调制的定义就是对具有 90°相差的两个载波分量作为两个独立的信号分别进行调制，如果 I 轴和 Q 轴不是互相垂直的，那么就存在一个 I、Q 正交误差。产生正交误差的原因，主要是因为激励器中的模拟器件受限于物理特性和成品一致性。

如图 3-11 所示，在 Q 路信号上加入 I 路的部分分量，相当于 Q 路上有 I 路的投

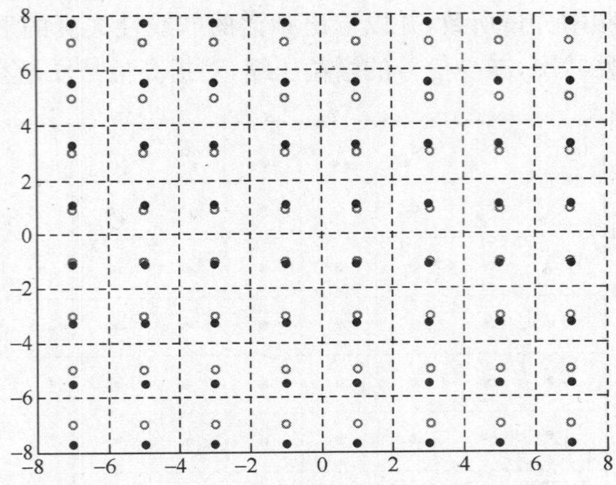

图 3-10 *I*、*Q* 幅度不平衡对星座图的影响

影，体现在接收星座图上，原先正方形的星座族变为菱形，*I*、*Q* 调制部分正交载波的相位正交性变差，造成两轴增益不一致，从而使得 MER 和 BER 指标下降。

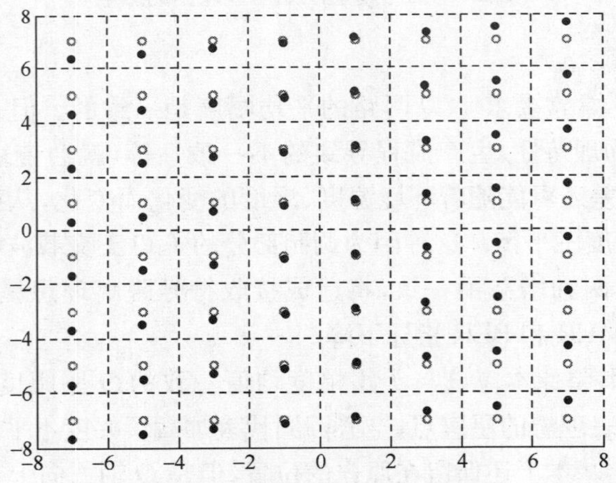

图 3-11 信号正交不平衡对星座图的影响

(4)载波泄漏

当变频模式采用直接变频(零中频)方式时，载波泄漏就会对激励器调制的信号质量产生影响。载波泄漏是指频谱通过载波调制从基带搬移到射频时，基带残留的直流偏置，被一起上变频到射频并位于载波的位置，因此称为载波泄漏。由于直接变频调制模式中，载波位于所需要的有用频段内，因此将可能直接影响接收端的调谐器和前端自动增益控制的动态范围，从而导致接收门限下降，接收质量变差。模拟器件如基带的 DAC、变频器等，因设计和制造的原因，总会有一定的直流偏置存在。这些直流

偏置会导致载波的泄漏，使得最终输出的频谱中央有明显的载波存在。这些直流偏置还会随环境温度、湿度的变化而变化。

如图 3-12 所示，对原本的 I、Q 两路信号分别加上了不同程度的直流偏置，星座图上表现为接收星座点整体平移，脱离理想星座位置。

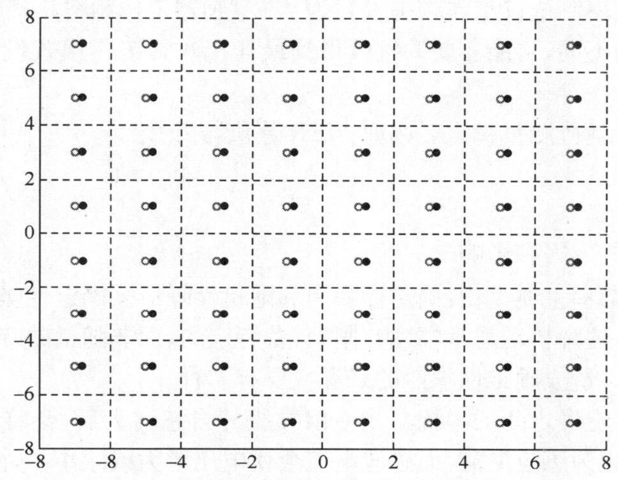

图 3-12　载波抑制不好对星座图的影响

2)MER 的要求和测量

MER 的经验门限值对于不同调制模式有不一样的要求，当低于门限值时，接收端将无法正常接收。在发射系统的不同测量位置 MER 所要求的指标也不同，我国发射机的标准 GY/T 229.4—2008 中要求发射机最终输出的射频信号的 MER 不小于 32dB，而在激励器标准 GY/T 229.2—2008 中要求激励器输出信号的 MER 不小于 36dB。

地面数字电视激励器的 MER 测量需要的设备包括码流发生器和调制误差率测试仪。其中，码流发生器用于播放净码率不高于所选调制模式的最大净荷码率，调制误差率测试仪用于接收并解调符合标准 GB 20600—2006 的调制信号，并计算出对应的调制误差率数据。测量框图如图 3-13 所示。

图 3-13　MER 测量系统框图

测量步骤与设置如下。

(1)如图 3-13 所示连接测量系统。

(2)设置激励器工作于 GB 20600—2006 规定的任一工作模式，设置激励器工作频率为标准定义内任一频率(记为 f_0),设置激励器输出功率为 P_0,P_0 的值应该符合调制误差率测试仪的最佳输入范围,如有需要还可以在连接中加入衰减器。

(3)设置码流发生器发送伪随机序列或测试图像序列,码率低于激励器此时工作模式下的最大净码率。在整个测试过程中要保持码流播放的连续性。

(4)调制误差率测试仪工作频率设置为 f_0(激励器工作频率),接收功率设置为 P_0(根据测试仪器的不同,可能需要调整以得到最佳接收),工作模式设置为激励器当前调制模式。

(5)完成设置且待测量稳定后读取 MER 数值,并记录。

2. 相位噪声

1)相位噪声的成因和影响

相位噪声有两种主要类型:确定性噪声和随机性噪声。确定性噪声是由可识别的干扰信号造成的,这种抖动通常幅度有限,具备特定的(而非随机的)产生原因,而且不能进行统计分析。造成确定性噪声的来源主要有 4 种。

(1)相邻信号走线之间的串扰。当一根导线的自感增大后,会将其相邻信号线周围的感应磁场转化为感应电流,而感应电流会使电压增大或减小,从而造成噪声。

(2)敏感信号通路上的 EMI 辐射。电源、AC 电源线和 RF 信号源都属于 EMI 源。与串扰类似,当附近存在 EMI 辐射时,时序信号通路上感应到的噪声电流会调制时序信号的电压值。

(3)多层基底中电源层的噪声。这种噪声可能改变逻辑门的阈值电压,或者改变阈值电压的参考地电平,从而改变开关门电路所需的电压值。

(4)多个门电路同时转换为同一种逻辑状态。这种情况可能导致电源层和地线层上感应到尖峰电流,从而使阈值电压发生变化。

因此在设计激励器电路板时,设计人员可以通过两种关键技术降低板上的确定性相位噪声。

(1)完全以差分形式收发信号。诸如低压差分信号(Low Voltage Differential Signal,LVDS)或正射极耦合逻辑电平(Positive Emitter Coupled Logic,PECL)等一些以差分方式收发信号的惯例,都能极大降低确定性抖动的影响,而且这种差分通路还能消减信号通路上的所有干扰和串扰。由于这种信号收发系统对共模噪声具有高度抑制能力,因此差分形式具有消除抖动的特性。

(2)仔细布线。要尽可能避免出现寄生信号,因为这种信号可能会通过串扰或干扰对信号通路产生影响。走线应该越短越好,而且不应与承载高速开关数字信号的走线交叉。如果采用差分信号收发系统,那么两条差分信号线就应尽可能靠近,这样才能更好地利用其固有的共模噪声抑制特性。

2)相位噪声的要求与测量

相位噪声是衡量频率标准源(高稳晶振、原子频标等)频稳质量的重要指标,随着频率标准源性能的不断改善,相应噪声量值越来越小,因而对相位噪声谱的测量要求也越来越高。

DTMB中定义对相位噪声的标准如表3-5所示。

表3-5　地面国标对相位噪声的要求

频率/Hz	相位噪声要求/(dBc/Hz)
10	≤−60
100	≤−75
1k	≤−85
10k	≤−95
100k	≤−110
1M	≤−120

地面数字电视激励器中对本振相位噪声测量需要的设备包括码流发生器和频谱分析仪,其测量框图如图3-14所示。

图3-14　相位噪声测量系统框图

测量步骤与设置如下。

(1)如图3-14所示连接测量系统。激励器如有直接的本振输出接口,则直接连接激励器本振输出与频谱分析仪输入,否则连接激励器射频输出接口,并调整激励器输出为单频模式。

(2)设置激励器工作于标准GB 20600—2006规定的任一工作模式,设置激励器工作频率为标准定义内任一频率(记为 f_0),设置激励器输出功率为 P_0。

(3)设置码流发生器发送伪随机序列或测试图像序列,码率低于激励器此时工作模式下的最大净码率。

(4)如果测试所用的频谱分析仪具有相位噪声测试功能,则选择该功能,此时设置频谱分析仪中心频率为 f_0(激励器工作频率),测量带宽设置为2MHz,打印和保存本振相位噪声测量结果。

(5)如果测试所用的频谱分析仪不具有相位噪声测试功能,则可以通过以下步骤实现相位噪声测试。

①设置频谱仪的分辨率带宽(Resolution Band Width,RBW)和可视带宽(Video

Band Width，VBW），对于 10Hz 和 100Hz 的相位噪声测试，推荐使用设置值为 VBW＝1Hz，RBW＝1Hz；对于 1kHz 的相位噪声测试，推荐使用设置为 VBW＝10Hz，RBW＝10Hz；对于 10kHz 的相位噪声测试，推荐使用设置为 VBW＝100Hz，RBW＝100Hz；100kHz 推荐使用设置 VBW＝1kHz；RBW＝1kHz；1MHz 推荐使用设置 VBW＝10kHz，RBW＝10kHz。

②设置频谱仪的频宽。为了得到较准确的测试结果，一般建议频宽可以设为待测试频率的 2.2 倍，如待测试 1kHz 的相位噪声，则设置频宽为 2.2kHz。如果当前测量的频谱仪不满足这样的设置精度，也可以设置为待测试频率的 5 倍。

③设置频谱分析仪中心频率为 f_0，通过设置 Delta 为待测频率值，读出读数，记为 A_p，则待测频率的相位噪声为

$$N_p = A_p - 10 \times \lg(1.2 \times \mathrm{RBW}/1\mathrm{Hz}) + 2.5$$

如图 3-15 所示，当前待测量的为 1kHz 处相位噪声，测量得到的读数为 －95.524dB，因此根据上式得到 1kHz 的相位噪声为－103.82dBc/Hz，高于标准要求相位噪声不大于－85dBc/Hz 的指标要求。

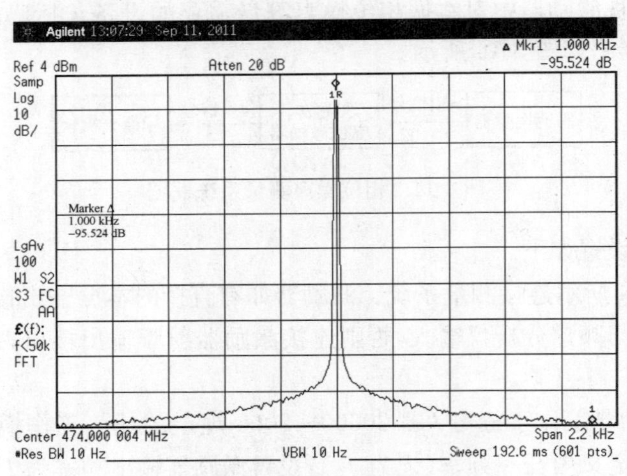

图 3-15　1kHz 相位噪声测量下的频谱示意图

3. 带肩比

1）带肩比的成因和影响

在实际应用中常用带肩比来衡量功率放大器非线性失真的程度。这是因为放大器工作在非线性区时会引起发射信号互调失真，从而导致谱分裂和相邻信道功率响应（Adjacent Channel Power Response，ACPR）下降产生带内、外干扰，直接体现为信号输出频谱变化，带肩比变差。因此，带肩比的大小常用来直接反映功率放大器工作的线性度。

带肩比的恶化代表着信号互调失真严重，会直接影响 MER 数值，也就代表最终会影响调制质量。因此，带肩比也是一个衡量发射信号质量的重要指标。

2)带肩比的要求与测量

国标中对激励器带肩的要求是：在偏离中心频率 4.2MHz 的带外频率点与中心频率功率差不大于－48dBc。

地面数字电视激励器中对信号带肩测量需要的设备与测量框图同相位噪声测试。测量步骤与设置如下。

(1)如图 3-14 所示连接测量系统。

(2)设置激励器工作于标准 GB 20600—2006 规定的任一工作模式，设置激励器工作频率为标准定义内任一频率(记为 f_0)，设置激励器输出功率为 P_0。由于带肩比的测试与激励器的输出功率、激励器的底噪以及频谱仪的设置等都有关系，因此请尽量选择 P_0 位于激励器的最佳输出范围。

(3)设置码流发生器发送伪随机序列或测试图像序列，码率低于激励器此时工作模式下的最大净码率。

(4)设置频谱分析仪中心频率为 f_0(激励器工作频率)，频宽设为 10MHz。将频谱分析仪 Amplitude 中 dB/DIV 设为 10dB，然后将频谱分析仪 BW 中 RBW 设置为 3kHz，VBW 设置为 3kHz，Sweep 中 Sweep time 设为 Auto，调整衰减 Attenuation 和 Ref Level 设置使得激励器输出频谱无明显失真，且位于在频谱分析仪的最佳观测位置。最后打开 Average 功能。

(5)先测量信号中心频率 f_c 处的信号幅度，记为 A_c，然后分别测量 $f_c \pm 4.2$MHz 处的信号幅度，信号带肩即为 $f_c \pm 4.2$MHz 处信号幅度与 A_c 的差值。

图 3-16 所示为一实际带肩比测试结果。当前的激励器工作频率为 474MHz，激励器的输出功率为 0dBm，此时频谱分析仪的衰减 Attenuation 设为 16dB，Ref Level 设置为－4dBm，Sweep 中 Sweep time 设为 Auto，Average 功能打开，平均次数为 100 次。测量到的上带肩比为－60.27dBc，下带肩比为－61.67dBc。满足国标要求的带肩比不大于－48dBc，可视为通过并高于标准要求。

4.带内不平坦度

带内不平坦度(inband spectrum ripple)定义为带内信号各频率点相对于中心频率的幅度变化量。

1)带内不平坦度的成因和影响

带内不平坦度指标一直被用来作为衡量发射链路中线性失真的重要指标。这是因为不管放大电路和各级模拟滤波器的频率选择性，还是整个发射链路中各个器件之间连接的阻抗不匹配，都是影响输出信号带内不平坦度的直接原因。

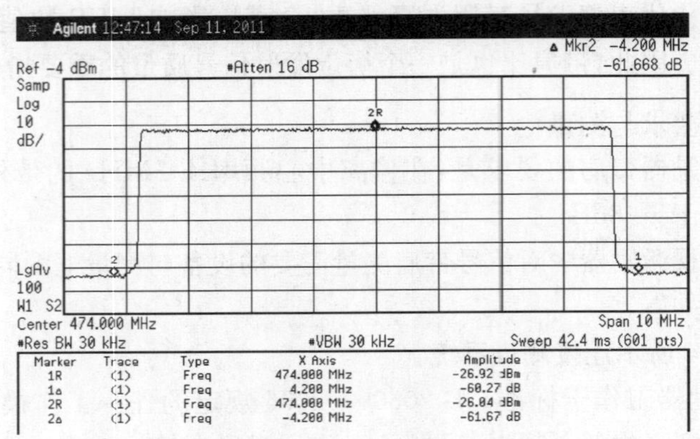

图 3-16　输出带肩测量的频谱示意图

2)带内不平坦度的要求与测试

国标中定义对带内不平坦度的要求是在偏离中心频率±3.59MHz 的带内不平坦度差不大于±0.5dB。

地面数字电视激励器对带内不平坦度测量需要的设备与测量框图同相位噪声测试。测量步骤与设置如下所示。

(1)如图 3-14 所示连接测量系统。

(2)设置激励器工作于 GB 20600—2006 规定的任一工作模式，设置激励器工作频率为国家标准定义内任一频率(记为 f_0)。

(3)设置码流发生器发送伪随机序列或测试图像序列，码率低于激励器此时工作模式下的最大净码率。

(4)设置频谱分析仪中心频率为 f_0(激励器工作频率)，频宽设为 10MHz。设置频谱分析仪 Amplitude 中 dB/DIV 设为 1dB，然后把频谱分析仪 BW 中 RBW 设置为 3kHz，VBW 设置为 3Hz，Sweep 中 Sweep time 设为 Auto，调整衰减 Attenuation 和 Ref Level 设置使得激励器带内频谱响应位于在频谱分析仪的最佳观测位置。最后打开 Average 功能，待平均稳定后读出中心频率处幅度，记为 A_c。

(5)测量带内最大和最小幅度值，分别记为 A_{max} 和 A_{min}，带内不平坦度为 A_{min} 与 A_c 的差到 A_{max} 与 A_c 的差。

图 3-17 所示为带内不平坦度测量实例。当前的激励器工作频率为 474MHz，激励器的输出功率约为 0dBm，此时频谱分析仪的衰减 Attenuation 设为－10dB，Ref Level 设置为 10dBm，Sweep 中 Sweep time 设为 Auto，Average 打开，平均次数为 100 次。从图中可以看到，带内频谱响应位于频谱分析仪的同一个格内(每格 1dB)，因此平坦度小于±0.5dB，可视为满足国标对带内不平坦度的要求。

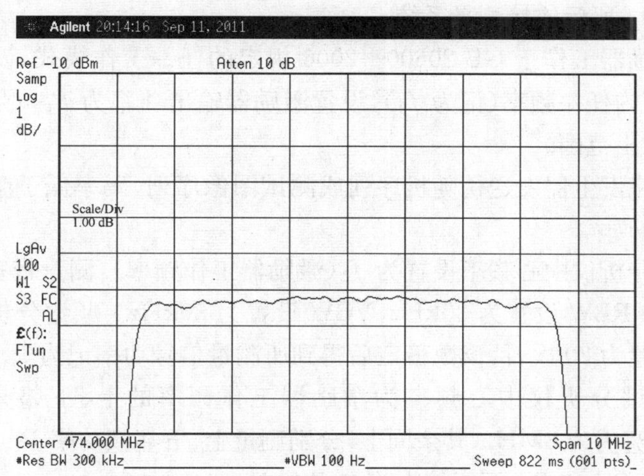

图 3-17 带内不平坦度测量的频谱示意图

5. 带外杂散

1)带外杂散的定义

带外杂散(out of band emission)是指带外泄漏信号功率与带内数字信号功率的比值,单位为 dB。

标准 GY/T 229.2—2008 中把带外杂散直接划分为邻频道内带外杂散和邻频道内带外杂散。前者是指所需频道(称为 N 频道)的上下相邻频道($N+1$ 频道,$N-1$ 频道)的带内功率,后者是指除了上下相邻频道外其余频道的带内功率。

2)带外杂散的成因和影响

无线电频谱是稀缺资源,因此用户只允许在规定的频谱段内传递信息,而不应该在必要频谱以外发射射频分量,以免对相邻或者其他频段内的用户造成干扰。

造成带外杂散的原因有很多。例如,发射机的功率放大器工作在非线性区,引起频谱增长(spectral re-growth),从而造成邻频道内的干扰;或者正交调制中的二次谐波、三次谐波和镜像频率,都会造成邻频道外的带外杂散的增长。

3)带外杂散的要求和测试

国标中定义对带外杂散的要求是邻频道内无用发射功率低于带内功率 50dB,邻频道外无用发射功率低于带内功率 55dB。

地面数字电视激励器对邻频道带内、外无用发射功率测量需要的设备与测量框图同相位噪声测试。测量步骤与设置如下。

(1)如图 3-14 所示连接测量系统。

(2)设置激励器工作于 GB 20600—2006 规定的任一工作模式,设置激励器工作频率为标准定义内任一频率(记为 f_0),设置激励器输出功率为 P_0,尽量选择 P_0 位于激励器的最佳输出范围。

(3)设置码流发生器发送伪随机序列或测试图像序列,码率低于激励器此时工作模式下的最大净码率。

(4)将频谱分析仪中心频率设置为 f_0(激励器工作频率),测量带宽为 8MHz。频谱分析仪 BW 中 RBW 设置为 30kHz,VBW 设置为 30kHz。频谱分析仪 Average 功能打开,次数设置为 20 次,待读数稳定后得到所测量信号功率记为 P。

(5)设置频谱分析仪中心频率为激励器工作频率的上、下邻频道中心(f_0 ± 8MHz),测量带宽仍为 8MHz,其余同上,分别测量上、下邻频功率 P_{UA} 和 P_{DA},则带内无用发射功率为 P_{UA} 和 P_{DA} 两者较大值与 P 的差。

(6)分别设置频谱分析仪中心频率为激励器工作频率的二、三次谐波频道和镜像频道中心频率,测量带宽仍为 8MHz,分别测量上述信号功率,记为 P_{SH}、P_{TH}、P_{IMAGE},则邻频道带外无用发射功率为 P_{SH}、P_{TH}、P_{IMAGE} 三者最大值与 P 的差。

图 3-18 和图 3-19 所示为带外杂散测试实例。

如图 3-18 所示,当前的激励器工作频率为 474MHz,激励器的输出功率约为 0dBm,此时频谱分析仪的衰减 Attenuation 设为 16dB,Ref Level 设置为 − 4dBm,Sweep 中 Sweep time 设为 Auto,平均打开,平均次数为 100 次。测量到的上、下邻频功率 P_{UA} 和 P_{DA} 分别为 −62.66dBm 和 −62.91dBm,因此其与测量的信号功率 P 之间的差值都高于标准规定的邻频道内杂散不大于 −50dBc 的指标,可视为满足并高于标准要求。

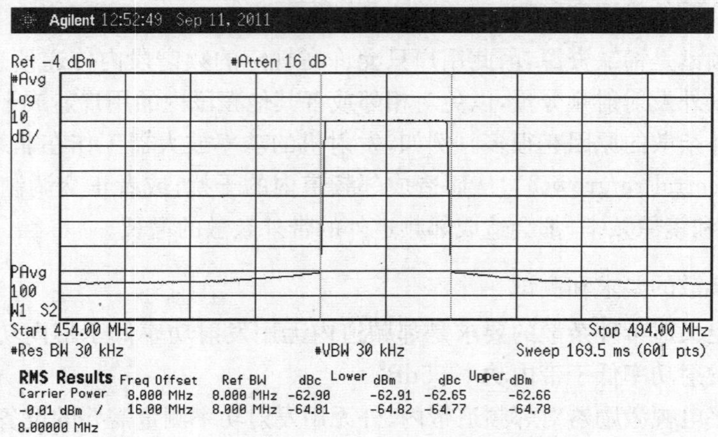

图 3-18 邻道内带外杂散测试的频谱示意图

如图3-19所示，测量到的二次谐波频道的信号功率 P_{SH} 为－66.82dBm，因此其与测量信号功率 P 之间的差值也高于标准规定的邻道外杂散不大于－55dBc的指标，可视为满足并高于标准要求。

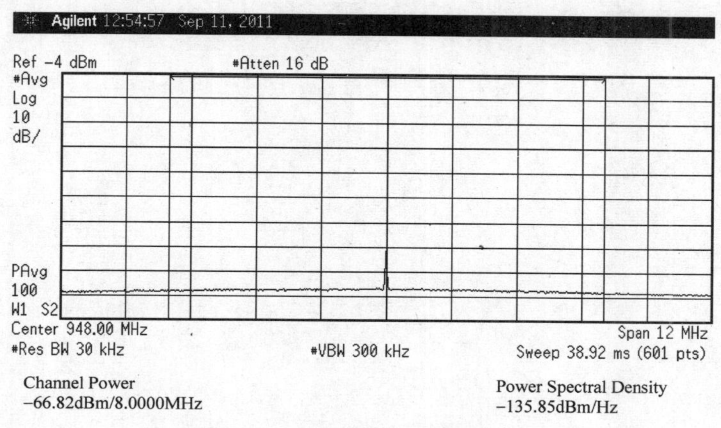

图3-19　二次谐波测试的频谱示意图

第 4 章　地面数字电视发射机

广播电视正从模拟电视时代进入数字化时代,数字处理技术、计算机和网络技术广泛深入地应用于广播电视领域,使数字电视发射机技术得到迅速发展。近年来,主要的电视发射机制造商都以全新的理念和技术来设计生产新一代数字电视发射机。本章介绍数字电视发射机的基本原理、主要模块、技术指标和测试方法,以及多频点数字电视发射机,即宽带发射机。

4.1　数字电视发射机的基本原理

4.1.1　电视发射机发展概况

1. 模拟电视发射机

模拟电视发射机是将图像视频信号和伴音音频信号调制到规定的射频载波,并放大到规定发射功率的无线电发送设备。以图像、伴音放大形式划分,模拟电视发射机可分为双通道和单通道两种。将已调图像载波和已调伴音载波分别经过两个放大器输出,通过双工器合成送到天线发射的发射机称为双通道电视发射机。随着高线性、高增益功率放大器件的开发以及校正技术的不断进步,将已调图像、伴音信号合成起来,在一个信号通道进行放大已成为可能,于是出现了单通道电视发射机。

单通道电视发射机的原理框图如图 4-1 所示,双通道电视发射机的原理框图如图 4-2所示。

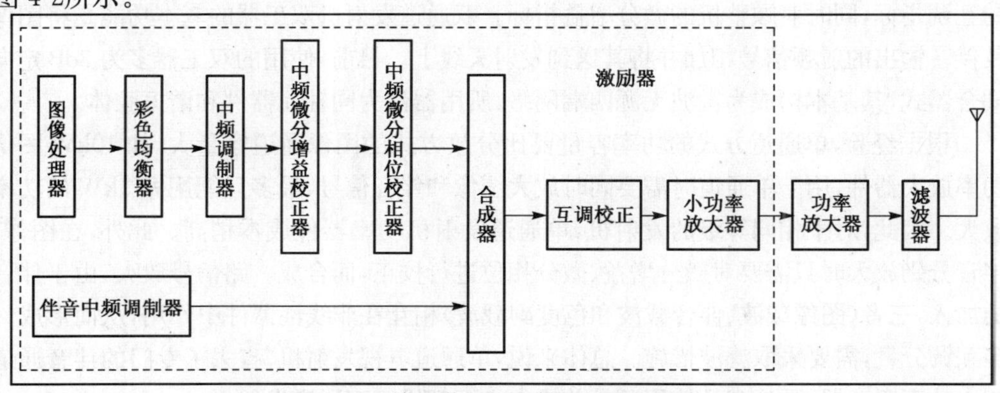

图 4-1　单通道电视发射机的原理框图

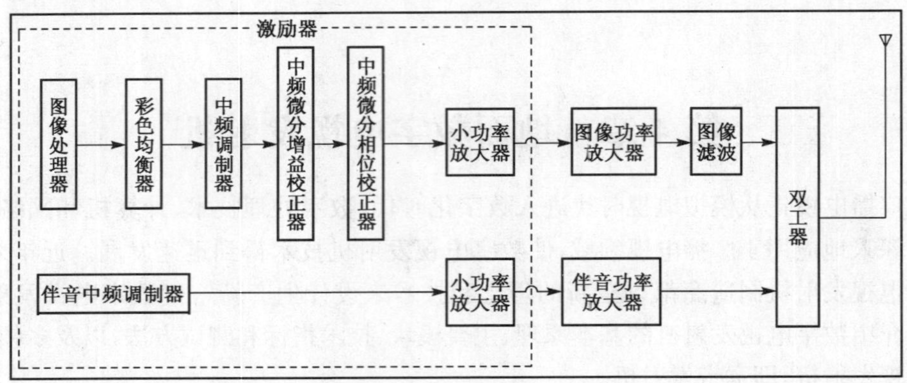

图 4-2　双通道电视发射机的原理框图

单、双通道电视发射机均为模块化设计，不同的是单通道电视发射机在激励器中通过合成器将调制后的图像信号和伴音信号合成一路信号，经过互调校正器处理后，送到功率放大器放大输出；而双通道激励器的输出为图像和伴音射频信号，分别经过图像和伴音功率放大器，最后在双工器中进行合成。

单、双通道激励器的前半部分基本相同。视频处理器用来稳定及调整输入的视频信号，彩色均衡器用来补偿电视发射机的包络时延。伴音中频调制器采用直接调频方式，将输入的音频信号直接调制到 31.5MHz 伴音中频载波上，其电路包括音频处理和中频调制。图像中频调制器是将输入视频信号调制到 38MHz 中频载波上，并通过残留边带滤波器，滤出所需边带信号，供中频校正器使用。图像中频微分增益校正器用来补偿电视发射机功率放大单元造成的幅度线性失真。图像中频微分相位校正器用来补偿电视发射机功率放大单元产生的相位非线性失真。

单通道激励器中互调校正模块用于实现图像中频和伴音中频的合成以及校正整机的互调指标，同时兼顾整机的微分增益指标。双通道发射机双工器的基本功能是将图像及伴音输出的射频信号相加并将其送到发射天线上。目前，使用的双工器多为 3dB 定向耦合器式，其基本构成为微波无源四端网络，所用器件为同轴元器件和谐振腔体。

根据经验，单通道方式的功率容量要比分放方式的图像通道容量大，如 10kW 图像功率放大器件，用于单通道时需要同时放大图像和伴音信号，最多只能用做 5kW 的功率放大。因此，对于相同等级的发射机，单通道发射机功率器件成本稍高。此外，在图像、伴音分别放大时只需要对微分增益、微分相位进行校正，而合成一路信号放大，由于伴音的加入，三者（图像载波、伴音载波和色度副载波）相互在非线性器件中作用，从而形成许多互调分量，需要采取滤波措施。总体来说，单通道电视发射机，省去了专门的伴音通道和大功率双工器，无论产品体积还是总成本方面都优于双通道发射机。

2. 模拟电视发射机与数字电视发射机的异同

数字信号处理技术广泛应用于广播电视，使得数字电视有着模拟电视无法比拟的优势，传统信号的非线性、相位失真的累积和信噪比恶化等问题可通过数字信号的处理、存储、控制和传输来解决。数字电视发射机与模拟电视发射机也有较大的不同。

1)输入信号不同

与模拟电视发射机不同，数字电视发射机的输入信号不是通常的视频和音频节目信号，而是将视频、音频信号进行压缩编码，并与其他数据信息复用打包后的 TS 流，是一路信号输入。数字发射机一般都是单通道发射机。

2)激励器不同

在信号处理的方式上，数字激励器首先把输入的 TS 信号进行数字处理，转换成数字正交基带信号，再对数字正交基带信号进行均衡和线性预校正，然后转换成模拟基带信号，最后送到调制器直接调制在所需的射频载频点上，送至功率放大器单元进行放大输出。

数字激励器一般包含信道编码、均衡、调制、变频处理几个过程。信道编码使传输系统具有一定纠错能力，在接收端解码后，不仅可以检测错误，还能判断错误码元所在的位置，并自动纠错。均衡可以实现对数字基带信号进行预校正，并对基带信号进行数模(D/A)转换，然后进入调制器按数字电视传输标准进行调制与射频转换。调制方式上模拟电视发射机视频信号采用残留边带调幅方式，伴音信号采用调频方式，数字电视发射机采用数字正交调幅调制方式。

3)非线性预校正

数字电视发射机一般采用非线性预校正实现非线性补偿控制，改善发射机输出信号的频谱特性，保证发射出去的信号始终处于高指标的状态。预校正主要是针对发射机功率放大器进行的校正，与功率放大器的响应曲线互补。

4)RF 输出滤波

模拟电视发射机的主要能量集中在视频载波、伴音载波和色度副载波这些离散频率点上，无用发射功率也主要集中在这三个频率的组合处，带外无用辐射为离散谱，分相邻频道和非相邻频道。因此，模拟电视发射机一般采用多个陷波腔来滤除。数字电视发射机带外非所需辐射为近似连续谱和谐波，必须采用带通滤波器。

5)放大方法

功率放大器决定了发射机的功率输出能力，是发射机中成本最高的部分。数字电视发射机和模拟电视发射机目前都采用了广泛应用的大功率横向扩散金属氧化物半导体晶体管(Lateral Diffused Metal Oxide Semiconductor Field Effect Transistor, LDMOS FET)。模拟电视发射机功率放大器又分为图像功率放大器和伴音功率放大器,而数字电视发射机功率放大器是同一个功率放大器。数字电视发射机对功率放大器的线性要求比模拟电视发射机要高得多,除了在激励器中预校正电路进一步提高性能之外,输出功率必须适当下降。所以,模拟电视发射机放大效率高,可达 30%。而数字电视发射机放大效率低,只有 10%～20%。

3. 从模拟到数字电视发射机

综上所述,模拟电视发射机过渡到数字电视发射机,其激励器要更换。如果模拟电视发射机采用带通滤波器,则其他部分,包括功率放大器、RF 输出单元等基本都可以共用。在模拟电视发射机向数字化过渡过程中,单通道模拟电视发射机占有明显的优势,因为单通道电视发射机只要将激励器换成数字电视发射机激励器,其余部分几乎不用进行改造,就可以进行数字电视广播。而对于双通道模拟电视发射机,除需更换激励器之外,还必须将功率放大器由双通道改为单通道,并且要将双工器去掉,原来的图像通道滤波器也必须换成能满足数字电视播出需要的高性能输出带通滤波器。

因此,一台设计合理的发射机既可以用做模拟电视发射,也可以用做数字电视发射,满足模拟/数字过渡时期的特殊需要。

4.1.2　数字电视发射机的基本原理

数字电视发射机输入为 MPEG-2(或 MPEG-4/AVS)格式的 TS 流信号,通过激励器进行信道编码调制,成为符合数字电视标准的数字基带信号,通过直接上变频调制为射频信号,逐级进行放大,最终达到满功率输出。图 4-3 所示为一款 1.3kW 数字电视发射机原理框图。

发射机工作单元包括激励单元、功率放大单元和无源部件单元等,激励单元对输入的 TS 信号进行信道编码、调制及上变频到指定频率,同时对射频信号前置放大,使之符合功率放大单元的输入要求。图 4-3 中设有主、备双激励器,实现激励器冗余备份;功率放大单元完成信号的放大,采用模块化结构设计;无源部件单元主要是带通滤波,滤除带外杂波和谐波等。

发射机还具备配电与供电电源、冷却系统和智能化监控系统等。

4.1.3　数字电视发射机的主要技术特点

随着数字电视业务的开播和全球掀起的数字电视热潮,数字电视发射技术方面也取得了较大进步。数字电视发射机的发展技术特点与趋势可以归纳为以下几点。

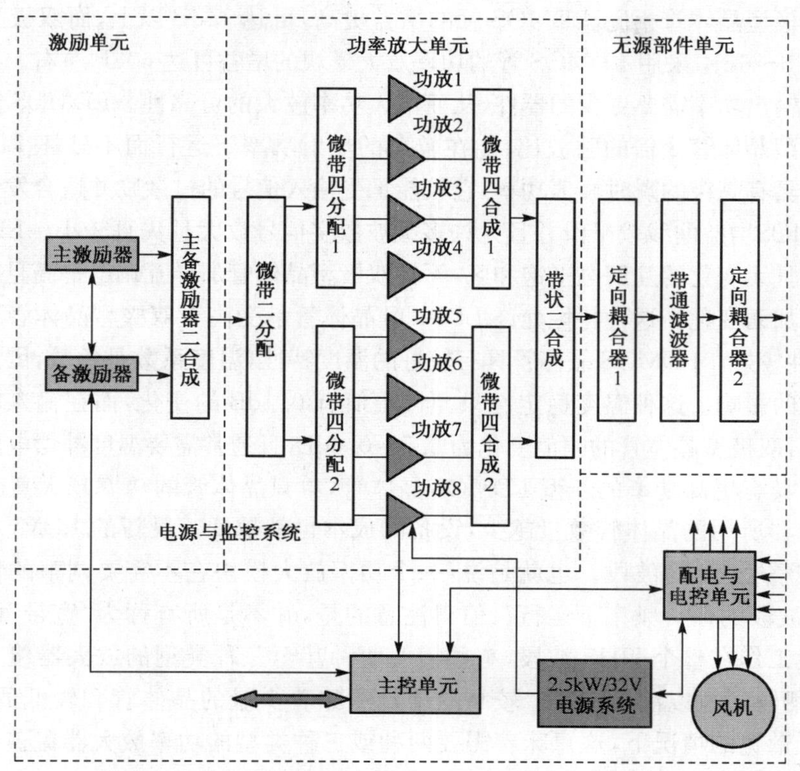

图 4-3　1.3kW 数字电视发射机原理框图

1. 数字自适应预校正技术

数字自适应预校正技术已经在数字电视发射机上广泛应用。欧洲的 THALES 公司(前身为 THOMCAST,汤姆逊旗下子公司)称之为数字自适应预校正(Digital Auto-Adaptive Pre-correction,DAP);美国的 HARRIS 公司称之为实时适应校正(Real Time Adaptive Correction,RTAC)。数字自适应预校正技术是指在不需要人工干预的情况下,在刚刚启动发射机的几分钟内将发射机的性能调到最佳状态,而且这个系统还能够监测和自动校正由于发射机的老化、温度和发射机自身失效等造成的波动,这样能够保证发射出去的信号始终处于高指标的状态,使维护变得非常简单。

2. 大功率 LDMOS 晶体管的应用

起初,横向扩散金属氧化物(LDMOS)技术是为 900MHz 蜂窝电话技术开发的,蜂窝通信市场的不断增长保证了 LDMOS 晶体管的应用,也使得 LDMOS 的技术不断成熟,成本不断降低,因此在多数情况下其将取代双极型晶体管技术。

与双极型晶体管相比，LDMOS 管的增益更高，可达 14dB 以上，而双极型晶体管的增益为 5～6dB，采用 LDMOS 管的功率放大模块的增益可达 60dB 左右。这表明对于相同的输出功率需要更少的器件，从而增大功率放大的可靠性。LDMOS 能经受住高于双极型晶体管 3 倍的驻波比，能在较高的反射功率下运行而不破坏 LDMOS 设备。因为具有高级的瞬时峰值功率，它较能承受输入信号的过激励并适合发射数字信号。LDMOS增益曲线较平滑并且允许多载波数字信号放大且失真较小。LDMOS 管有一个低且无变化的互调电平饱和区，不像双极型晶体管那样互调电平高且随着功率电平的增加而变化。这种特性允许 LDMOS 晶体管承受高于双极型晶体管二倍的功率，且线性较好。LDMOS 晶体管具有较好的温度特性，温度系数是负数，因此可以防止热耗散的影响。这种温度稳定性只允许幅值有 0.1dB 的变化，而在输入电平相同的情况下，双极型晶体管的幅值变化为 0.5～0.6dB，且通常需要温度补偿电路。

采用具有更高功率的新型 LDMOS 晶体管，单只晶体管的功率越大意味着单个功率放大器所用的晶体管数量越少，设备的成本也就越低。最新的 LDMOS 晶体管能够覆盖整个 UHF 波段。也就是说，一个功率放大模块在不需要调整的情况下可在 UHF 波段的任一频率下运行。值得注意的是，并不是所有称为“宽带”的功率放大器都能工作在整个 UHF 波段，有些需要两种甚至三种类型的放大器覆盖整个波段，需要牺牲增益以满足带宽。较高的增益意味着少量的晶体管和较低的成本，但是在降低带宽的情况下，这意味着需要两种或三种类型的功率放大器覆盖整个电视波段。

这些新型晶体管的使用允许制造更高功率的、既可靠又经济的发射机。几年前，在 UHF 波段超过 20kW(数字机平均功率为 5kW)的真空管几乎占据统治地位，其次是含双极型功率放大的固态机，很少应用 LDMOS，但是随着 LDMOS 技术和工艺的不断成熟和价格的不断走低，以及双极型晶体管所不可比拟的优势，使用 LDMOS 固态器件的大功率发射机将成为主流。

3. $N+1$ 系统使拥有多台发射机的台站更为经济

$N+1$ 是指用 1 部发射机给多部(N 部)做备份。固态发射机是用放大器、电源等较不稳定设备冗余累积起来的，模块化的激励器又一般采用双激励器自动倒换的形式，设备运行的可靠性明显提高。在通常情况下，也不需要像电子管、速调管发射机那样进行备份。全固态的数字电视发射机所应用的积木化功率放大器和并行运行的电源等都足以实现 $N+1$ 系统，而且大多支持热插拔。其实，$N+1$ 系统已在调频广播发射机系统中应用多年，直到现在此技术才在电视发射机中应用，这使得拥有多部发射机的台站更为经济。

4. 冷却系统采用风冷、液冷供选择的方式

为了满足不同客户对冷却系统的需求，发射机生产厂家开发了风冷和液冷系统，在客户购机订货时可供用户选择适合自己的冷却方式，改变了过去固态机中只有风冷系统的单一方式。如 THALES 公司推出的 VHF OPTIMUM 和 UHF ULTIMATE 系列发射机就已采用此种技术。液冷方式较适合我国国情，是因为国内空气质量较差，过滤材料中容易沉积灰尘，对风冷系统的日常维护量大。同时，液冷方式能降低发射机的运行噪声，净化了发射机房的环境，减少了对冷却系统的维护量。冷却液封闭循环，只需定期清洗系统中的滤网，冷却效率高。冷却液无论采用乙二醇加水还是防冻液，其热传导效率都远大于风冷系统，冷却系统的进水温度与出水温度相差几度左右，使发射机产生的热量能被及时吸收释放掉。

5. 无线连接、GUI 界面、故障自我诊断和远程遥控

在新设计的数字电视发射机中，功率放大器、电源和 RF 合成器之间省去电缆而采用插拔的方式直接连接在一起。这样使整机结构更加紧凑、维护更加方便。微处理器的应用，能够监控发射机的状态和提供每个组件的有用信息。液晶显示器（Liquid Crystal Display，LCD）的应用提供了直观友好的图形用户接口（Graphical User Interface，GUI），使得用户操作更加容易，用户可以很直观地查看设备的运行状态。先进的故障自我诊断系统使得用户容易查找故障位置，加快设备的维护、维修进度。远程遥控功能使得用户可通过因特网对设备进行监控。

采用上述新技术的数字电视发射机已经陆续上市。从设备管理的观点看，这种新设备能够减少资金和运行成本，可以通过网络查看发射机的运行状态、进行发射机设置。可以预见，在今后的几年中，我国逐步开播地面数字电视和引进数字电视发射机的过程中，上面所提及的发展趋势将会逐步显现，同时也将会出现更新更实用的技术。

4.2　数字电视发射机的组成

图 4-4 所示为一台 1kW 数字电视发射机外观图。

数字电视发射机一般由数字电视激励器、发射机控制器（也称为中央控制器 CCU）、切换放大器、功率放大器、开关电源、数据采集单元、功率分配器、功率合成器和输出同轴器件等部分组成，具体组成和功能见表 4-1。

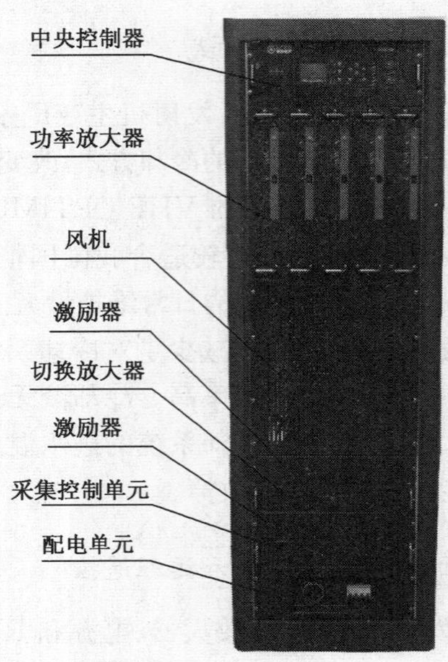

图 4-4　数字电视发射机外观图

表 4-1　数字电视发射机的组成与功能

序号	名　　称	数量	功能描述
1	中央控制器	1	完成发射机控制，状态监测，并留有远程控制接口，以便对发射机进行远程控制
2	激励器	1(或 2)	一般可选双激励器配置，完成信号编码调制与小信号放大功能，配有远程控制接口，便于远程检测和改变工作模式
3	切换放大器(可选件)	1	在双激励器配置时，完成从主激励器到备激励器的切换控制，一般有手动模式和自动模式可选
4	功率放大器单元	若干	完成激励信号的功率放大，取决于功率放大管的型号和数量，功放单元的输出功率会有所不同。随着技术的不断进步，单个功率放大单元的输出功率也越来越大
5	开关电源	若干	为功率放大器单元供应直流电，有的发射机采用一对一供电模式，有的发射机采用并联均流供电模式
6	数据采集单元	1	完成整机工作状态的数据采集和控制，可以单独组成单元，也可以与其他单元组合在一起
7	功率分配器	1	将激励信号均分至若干个功放的输入口。可以采用同相分配或倒相分配法，要与功率合成器对应
8	功率合成器	1	将功率放大器的输出合成为整机的功率输出，合成方式与分配方式对应
9	带通滤波器	1	滤除带外无用发射信号，使得发射机信号符合频谱模板的要求

4.2.1　数字电视激励器

激励器是地面数字电视发射系统的核心和重要组成部分，不同的地面数字电视传输标准在发射系统的差别主要体现在激励器部分。目前国内外研发生产数字电视激励器的厂家较多，性能特点各有所长，有的产品可以在一套系统平台上实现多个数字电视标准的编码和调制，并通过简单的软件升级，甚至无须升级软件，只是通过软开关即可实现数字电视标准的切换。也有产品把数字和模拟电视标准集成在一个平台上，可以定制时间完成模拟标准到数字标准的自动转换。随着激励器线性和非线性校正功能的逐步完善，可以在激励器上实现发射机非线性校正功能的自适应校正，以及动态自适应校正。

4.2.2　固态功率放大器

功率放大器的设计有两种常见的增益模式：低增益和高增益。数字电视发射机的功率放大器一般为 UHF 波段高增益宽带线性功率放大器。功率放大器由两-四级功放组成，采用了功率合成技术，总增益为 30～60dB。

分米波数字电视发射机的末级功率放大器通常采用统一功率放大模块，高功率的数字电视发射机的末级功率放大器由多个功率放大模块组成，采用先进技术的功率合成方式，使输出功率满足设计要求。用于同一台发射机的每一个功率放大模块应有较好的一致性，可以任意互换。

热拔插功率放大模块外形图如图 4-5 所示。

图 4-5　热拔插功率放大模块外形图

UHF 200W 功率放大模块由三级组成，两个推动级和一个末级，其原理框图如图 4-6 所示。

第一级推动功率放大工作在 A 类，工作电压为 32V，采用 2 个 LDMOS 功率放大器和 90°正交电桥构成平衡放大器，实现模块输入端的良好匹配。

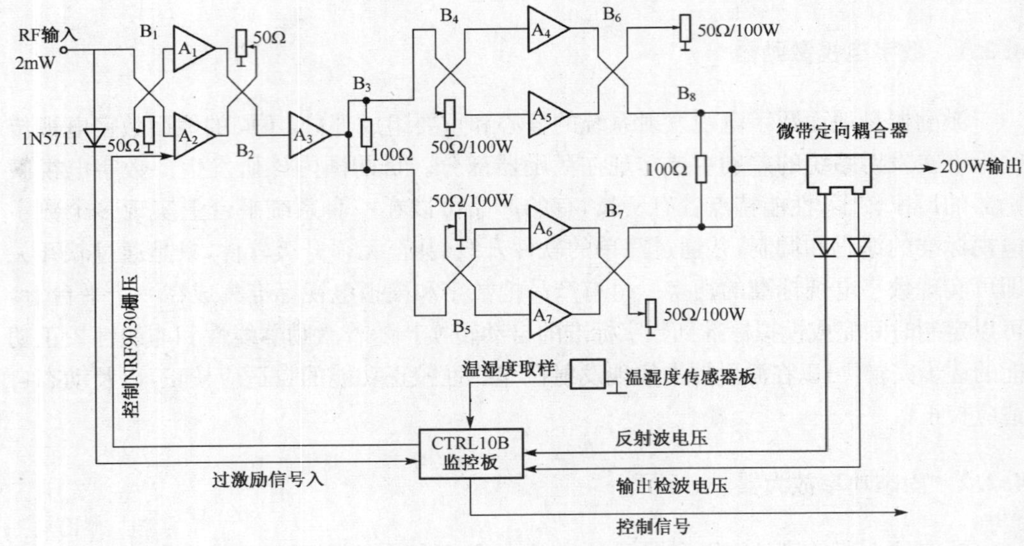

图 4-6 数字 UHF 200W 功率放大模块原理框图

第二级推动功率放大工作在 AB 类,工作电压为 32V。它处于两个平衡放大器之间,可以有良好的隔离。

末级功率放大工作在 AB 类,工作电压为 32V。为了达到所需功率和非线性失真要求,该级采用了 4 个 LDMOS 功率放大管合成。

4.2.3 无源部件

1)功率分配与功率合成

在电视发射机中,功率分配与功率合成技术得到了广泛的应用。在某些场合需要将一路射频信号的功率,通过分配网络均匀地且互不影响地分配给多路负载,基本要求是:输出功率按一定的比例分配,各输出端之间要相互隔离,输入、输出端必须匹配。同时,为了获得更大功率,通过合成网络将各放大器输出功率相加。功率分配与功率合成往往采用互易网络实现。

2)带通滤波器

数字带通滤波器用来滤除无用发射功率,确保相邻频道内和相邻频道外的杂散射频功率不影响其他频道的发射机正常播出。目前,数字带通滤波器一般由 6 个或 8 个谐振腔组成。为了降低插入损耗,近年来大都应用了交差耦合技术。

4.2.4　智能监控系统

智能监控系统对发射机的各部分进行实时监测和控制，并和上级计算机联网，使得对整个发射网络的集中控制成为可能。

1)工作原理

发射机主控单元是整个监控系统的核心，主要负责收集和存储各功能单元的数据，并对这些数据进行实时监测，一旦某个参量超出允许范围，就会立即报警并发出相应的控制指令。除此之外，其还负责与本地服务器通信，上传所收集的数据并接收控制指令。除主控单元外，其他各功能单元都有自身的测试模块，负责该单元内部各参数的测量，并上传到主控单元。激励器的测控模块还有控制功能，可接收来自主控单元或上级 PC 机的控制指令，做出相应反应。功率放大器则是通过单独的测试和通信接口模块上传所收集到的数据。这些数据由主控单元统一管理。智能监控系统由发射机测控系统和集中控制系统组成。

2)发射机测控系统

发射机自身的测控系统主要由主控单元、激励器测控模块以及功率放大测试与通信接口模块组成，其结构如图 4-7 所示。主控单元是整个测控系统的核心，负责指挥各测控单元的工作。其他各功能单元也都有自身的测试模块，负责自身的数据采集传送，其中激励器测控模块还有控制功能。主控单元与各单元测控模块之间以及主控单元可以通过计算机采集数据和控制。

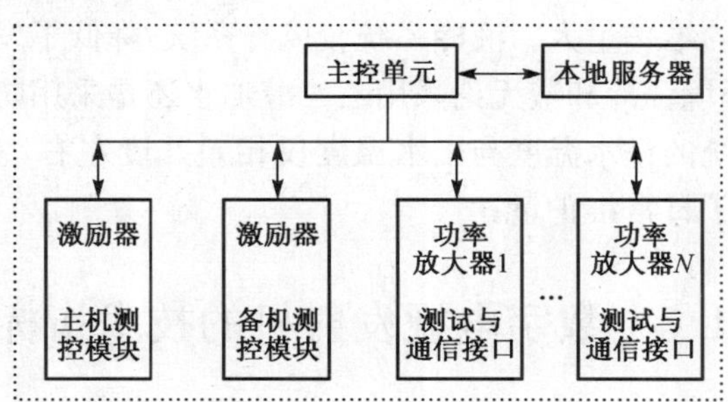

图 4-7　发射机测控系统结构示意图

3)集中监控系统

集中监控系统包括机房监控主机和集中控制中心，其结构如图 4-8 所示。每台发射机的主控单元与本地服务器相连，各发射站点本地服务器与集中控制中心通过网络相连，从而能够实现对整个发射网络的集中监测和控制。

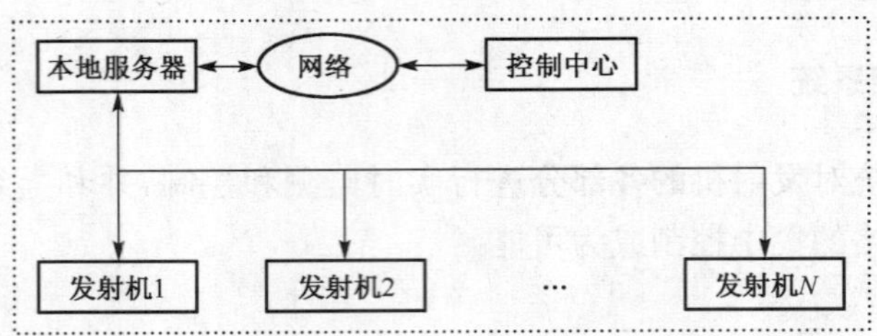

图 4-8 集中监控系统结构示意图

4.2.5 冷却系统

发射机的冷却方式通常包括自然冷却、强迫风冷、水冷和蒸发冷却。自然冷却是指通过热辐射、传导和附近空气流动而带走发热体所产生的热量。强迫风冷是用风机强制空气通过散热体散热片的间隙，使散热片与空气之间产生热交换，空气温度上升，带走热量，从而使散热器的温度降低。强迫风冷系统一般包含机房进风口、机房进风口滤尘网、进风风道、进风用风机、风机滤尘网、机柜进风口滤尘网、发射机内部风道、发射机出风口排风扇、出风风道、机房出风口排风扇、机房出风口和机房出风口防护网等。

在发射机冷却方式中，中小功率发射机的功率放大器目前大多采用风冷方式，工作时需要强迫风冷，并保证进风和出风风道的畅通。在大功率发射机中，功率放大器风冷方式和液冷方式并存，但液冷方式有逐步替代风冷方式的趋势。

风冷方式容易受外界环境影响，风机的高低频噪声较大，过滤材料中容易沉积灰尘，日常对风冷系统的维护量大。液冷系统较风冷系统，降低了发射机的运行噪声，改善了发射机机房的环境。冷却液无论采用乙二醇加水还是采用防冻液，其传导效率都远大于风冷，冷却系统的进水温度与出水温度仅相差几度左右，发射机产生的热量被及时吸收释放，降低了日常维护量。

4.3 数字电视发射机的技术指标

国家广播电影电视总局在 2008 年发布了《地面数字电视广播发射机技术要求和测量方法》(GY/T 229.4—2008)，本节将主要根据本规范介绍地面数字电视发射机的主要技术指标。具体的技术指标和测试方法请参阅 GY/T 229.4—2008 和本书第 3 章。

4.3.1 性能指标

GY/T 229.4—2008 对地面数字电视广播发射机性能的要求如表 4-2 所示。

表 4-2　地面数字电视广播发射机性能要求

序号	项　　目	指 标 要 求
1	工作频率	符合 GB/T 14433 有关规定
2	单频网模式频率调节步长	1Hz
3	频率稳定度(3 个月)	采用内部参考源时,频率稳定度≤1×10^{-7}; 采用外接参考源时,频率稳定度≤1×10^{-10}
4	频率准确度	对于 MFN 模式,频率准确度为±100Hz; 对于 SFN 模式,频率准确度为±1Hz
5	本振相位噪声	具体指标见表 4-3
6	射频输出功率稳定度(在滤波器之后测量)	±0.5dB
7	输出负载的反射损耗(8MHz 带内)	正常工作:≥26dB; 允许工作:≥20dB
8	频谱模板	带外频谱特性符合 GB 20600—2006 中带外频谱模板的有关规定
9	带肩(在偏离中心频率±4.2MHz 处,在滤波器之前测量)	≤−36dB
10	带内不平坦度(f_c±3.591MHz)	在±0.5dB 以内
11	调制误差率(MER)	≥32dB
12	邻频道内的发射功率	邻频道内的发射功率与带内发射功率的比≤−45dB,或满足邻频道内的发射功率≤13mW
13	邻频道外的发射功率	邻频道外的发射功率与带内发射功率的比≤−60dB,或满足邻频道外的发射功率≤13mW

本振相位噪声指标见表 4-3。

表 4-3　发射机本振相位噪声指标

偏移中心频率/Hz	本振相位噪声/(dBc/Hz)
10	<−60
100	<−75
1k	<−85
10k	<−95
100k	<−110
1M	<−115

4.3.2 功能要求

(1)工作模式。支持 GB 20600—2006 规定的全部工作模式。各种工作模式下，系统最大净码率如表 3-3 所示。

(2)遥控遥测接口。发射机应具备遥控遥测接口。

(3)组网方式。支持多频网或单频网的组网方式，其中单频网模式应符合 GY/T 229.1—2008的有关规定。

4.4 宽带数字电视发射机

宽带数字电视发射机将多个频点(一般不大于 5 个)的节目 TS 流分别由激励器编码、调制，然后将射频信号通过一个功率放大器放大，经宽带滤波器滤波后送往天馈线系统发送出去。因该系统安装简单、价格低廉的特点，目前在国内不少地方采用宽带发射机播出地面数字电视广播，尤其是一些县级市，因此本节对宽带发射机进行简单介绍。

4.4.1 宽带数字电视发射机的原理

UHF 波段宽带数字电视发射机的原理框图如图 4-9 所示。

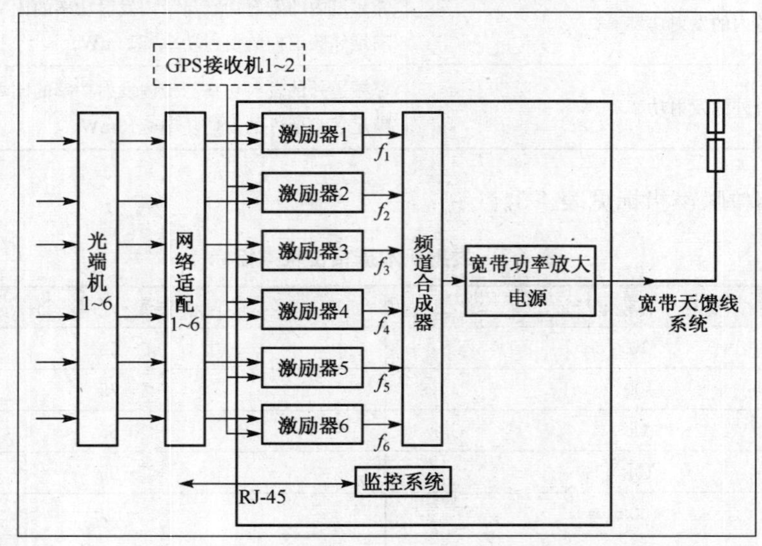

图 4-9 UHF 波段宽带数字电视发射机的原理框图

宽带数字电视发射系统由多台 UHF 波段激励器、小功率频道合成器、监控系统、宽带功率放大模块（含电源模块）和宽带天馈线系统组成。这种系统的特点和优点就是简洁，特别是信号合成部分，只是简单地将调制器的输出射频信号混合送入宽带发射机（功率放大）即可。在组建单频网时，发射端设备应增加网络适配器、光接收机、GPS 接收机等设备。

在宽带多频道数字电视发射设备中，频道合成器、宽带功率放大模块对每个通道的调制误差率产生的恶化量与发射频道数有关，要保证每单通道具有足够功率（有效值），输出高信号质量的数字射频功率。通常宽带多频道数字电视发射设备制造商会给出发射设备的复合功率、不同频道数的输出功率/频道值，供无线传输网建设时选用。

对于传输网覆盖范围较小、电波传播环境好的区域，使用小功率宽带数字电视发射设备时，可以采用将宽带功率放大模块置于天线附近的方式，即室外型宽带多频道数字电视发射设备。这种方式节省机房空间，同时缩短馈线长度、减少馈线传输损耗，如图 4-10所示。

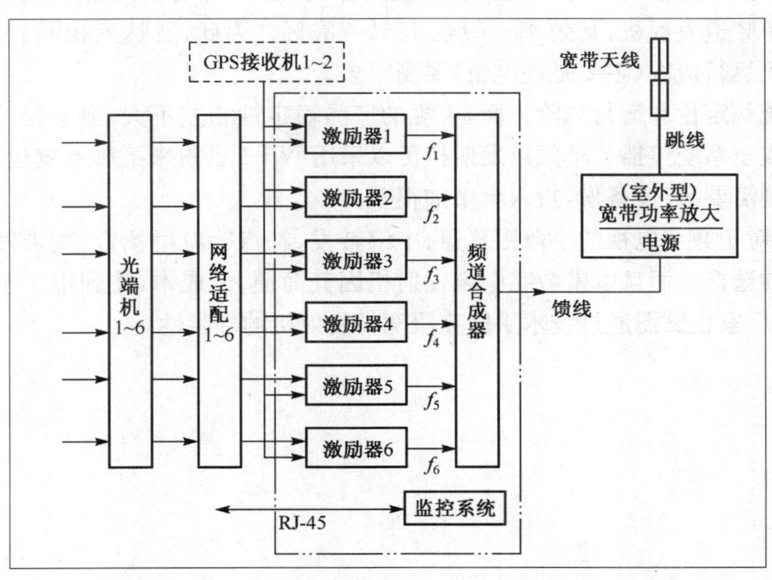

图 4-10　室外型 UHF 波段宽带数字电视发射机的原理框图

多频道宽带数字电视发射机集中监控系统能够对多个发射台站的发射机、激励器、功率放大器等设备的工作状态、参数实现实时集中监控，具有故障告警、系统日志记录、查询等功能，可以实现无人值守。发射机集中监控系统在中心监控机房通过因特网、光缆或无线远程登录，实时监控发射机的运行状态。室外型小功率宽带数字电视发射机一般内置 GPRS/3G 模块，用户通过短信方式查询发射机的工作状态。

4.4.2 宽带数字电视发射机的特点

宽带数字电视发射机通过一台发射机即能播出多个频点的电视节目，因此其安装简单、投资成本低，但也具有一定局限性。

首先，宽带数字电视发射机的宽带输出滤波器可以滤除远频（3 个频道以外）带外非所需功率，但无法针对每个频点滤波，频道间容易产生互调和谐波影响。采用宽带发射机播出地面数字电视节目，在频点的选择上不灵活，必须是带宽内的相邻频点。如果中间某个频点受条件所限不能使用，那么宽带发射机仍然会放大输出该频点信号，对其他正在使用该频点播出的节目造成干扰。

其次，带肩比、调制误差率等指标难以达到国标要求。主要原因是宽带发射机很难对发射机实施预校正。若要使各频道的指标达到国标要求，就必须让发射机降功率使用，大约要比单频道时的额定功率降低 6dB，即 1000W 的发射机只能开到 250W 左右，分配到每个频点的功率同样也会降低。此时发射机的效率更低，只有 10%左右，而同样的单频道发射机，其效率一般在 15%～20%。因此，要达到相同的覆盖效果，宽带发射机运行成本（主要是耗电量）要高很多。

在系统稳定性和运行风险方面，正规的产品稳定性相差不大，但一旦发射机出故障就会造成全系统停播。单频点发射机可以采用 $N+1$ 备份来抵御系统运行风险，宽带发射机则需要 1+1 备份，投入会增加很多。

当然，对于数字电视的小范围覆盖、中继转发、补点等应用场合，宽带发射机仍然是很不错的选择。而且宽带数字电视发射机因其简便、低成本，受到很多小运营商的青睐，一些厂家也试图通过技术手段克服宽带发射机的局限性。

第5章　天馈线系统

本章主要介绍UHF波段地面数字电视广播发射系统中天馈线系统的组成、发射天线与馈线的相关知识，以及天馈线系统的技术指标、常见故障与维护方法。

5.1　概　述

天馈线系统通过天线向空中辐射电磁波，将发射系统送来的导行波能量转换成向空间传播的电磁波能量，从而将信号传送到覆盖区域。因此，有必要了解无线电波的传播特性。

5.1.1　无线电波的传播特性

无线电波是一种电场和磁场的波动，是由电场和磁场构成的电磁波。在变化的电场周围产生变化的磁场，而在变化的磁场周围又产生变化的电场。这样持续不断地变化下去，就形成一种电场和磁场的交替运动，像波浪一样不断地向前推进。

无线电波是一种能量传输形式，在传播过程中，电场和磁场矢量在空间上是相互垂直的，同时两者又都垂直于传播方向，如图5-1所示。

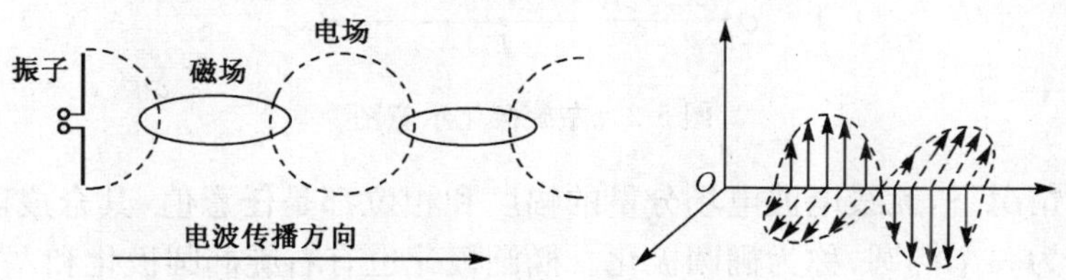

图5-1　无线电波传播示意图

1. 无线电波的传播速度

无线电波和光波一样，它的传播速度和传播媒质有关。真空中无线电波的传播速度等于光速，即$c=3\times10^8$m/s。空气中的传播速度略小于光速，通常认为其等于光速。

无线电波的波长、频率和传播速度的关系为

$$\lambda = V/f$$

式中：V为速度，f为频率，λ为波长。

不同介质中传播速度不同、波长不同。常用的聚四氟乙烯型绝缘同轴射频电缆中无线电波的传播速度和波长分别为

$$V_\varepsilon \approx c/1.44, \qquad \lambda_\varepsilon \approx \lambda/1.44$$

2. 无线电波的极化

极化是电磁场的一个特征，描述场矢量端点随时间变化的轨迹和取向。无线电波在空间传播时，其电场方向按一定的规律变化，这种现象称为无线电波的极化。无线电波的电场方向称为电波的极化方向，由至少一个周期传播过程中的电场矢量方向来确定。

无线电波的极化分为线极化、圆极化和椭圆极化。在无线通信中，无线电波到达接收点的时候，其电场对地球表面来说，通常有两种电波分量，一种是垂直分量，一种是水平分量。当这两种分量的相位相同时(或相差 180°)，合成的电场为线极化，其电场矢量始终在同一平面。合成的电场幅度 E 随时间 t 作周期性的变化，但是方向不变。

电场的垂直分量和水平分量相等，相位相差为 90°(或 270°)的电波称为圆极化波。其合成电场幅度 E 不变，但方向随时间而改变。E 的矢量在一圆上并以角速度 ω 匀速旋转。从垂直于传播方向的任意固定平面上向传播方向观察，圆极化波的电场强度矢量以顺时针方向旋转称为右旋极化，以逆时针方向旋转称为左旋极化。图 5-2 所示为左旋极化。

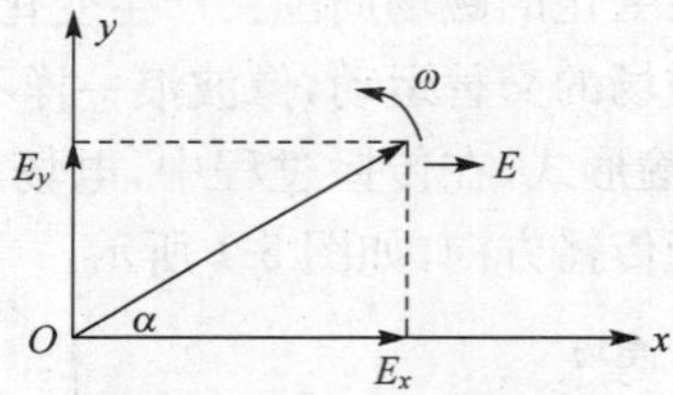

图 5-2　左旋极化示意图

在一般情况下，无线电波电场分量的幅度和相位都是任意值，其合成电场 E 的矢量端点一般为一个椭圆，称为椭圆极化。椭圆极化也有右旋椭圆极化和左旋椭圆极化之分。由于目前我国租用的国际通信卫星上的发射天线是右旋极化的，而我国发射卫星的天线是水平极化的，所以卫星电视地面接收天线一般都设计成能工作于圆极化和线极化两种状态，并在出厂时调为右旋圆极化。

地面数字电视广播系统中椭圆极化、圆极化应用较少，主要采用线极化方式。线极化又分为水平极化和垂直极化两种。电波传播时，通常是以地平面为参考平面，把地面的法线与电波传播进行方向 Z 所构成的平面称为入射面。电场矢量 E 垂直于入射面的电波称为水平极化波，电场矢量 E 平行于入射面的电波称为垂直极化波，如图 5-3所示。

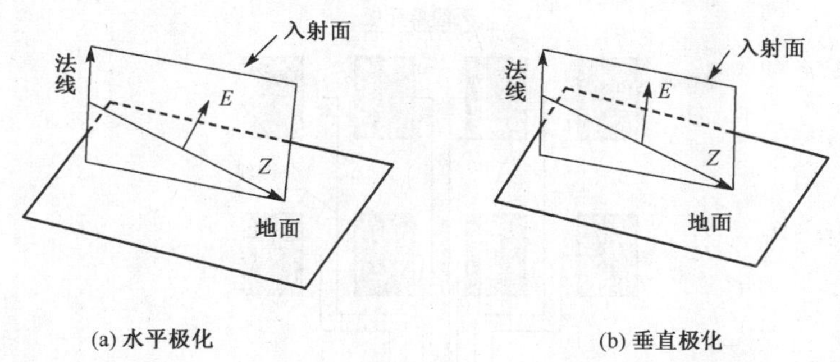

(a) 水平极化　　(b) 垂直极化

图 5-3　线极化波

由于水平极化波和入射面垂直，故又称为正交极化波。垂直极化波的电场矢量与入射平面平行，故又称为平行极化波。电场矢量和传播方向构成的平面称为极化平面。图 5-4所示为垂直极化波和水平极化波示意图。

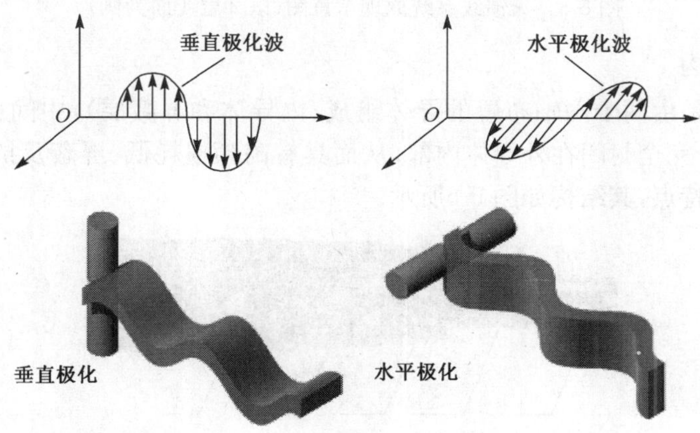

图 5-4　垂直极化波和水平极化波示意图

5.1.2　天馈线系统的组成

天馈线系统一般由主馈电缆、硬同轴馈管、功率分配器、分馈电缆、天线以及一些辅助馈电设备等组成，如图 5-5 所示。

1. 同轴馈线

馈线能够有效地传输信号能量，将发射机发出的信号功率以最小的损耗传送到发射天线的输入端，同时其本身不应拾取或产生杂散干扰信号，这就要求传输馈线必须有屏蔽能力。

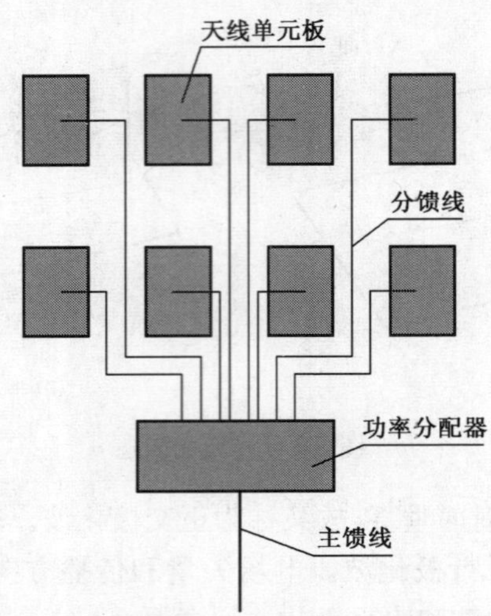

图 5-5　天馈线系统原理示意图(以 2 层 4 面为例)

1)馈线结构

同轴电缆是由两个同轴布置的导体组成(内导体和屏蔽层),中间由绝缘介质隔离,传输的信号完全封闭在外导体内部,从而具有高频损耗低、屏蔽及抗干扰能力强、使用频带宽等特点,其结构如图 5-6所示。

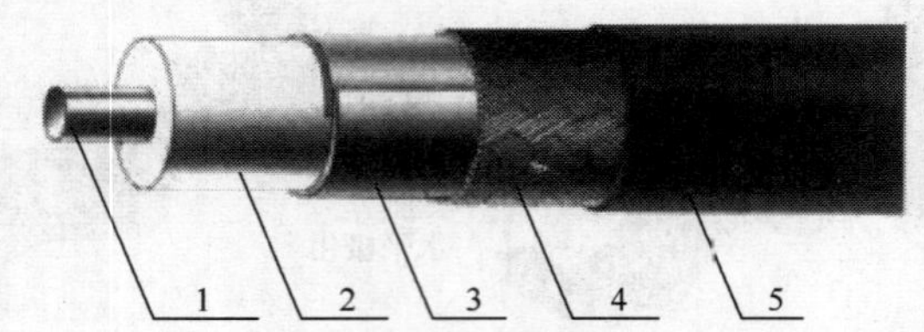

1. 内导体　2. 绝缘介质　3. 铝箔麦拉　4. 编织屏蔽层　5. 护套

图 5-6　同轴电缆的结构示意图

同轴电缆在结构上大同小异,但由于各个部分采用不同材料或工艺,不同型号的同轴电缆区别还是很大的。

(1)内导体

内导体也被称为芯线。它的作用是传输高频信号或交直流电流,根据材质、工艺或用途的不同可以分为:铜单线、多根铜线绞合、铜包钢或空心铜管等。在高频下电流仅在导体表面的一个薄层内传输,这种现象称为趋肤效应,所以内导体要求铜材无杂质,表面干净、平整、光滑。内导体直径应稳定且公差很小。

(2)绝缘介质

绝缘介质也被称为内导体绝缘层。射频同轴电缆的绝缘介质不仅起绝缘作用,电缆的所有重要的性能，如衰减、阻抗和回波损耗，都与绝缘介质关系很大。绝缘介质根据材质、工艺或用途的不同可以分为物理发泡、化学发泡、藕芯、实芯、空气芯等。

采用先进的挤塑和注气工艺及特殊的材料，将氮气直接注入挤塑机内的介质材料中，该工艺也称为物理发泡法。发泡度可以达到80%以上，这样的电气性能与空气绝缘电缆比较接近。相应的化学发泡方法，其发泡度只能达到50%左右，介质损耗较大。注气法得到的发泡结构一致，意味着其阻抗均匀，回波损耗大。

泡沫聚乙烯材料增加了电缆的灵活性，使其安装方便，但容易吸潮从而改变电气性能。实心聚乙烯因其刚性，比泡沫材料保形性好，能承受外部挤压的压力。

(3)外导体

外导体由铝箔麦拉和编织屏蔽层组成，有两个基本的作用。第一是起回路导体的作用，第二是起屏蔽作用。同轴电缆的外导体完全封闭，不允许电缆有任何信号的辐射。外导体用的铜材也应质量很好，导电率高，无杂质。外导体尺寸应严格控制在公差范围内，以保证均匀的特征阻抗和较高的回波损耗。外导体通常有3种结构。

①编织网与铝塑复合带纵包组合：由铝箔和编织网构成，具有柔软性好、重量轻和接头可靠等特点。

②铝塑料复合带纵包搭接：这种结构有较好的屏蔽作用，且制造成本低，但由于外导体是带纵缝的圆管，电磁波会从缝隙处穿出而泄漏，使用范围小。

③金属管状：这种结构采用铜或铝带纵包焊接，或者是无缝铜管挤包拉延而成，其屏蔽性能最好，但柔软性差，常用于干线电缆。

铝箔麦拉起防辐射抗干扰的屏蔽作用，根据材质、生产工艺或用途的不同，也可以分为普通OPE型铝箔、双面OPE型铝箔、单面自粘OPE铝箔、双面自粘OPE铝箔、PET高温型铝箔。

(4)护套

护套的作用是保护电缆，使其不受机械力、摩擦、潮气、腐蚀、高低温环境等因素影响。根据不同使用的要求，护套分为白色和黑色等。常用护套料是PVC(聚氯乙烯)和PE(聚乙烯)，PVC由于价格低廉和利于加工被大量采用，而对于防水性要求高的场所护套最好采用PE材料。

2)馈线种类

馈线通常以英寸计量绝缘外径，以8D划分，如1/2、7/8、5/4、17/16等，半径小的主要用于设备端的跳线，馈线直径越大，信号衰减越小。常用的馈线一般分为8D、1/2普通、1/2超柔、7/8、7/16、13/8和泄漏电缆(13/8、5/4)。8D、1/2超柔主要用做跳线。室内分布中一般使用1/2和7/8馈线进行信号传输。7/8馈线多用于发射系统与天线之间的信号传输。泄漏电缆一般用于隧道等场合。

国产同轴馈线一般按毫米计量，馈线命名通常由四部分组成。第一部分用英文字母，分别代表电缆的代号、绝缘介质、介质工艺、护套材料（见表 5-1），第二、三、四部分均用数字表示，分别代表电缆的特性阻抗（Ω）、芯线绝缘外径（mm）和结构序号。

表 5-1　国产同轴电缆的统一型号和含义

分类代号		绝缘材料		护套材料		派生特征	
符号	含义	符号	含义	符号	含义	符号	含义
S	通轴射频电缆	Y	聚乙烯	V	聚氯乙烯	P	屏蔽
SE	对称射频电缆	W	稳定聚乙烯	Y	聚乙烯	Z	综合
SJ	强力射频电缆	F	氟塑料	F	氟塑料		
SG	高压射频电缆	X	橡皮	B	玻璃丝编制侵硅有机漆		
ST	特性射频电缆	I	聚乙烯空气绝缘	H	橡皮		
SS	电视电缆	D	稳定聚乙烯空气绝缘	M	棉纱编织		

例如，SYV-75-3-1 型电缆表示同轴射频电缆，聚乙烯绝缘，聚氯乙烯做护套，特性阻抗为 75Ω，芯线绝缘外经为 3mm，结构序号为 1。

UHF 波段地面数字电视广播天馈线系统的主馈电缆主要选用 SDY 系列空气绝缘、皱纹铜管导体射频同轴电缆。

3）主要技术参数

（1）特性阻抗

同轴电缆的主体是由内、外两导体构成的，对于导体中流动的电流存在着电阻与电感，对于导体间的电压存在着电导与电容，这些特性是沿线路分布的，称为分布常数。若单位长度的电阻、电感、电导、电容分别以 R、L、G、C 表示，则其特性阻抗为

$$Z = (R + \mathrm{j}\omega L)/(G + \mathrm{j}\omega C) \qquad (\omega = 2\pi f)$$

显然，特性阻抗随频率 f 不同而不同。特性阻抗是选择电视电缆首先要考虑的参数。为防止产生信号反射，应尽可能降低系统的传输损耗，电缆的特性阻抗应尽量与终端负载阻抗匹配。

（2）衰减常数

衰减常数也称为插入损耗或衰减特性，同轴电缆的衰减特性通常用衰减常数来表示，即单位长度（如 100m）电缆对信号衰减的分贝数。信号在同轴电缆里传输时的衰减与同轴电缆的尺寸、介电常数、工作频率有关。频率越高，则衰减常数越大，频率越低，则衰减常数越小。UHF 频段用的电视电缆优先选用高频性能好的物理发泡聚乙烯介质，其可以明显降低电缆衰减。

（3）回波损耗

回波损耗也称为回波系数。在电缆制造过程中产生结构尺寸偏差和材料变形，使

电缆沿长度方向上的区域特性阻抗产生随机性及周期性不均匀的现象。当电缆加上传输信号时,这些地方便会出现信号的反射,电缆内部均匀性的好坏用回波损耗来表示。

(4)温度系数

温度系数表示温度变化对电缆特性的影响程度。温度升高,电缆的损耗增加,温度降低,电缆的损耗减少。电缆衰减值的温度变化量大约为0.2%dB/℃,表明电缆衰减在原基础上变化0.2%,若温度变化为±25℃,则电缆的衰减量变化±5%dB。

(5)屏蔽特性

屏蔽特性是衡量同轴电缆抗干扰能力的参数,也是衡量同轴电缆防泄漏的重要参数。如果电缆屏蔽性能不好,传输信号不仅会受到外来杂波的串扰,影响信号质量,而且还会泄漏出去干扰其他信号。

(6)波速比

电磁波在线路介质中的传播速度与在真空中传播速度的比值。

4)馈线安装

在工程施工和维护抢修及整改工作中需要制作馈线接头,接头制作不好将影响天馈线系统的驻波比,造成网络性能下降和引起隐性故障。

馈线接头制作有如下要求:

①馈线切割口处内外导体必须平整光滑,不起毛刺,馈线内外导体表面不能有凹陷,绝缘层表面和内导体内不能残留任何的金属碎屑;

②接头必须拧紧,在馈线上用人手大力拧动,不能出现松动的情况,接头连接处应紧密,间隙应不能大于0.5mm;

③馈线皮切削处的内导体表面应无明显或深的切割或划痕;

④接头包装内的所有配件必须全部使用到位,不能遗漏和少装;

⑤接头包封必须严密不进水;

⑥驻波比测试小于1.1。

下面以7/8英寸馈线、DIN直式母型连接器为例介绍制作过程,如图5-7所示。

①剥除馈线外皮与切割馈线。

②选择在将要制作接头的馈线断口5mm处的一圈馈线波纹的波谷中央位置,月馈线切割刀在该处的馈线外皮进行环切,用手轻压馈线切割刀,按馈线切割刀旋转的方向进行旋转以恰好能切断馈线皮为佳,应尽量避免切伤馈线外导体。如图5-8所示。

③使用馈线安全刀从环切处开始向外将这小段馈线皮剥掉,剥削时,馈线安全刀的刀刃应微微向上,避免划伤外导体的表面。切割好的馈线如图5-9所示。

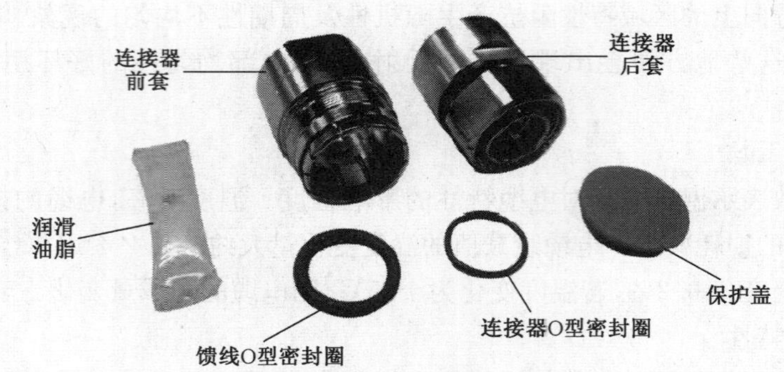

图 5-7 DIN 直式母型连接器

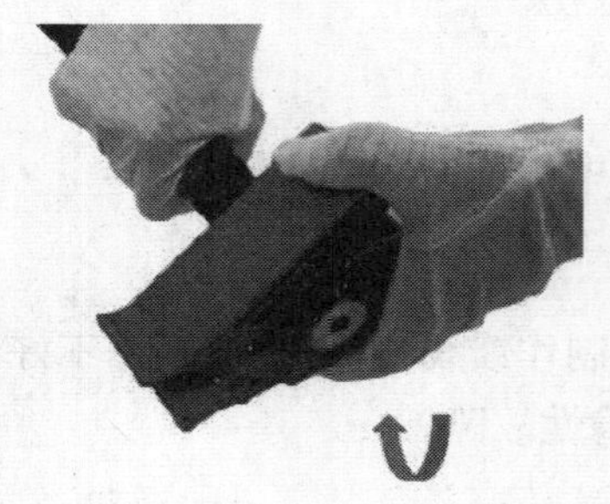

图 5-8 切割馈线

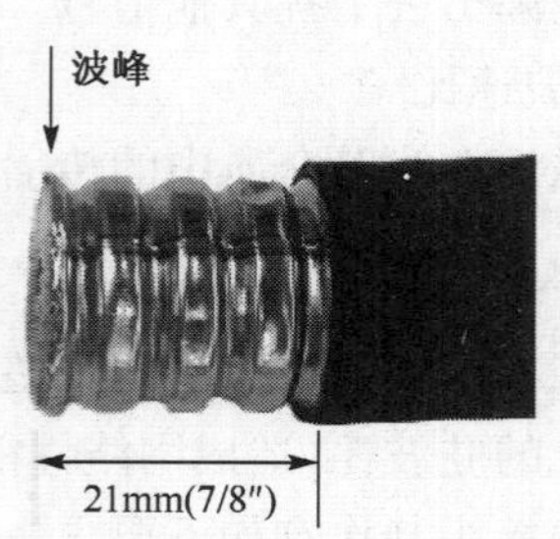

图 5-9 切割好的馈线

(2)处理馈线口

①用小金属刷将刚切割好的馈线端进行清洁,如有毛刺则用锉刀锉平,用钢刷将金属导体内和表面的碎屑清理干净。然后再取一小块防水胶,对切割口进行粘贴,吸附更细小的金属碎屑,一般粘贴 2 次就能彻底将切割口的碎屑清理干净。

②使用专用的接头扩孔器,顺时针旋转 2～3 圈对馈线口做扩孔和定型。

③用一字螺丝刀小心地将清理后馈线端的绝缘层边缘,与馈线的外导体呈 45°角,向内导体方向环绕一圈压开。

馈线口处理过程如图 5-10 所示。

(3)安装连接器后套。

连接器后套安装如图 5-11 所示。

(4)安装连接器前套。

①先用手将接头的前端(外套件)和后端(内套件)拧紧。需要注意的是。拧紧的过程中外套件须固定不动,只旋转套在馈线端的内导体。待手拧紧后,再用扳手将接头拧紧,拧紧的方法仍然是旋转内套件,外套件用扳手夹紧固定,直到将接头两边紧密连接到位,如图 5-12 所示。

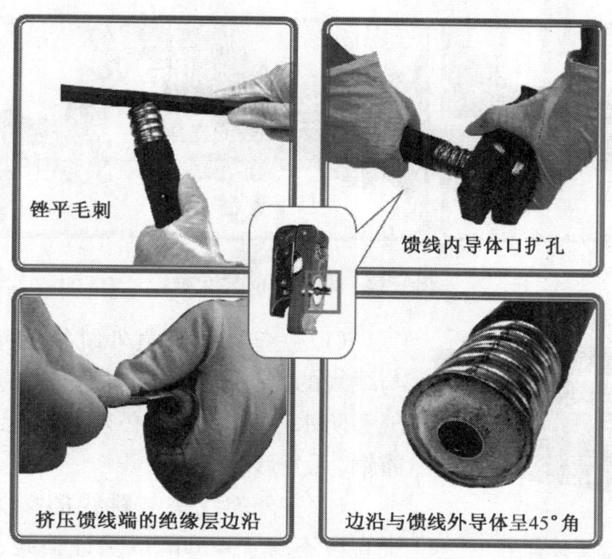

图 5-10　馈线口处理过程

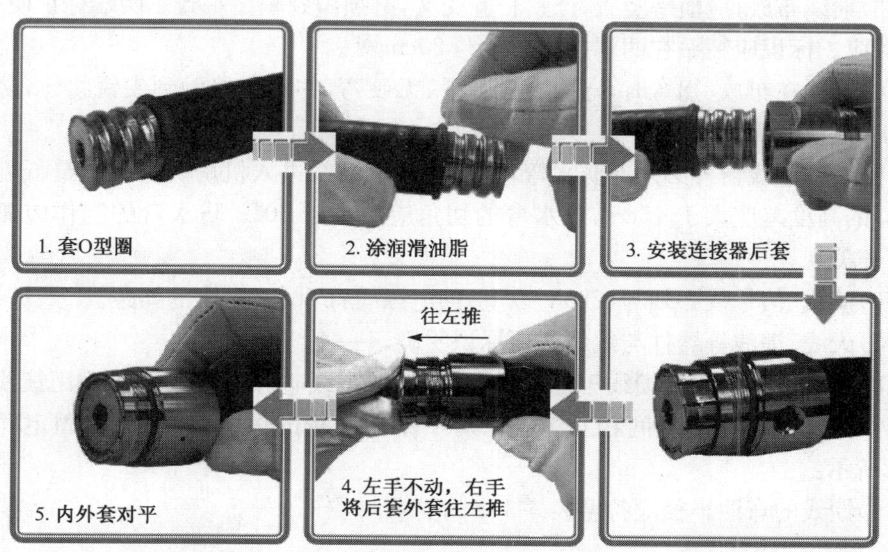

图 5-11　连接器后套安装

②如果旋转连接器前套件，那么在拧动过程中，连接器前套件内导体与馈线内导体因摩擦而产生的金属碎屑容易残存在两者接触面之间，影响馈线的电气性能。

接头制作完成后效果如图 5-13 所示。

馈线安装方式和要求如下。

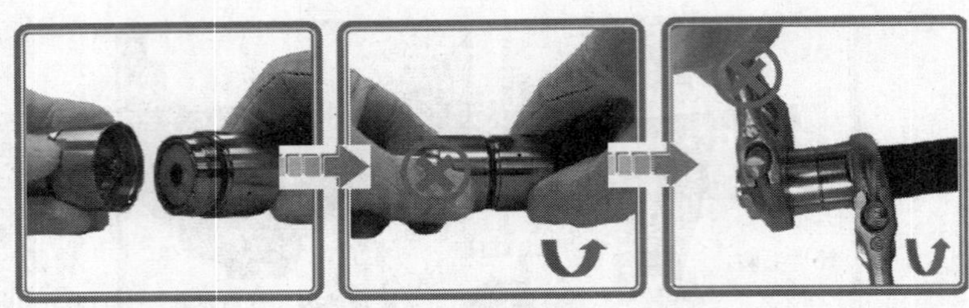

图 5-12　连接器前套安装

图 5-13　接头效果图

(1)检查天线与室外跳线的接头、室外馈线头与跳线的接头是否符合相关工艺要求，确保相关电气和防水性能。接头必须紧固无松动、无划伤、无露铜、无变形。

(2)室外馈线头与跳线的接头处应保持平直，平直段不少于 40cm，以保证馈线、跳线连接处没有应力。

(3)馈线布放，应横平竖直，严禁相互交叉，必须做到顺序一致。两端标识明确，并两端对应。标识应粘贴在两端接头向内约 20cm 处。

(4)馈线在布放、拐弯时，弯曲度应圆滑、无硬弯，并避免接触到尖锐物体，防止划伤进水，造成故障。

(5)馈线进线窗外必须有防水弯，防止雨水沿馈线进入机房。防水弯最低处与馈线入口的高度差应大于 15cm，防水弯的切角应不小于 60°。防水弯的制作应弧度一致，整齐美观。

(6)馈线、信号线必须与(220V 以上)的电源线有 20cm 以上的间距。

(7)天线、馈线等器件与线缆必须标识明确，一一对应。

(8)馈线夹用于固定馈线于走线梯上，使馈线走线整齐美观。当无法用馈线卡子固定时，用扎带将馈线之间相互绑扎。对于不同线径的馈线，馈线夹的固定间距如表 5-2所示。

(9)馈线的弯曲半径应符合表 5-3 中的要求。

表 5-2　馈线夹的固定间距　　(单位:m)

类　型	1/2in 馈线	7/8in 馈线
馈线水平走线时	1.0	1.5
馈线垂直走线时	0.8	1.0

表 5-3　馈线的弯曲半径　　(单位:mm)

类　型	二次弯曲的半径	一次性弯曲的半径
7/8in	360	120
1/2in 普通	210	70
1/2in 超柔	120	40

5)馈线接地

主馈线至少在距室外天线侧馈线头 25～30cm 处与馈线防水弯前有两处接地,制作主馈线防雷接地线必须顺着雷电泻流的方向单独直接接地,防雷接地线禁止回弯。

如图 5.14 所示,馈线接地制作包封步骤如下:

(1)拆开接地件包装,检查防水密封圈是否齐全完好;

(2)测量接地件内接地导体宽度,根据接地件内导体宽度切割馈线接地口;

(3)将接地件内导体与馈线外导体紧密连接;

(4)锁紧螺丝后从接地引下线处做二次防水包封;

(5)防水胶包封完成;

(6)再加一道绝缘胶包封。

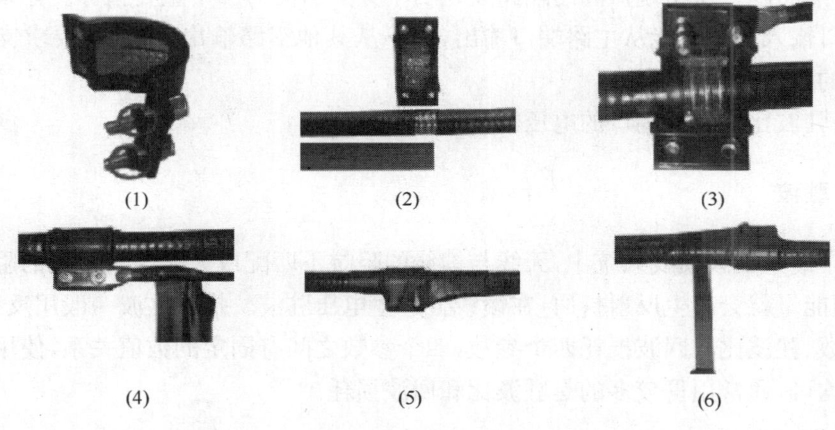

图 5-14　馈线接地制作包封过程

完成后接地效果如图 5-15 所示。

图 5-15　馈管接地效果图

6)硬同轴馈管

硬同轴馈管一般用于在发射站点机房内连接发射机输出、多工器、假负载和同轴开关(天线倒换闸)等,不但美观牢固也易于安装其他中间设备。

2. 功率分配器

功率分配器也称为功分器,是一种将一路输入信号的能量分成两路或多路输出相等或不相等能量的器件。功率分配器的技术指标包括频率范围、承受功率、主路到支路的分配损耗、输入输出间的插入损耗、支路端口间的隔离度、每个端口的电压驻波比等。

(1)频率范围。这是各种射频/微波电路的工作前提,功率分配器的设计结构与工作频率密切相关。

(2)承受功率。在大功率分配器中,电路元件所能承受的最大功率是核心指标。

(3)分配损耗。主路到支路的分配损耗实质上与功率分配器的功率分配比有关。例如,两等分功率分配器的分配损耗是 3dB,四等分功率分配器的分配损耗是 6dB。

(4)插入损耗。输入输出间的插入损耗是由传输线的介质或导体不理想等因素造成的,考虑输入端的驻波比所带来的损耗。

(5)隔离度。支路端口间的隔离度是功率分配器的另一个重要指标。如果从每个支路端口输入功率只能从主路端口输出,而不从其他支路输出,那么就要求支路之间有足够的隔离度。

(6)驻波比。每个端口的电压驻波比越小越好。

5.1.3 驻波

在广播电视天馈线系统中,天线与馈线的阻抗不匹配或天线与发射机的阻抗不匹配,高频能量就会产生反射折回,在馈线上产生电压驻波。描述驻波一般用反射系数、行波系数、驻波比和回波损耗四个参数,四个参数之间有固定的数值关系,使用任何一个参数均可,通常用得较多的是驻波比和回波损耗。

1. 电压驻波比

在入射波和反射波相位相同的地方,电压振幅相加为最大电压振幅 V_{max},形成波腹。在入射波和反射波相位相反的地方,电压振幅相减为最小电压振幅 V_{min},形成波节。其他各点的振幅值介于波腹与波节之间。电压驻波比(Voltage Standing Wave Ratio,VSWR)是驻波波腹处的电压幅值 V_{max} 与波节处的电压幅值 V_{min} 之比,即

$$\text{VSWR} = V_{max}/V_{min}$$

VSWR是射频技术中最常用的参数，用来衡量各工作部件之间的匹配是否良好，是衡量天馈线系统是否高效工作的重要参数。如果VSWR的值等于1，则表示发射传输给天线的电波没有任何反射，全部发射出去，这是最理想的情况。如果VSWR值大于1，则表示有一部分电波被反射回来，电压驻波比越大，表示传输线上所含的驻波成分越多，即反射波越大。

2. VSWR值过高的影响

VSWR的理想值是1，如果VSWR的值过高，不仅会降低发射机系统的工作效率，有时甚至会给发送设备和天线馈电系统带来很大危害。

(1)降低发射效率。VSWR值过高，说明天馈线中反射波的成分多，发射机的输出功率相当一部分被反射回来而没有由天线发射出去，从而降低了发射机的发射效率。

(2)损坏发送设备。VSWR值过高，反射的功率大，易使发送设备产生自激或过载。虽然现代发射机都设计有失谐保护功能和VSWR保护措施，当VSWR过高时会启动设备的保护措施自动降低发射功率，但过高的VSWR仍会损害发送设备。

(3)损坏天馈线系统。当VSWR值很高时，反射波在天线和发射机之间来回反复会丧失一部分能量而转化为热能损耗掉，这一部分热量增加了馈线对热损耗的承受能力，从而产生破坏作用。在特殊的情况下，VSWR值过高会引起高电压在馈线的连接处产生电弧，特别是连接点接触不好和长久失修生锈的地方，电弧若穿过馈线绝缘体的连接处或绞合处，则会降低该处的耐压参数，从而会被将来更低的电弧击穿。过高的VSWR会破坏天馈线系统的技术指标，减少天线系统的使用年限。

5.2　发射天线

地面数字电视天馈线系统中天线将传输线(馈线)送来的导行波能量转换成向空间传播的电磁波能量。天线可以向周围辐射电磁波能量，或均匀地接收来自特定方向空域的电磁波能量。一般天线都具有可逆性，即同一副天线既可用做发射天线，也可用做接收天线。同一天线作为发射或接收的基本特性参数是相同的，这就是天线的互易原理。

5.2.1　发射天线的种类

天线的种类繁多，UHF波段的地面数字电视广播天馈线系统中采用的天线，按结构大致可分为偶极子天线、四偶极子单元板天线阵、缝隙天线等。

1. 偶极子天线

偶极子天线由两根导体组成。两臂长度相等的振子称为对称振子。每臂长度为四分之一波长，即天线总长度为半波长，所以偶极子天线称为半波振子。如图 5-16 所示。

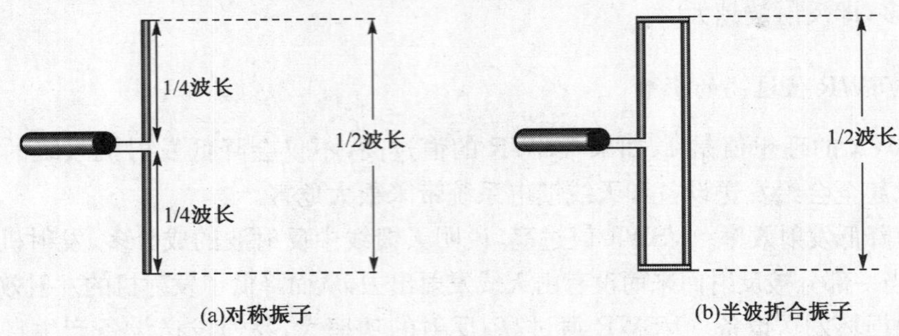

图 5-16　偶极子天线

另外，还有一种异型半波对称振子，可看成将全波对称振子折合成一个窄长的矩形框，并把全波对称振子的两个端点相叠，这个窄长的矩形框称为折合振子。折合振子的长度也是二分之一波长，故称为半波折合振子。偶极子天线的振子可以水平放置，也可垂直放置。垂直放置的半波对称振子，在振子的轴线方向上辐射为零，最大辐射方向在水平面上。

2. 四偶极子单元板天线阵

四偶极子单元板天线由四副等间距排列、并联馈电的“八”字形振子的粗耦极子、平面反射板、玻璃钢天线罩和输入端连接器组成，如图 5-17 所示。其外型和尺寸如图 5-18所示。

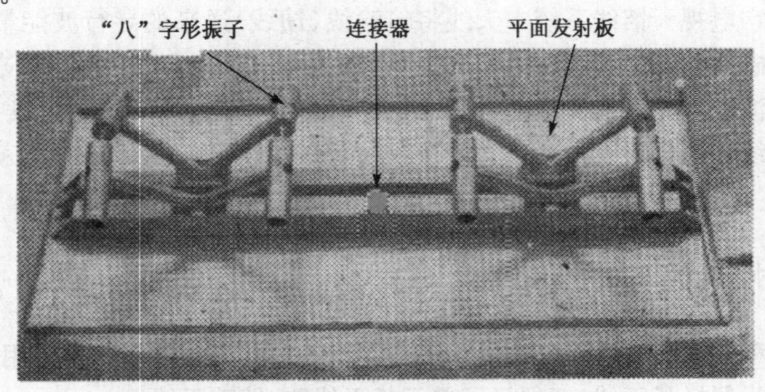

图 5-17　四偶极子单元板天线

"八"字形振子两臂长度大于半个波长，因此"八"字形振子的电流分布不同于直振子。与电流峰值相对应的是零电位点，也就是振子的支撑点。金属支撑圆管与振子臂相垂直，有极化隔离作用，可减少对振子臂的影响。

"八"字形振子的结构与电流分布如图 5-19 所示。"八"字形振子偶极子组成全向偶极子单元板天线，能较好地改善天线辐射方向图不圆度并展宽频带。

图 5-18　四偶极子单元板天线外型与尺寸

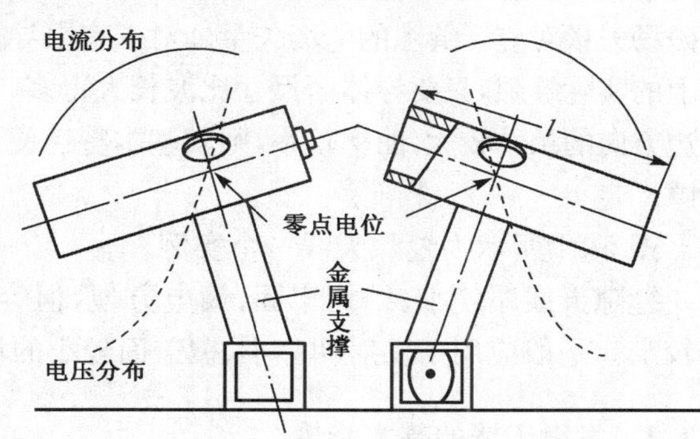

图 5-19　振子结构与电流分布

采用四偶极子单元板天线积木式组成四偶极子单元板天线阵，可以组成不同阵型的天线阵，任意改变天线水平方向辐射场型、天线增益来适应不同服务覆盖区的需要。

通常组成四偶极子单元板天线阵的天线阵型有 1×N(一面 N 层)、2×N(两面 N 层)、3×N(三面 N 层)、4×N(四面 N 层)，N=1,2,4,6,8。也可组成特殊场型的天线阵，如 2×6×2×6 天线阵。

四偶极子单元板天线方便组阵，如图 5-20 所示，可以有效增加天线增益，电视发射主站基本采用四偶极子单元板天线阵。但层数选用不宜太多，因层数增加对天线增益增加值有限，同时对铁塔承重、摆动角度、风负荷等要求较高，使铁塔造价十分昂贵，并且四偶极子单元板天线阵在自身垂直方向辐射零辐射环带，零辐射点半径增加。

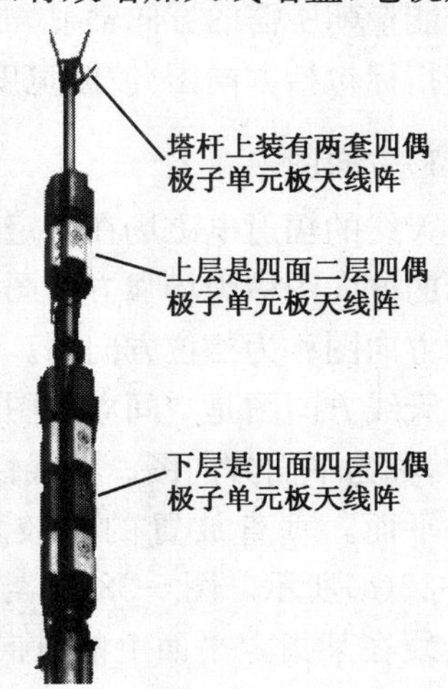

图 5-20　四偶极子单元板天线阵实例

3. 缝隙天线

缝隙天线是在导体面上开缝形成的天线。典型的缝隙形状是长条形的，长度约为半个波长。缝隙可用跨接在其窄边上的传输线馈电，也可由波导或谐振腔馈电。这时，缝隙上激励有射频电磁场，并向空间辐射电磁波。

无限大和无限薄的理想导电平面上的缝隙称为

理想缝隙。理想缝隙上的电场与缝隙的长边垂直，其振幅在缝隙的两端下降为零。这一电场分布与具有相同尺寸振子上的磁场分布(即电流分布)完全一样。根据电磁场的对偶性可知，理想缝隙所辐射的电磁场与振子产生的电磁场具有相同的结构，只是振子的电场矢量对应于缝隙的磁场矢量，振子的磁场矢量对应于缝隙的电场矢量。对于有限导体平面或曲面上的实际缝隙，只要导体面尺寸比波长大得多，特别是缝隙窄边方向的尺寸较大，曲率较小，则其基本特性便近似于理想缝隙。

图 5-21　缝隙天线

图 5-21 所示为缝隙天线一个实例。

缝隙天线厚度小、结构牢固、馈电方便，但容量不高、频带较窄。一般应用于发射功率小、覆盖面较小的场合。

5.2.2　发射天线的基本特性

发射天线的辐射特性直接影响信号的覆盖效果，其主要特性包括天线的方向性、增益、极化、功率容量、驻波比、带宽等。

1. 天线方向性

发射天线的基本功能是把从馈线取得的能量向周围空间辐射出去，同时需要将大部分能量朝所需的方向辐射。因此，天线的方向性是非常重要的特性。天线的方向性主要指标包括方向图、波瓣宽度、前后比等。

1)方向图

天线的辐射电磁场在固定距离上随角坐标分布的图形称为方向图。用辐射场强表示的方向图称为场强方向图，用功率密度表示的方向图称为功率方向图，用相位表示的方向图称为相位方向图。

天线方向图是空间立体图形，但是通常应用的是两个互相垂直的、主平面内的方向图，称为平面方向图。在线性天线中，由于地面影响较大，都采用垂直面和水平面作为主平面。垂直放置的半波对称振子具有平放的“面包圈”形的立体方向图，如图 5-22(a)所示。图 5-22(b)与图 5-22(c)给出了其两个主平面方向图，平面方向图描述天线在某指定平面上的方向性。从图 5-22(b)可以看出，在振子的轴线方向上辐射为零，最大辐射方向在水平面上。从图 5-22(c)可以看出，在水平面上各个方向上的辐射一样大。

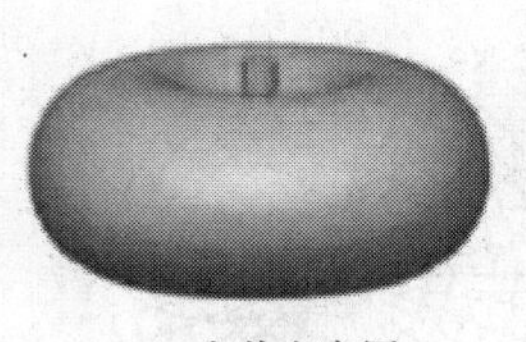

(a) 立体方向图

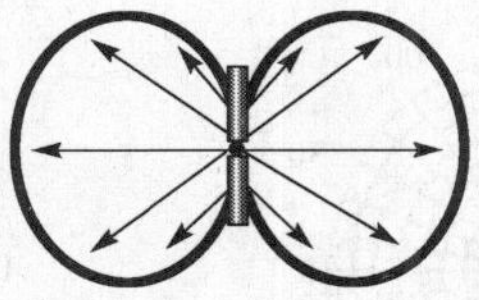

(b) 垂直面方向图

(c) 水平面方向图

图 5-22　半波对称振子方向图

(1)增强天线方向性

若干个对称振子组阵，能够控制辐射，产生“扁平的面包圈”，把信号进一步集中到水平面方向上。图 5-23 所示为 4 个半波对称振子沿垂直线上下排列成一个垂直四元阵时的立体方向图和垂直面方向图。

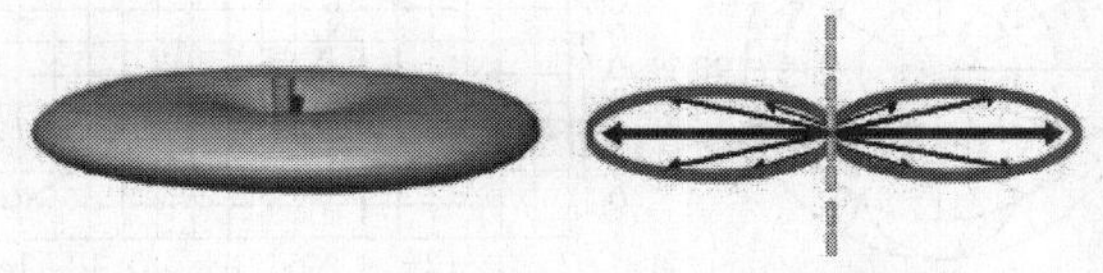

(a)立体方向图　(b)垂直面方向图

图 5-23　4 个半波对称振子组成的方向图

利用反射板可把辐射能控制到单侧方向，如图 5-24 所示，平面反射板放在阵列的一边构成扇形区覆盖天线，增强天线的方向性。抛物反射面的使用更能使天线的辐射像光学中的探照灯那样，把能量集中到一个小立体角内，从而获得很高的增益。抛物面天线的构成包括抛物反射面和放置在抛物面焦点上的辐射源两个基本要素。

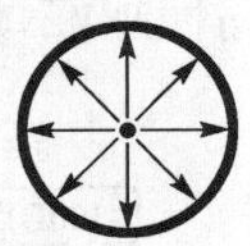

全向阵
(垂直阵列，不带平面反射板)

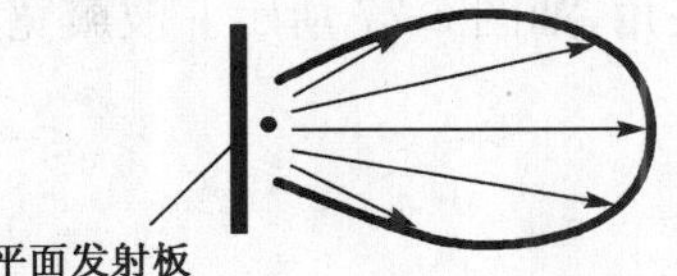

扇形区覆盖
(垂直阵列，带平面反射板)

图 5-24　利用反射板增强方向性

(2)四偶极子单元板天线阵

四偶极子单元板天线阵的水平方向图随天线阵阵型、馈电和安装方式的不同而不同，垂直与水平方向的辐射图随天线阵层数、阵型不同而不同。其单元板场型图如图 5-25 所示，采用馈电斜置安装形式。

四层四面四偶极子单元板天线阵的场型图如图 5-26 所示。

2)波瓣宽度

方向图通常都有两个或多个瓣，其中辐射强度最大的瓣称为主瓣，其余的瓣称为

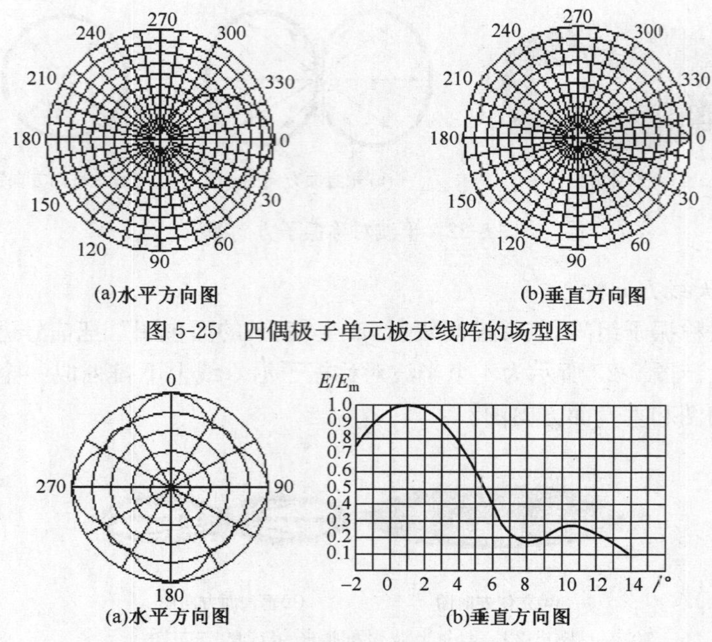

图 5-25　四偶极子单元板天线阵的场型图

图 5-26　四层四面四偶极子天线阵的场型图

副瓣或旁瓣。在主瓣最大辐射方向两侧，辐射强度降低 3dB(功率密度降低一半)的两点间夹角定义为波瓣宽度(又称为波束宽度、主瓣宽度或半功率角)。10dB 波瓣宽度也是被经常考虑的指标，它是方向图中辐射强度降低 10dB(功率密度降至十分之一)的两个点间的夹角，如图 5-27 所示。波瓣宽度越窄，方向性越好，作用距离越远，抗干扰能力越强。

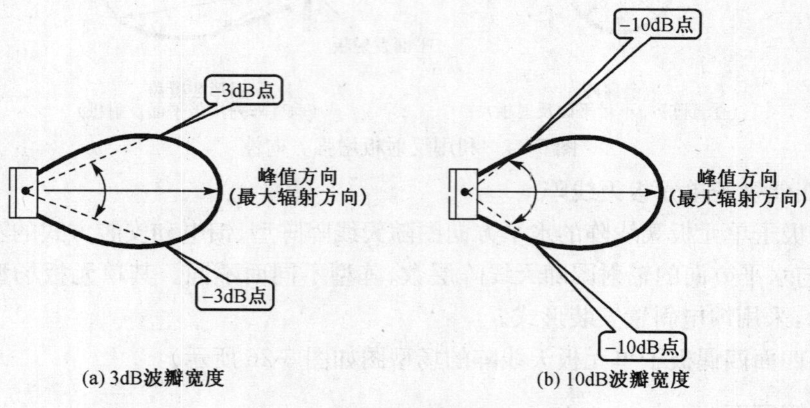

图 5-27　波瓣宽度

3)前后比

图 5-28 所示为定向天线的水平和垂直波瓣图。在天线方向图中,前后瓣最大值之比称为前后比,其典型值为 18～30dB,特殊情况下则要求达到 35～40dB。

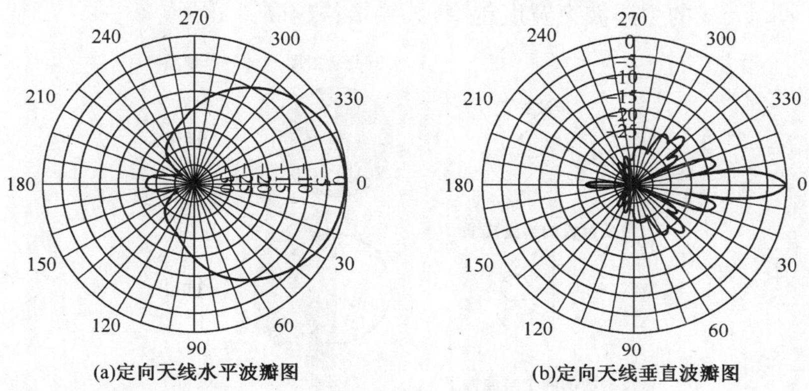

图 5-28　定向天线波瓣图

前后比值越大,天线定向接收性能越好,不易产生越区覆盖。基本半波振子天线的前后比为 1。

2. 增益

天线增益定量地描述一个天线把输入功率集中辐射的程度,定义为在输入功率相等的条件下,实际天线与理想辐射单元在空间同一点处所产生信号的功率密度之比。增益显然与天线方向图有密切的关系,方向图主瓣越窄,副瓣越小,增益越高。

表征天线增益的参数有 dBd 和 dBi 两种。若理想辐射单元为全方向性天线则采用 dBi,若理想辐射单元为半波对称振子天线则采用 dBd。dBd 和 dBi 的转换关系为 0dBd=2.14dBi,如图 5-29 所示。

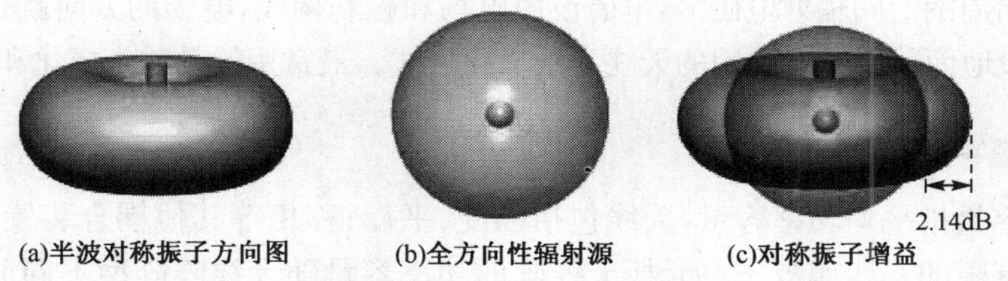

图 5-29　dBd 与 dBi 的关系

如果用理想的无方向性点源作为发射天线,需要 100W 的输入功率,而用增益为 13dB(20 倍)的某定向天线作为发射天线时,输入功率只需 100/20=5W。换言之,某天线的增益就其最大辐射方向上的辐射效果来说，与无方向性的理想点源相比，是把输入功率放大的倍数。

增益提高主要依靠减小垂直波瓣宽度，而在水平面上保持全向的辐射性能，如图 5-30所示。天线的主瓣波束宽度越窄，天线增益越高。

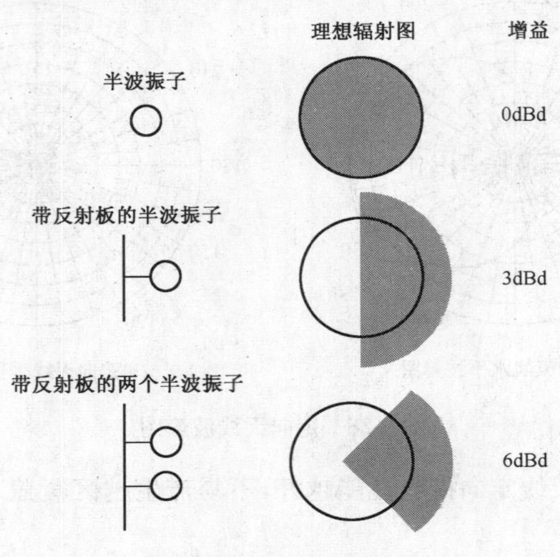

图 5-30 板状天线增益

对于一般天线，可用下式估算其增益，即

$$G(\text{dBi}) = 10\lg\left(\frac{32000}{2\theta_{3\text{dB},X} \times 2\theta_{3\text{dB},Y}}\right)$$

式中：$2\theta_{3\text{dB},X}$与 $2\theta_{3\text{dB},Y}$分别为天线在水平和垂直方向的半功率波瓣宽度，32000 是统计出来的经验数据。

3. 极化

天线向周围空间辐射电磁波，电磁波由电场和磁场构成，电场的方向就是天线极化方向。一般地面数字电视使用的天线为线极化方式。最常用的是垂直极化和水平极化。

4. 功率容量

功率容量指平均功率容量，天线包括匹配、平衡、移相等其他耦合装置，其所承受的功率是有限的。四偶极子单元板天线阵的功率容量随天线阵阵型不同而不同。其功率容量有 50～200W、1～5kW、3～20kW、10～30kW 等功率等级。

5. 驻波比

天线输入端信号电压与信号电流之比，称为天线的输入阻抗。输入阻抗具有电阻

分量 R_{in} 和电抗分量 X_{in}，即 $Z_{in}=R_{in}+jX_{in}$。电抗分量的存在会减少天线从馈线对信号功率的提取，因此，应使电抗分量尽可能为零，也就是应尽可能使天线的输入阻抗为纯电阻。事实上，即使是设计、调试得很好的天线，其输入阻抗中总还是会含有小的电抗分量。

对于任一天线总可通过天线阻抗调试，在要求的工作频率范围内，使输入阻抗的虚部很小且实部接近 50Ω，从而使得天线的输入阻抗为 50Ω。这是天线能与馈线处于良好的阻抗匹配所必需的。

当天线输入阻抗与馈线特性阻抗不匹配时，产生的反射波和入射波在馈线上叠加形成驻波，其相邻电压最大值和最小值之比就是电压驻波比。电压驻波比过大，将缩短通信距离，而且反射功率将返回发射机功率放大部分，容易烧坏功率放大管，影响通信系统正常工作。

6. 带宽

天线具有频率选择性，只能在预先设定的工作频率范围内有效工作，带宽是用来描述天线处于良好工作状态下的频率范围。

天线的频带宽度有两种不同的定义。一种指在驻波比(SWR)不大于 1.5 的条件下，天线的工作频带宽度。一种是指天线增益下降 3dB 范围内的频带宽度。

一般来说，在工作频带宽度内的各个频率点上，天线性能稍有差异，但这种差异造成的性能下降是可以接受的。

5.2.3　发射天线的安装

1. 四偶极子单元板天线阵的安装

采用偶极子天线(单元板)积木式组成四偶极子单元板天线阵，可以根据不同服务覆盖区的需要任意组阵，使天线方向辐射图适应特殊地域，发射信号能量得到充分利用。

对于四偶极子单元板天线阵水平方向辐射的合成一般采用等幅同相馈电和 90°相位差馈电两种馈电形式。

常用的等幅同相馈电正置安装形式如图 5-31 所示。90°相位差馈电偏置安装形式如图 5-32 所示。90°相位差馈电斜置安装形式如图 5-33 所示。

1)主瓣波束下倾与零点填充

四偶极子单元板天线阵垂直方向辐射随着天线单元板层数增加，主瓣 3dB 束宽变窄，天线增益提高，同时垂直方向副瓣增多。根据天线技术性能，在半功率角内，天线增益下降缓慢；超过半功率角后，天线增益(特别是上波瓣)迅速下降，形成零辐射，发射零辐射将在近场区形成一圈一圈零辐射环带，如图 5-34 所示。

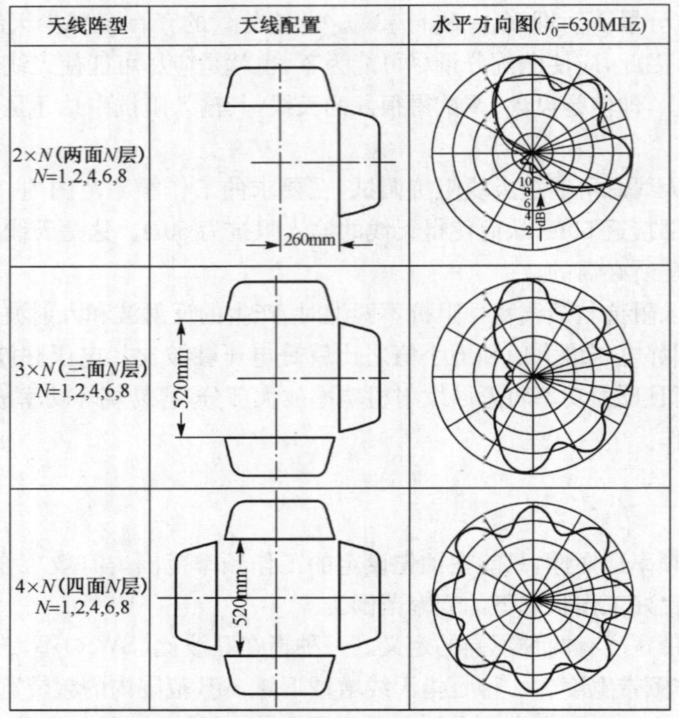

图 5-31　等幅同相馈电正置安装形式与水平方向图

由图 5-34 可知，四偶极子单元板天线阵零辐射环带半径由零辐射角(Q_N)和天线有效高度(H_T)确定，随着天线单元板层数(N)增大和铁塔高度增加而加大。安装四偶极子单元板天线阵时，需要采取措施改善天线垂直方向辐射具有的副瓣多、零辐射角多，造成零辐射环带区域影响的缺陷。

2)主瓣波束下倾

当电视、调频发射天线的主向与水平线为同一方向时，由于垂直面方向图的对称性，一半有效辐射功率因朝着水平线以上的方向发射而得不到利用。为使尽可能多的有效辐射功率分布于服务区，同时又不过多地降低发射天线的增益，应将发射天线主瓣往下倾斜一个适当的角度。

解决垂直方向主波束下倾主要有机械下倾和电气下倾两种方法。四偶极子单元板天线阵多层单元板是等幅同相馈电、等间距排列，可使最上面一层或一、二层天线单元板下倾一个角度，这样使主瓣波束下倾，同时可填充影响最大的第一、第二零辐射点，并对旁瓣、增益无影响。下倾角可根据无线电波传播环境、服务覆盖区的需要，在安装四偶极子单元板天线阵时现场调节。四偶极子单元板天线阵根据需要，各方位的天线层可以在安装现场进行相同或不同下倾角的调节。

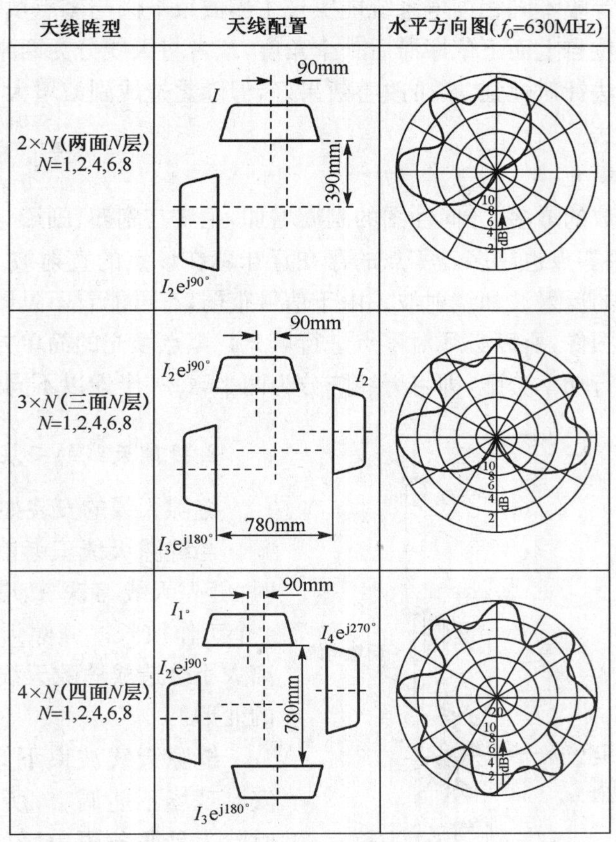

图 5-32　90°相位差馈电偏置安装形式与水平方向图

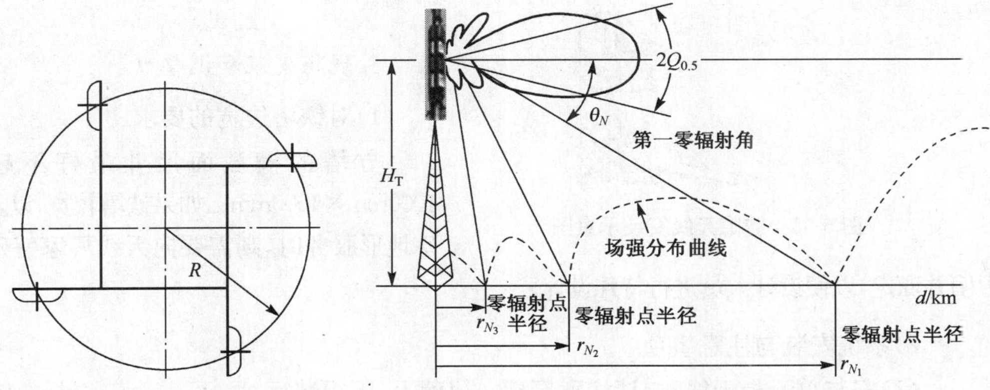

图 5-33　90°相位差馈电斜置安装形式

图 5-34　零辐射角 Q_N 与零辐射环带

电气上采用等幅不同相馈电系统能实现主瓣波束下倾与零点填充。例如，将辐射单元中电流的相位自上而下依序滞后一个角度，或者将天线分为两半的电流相位滞后下倾。电气下倾法针对性强，窄带改善效果好，但随之造成副瓣增大，增益降低。不适合普遍使用此方法。

3)第一零点填充

随着天线层数的增多，方向性图的副瓣增加，主瓣与副瓣、副瓣与副瓣之间存在零点，天线层数越多零点也越多。零点的存在意味着在该点的直射波为零，能接收的只是来自其他地方的反射波和绕射波。由于信号很弱，有可能看不见图像或者能看见的是有很多重影的图像，所以必须对零点进行填充。零点填充的简单方法是在每列中的辐射单元之间实行功率分配，即将天线阵分为两半，每一半馈以不同的功率。

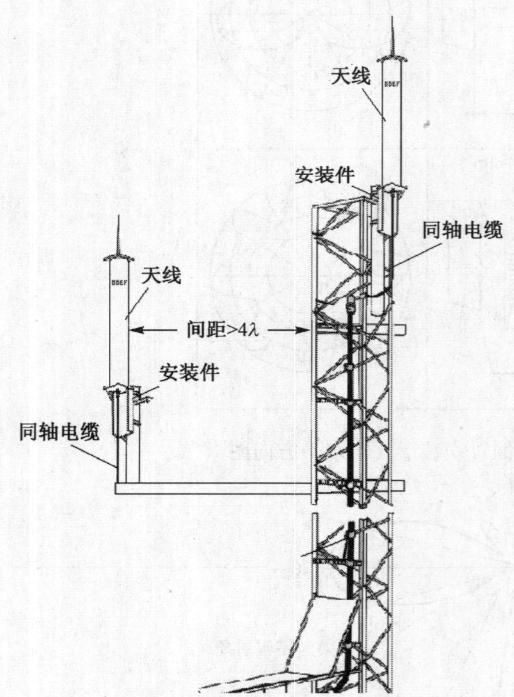

图 5-35　缝隙天线安装示意图

2. 缝隙天线的安装

缝隙天线的安装如图 5-35 所示。

当缝隙天线安装在铁塔、塔杆侧边时，缝隙天线与铁塔、塔杆之间距离大于 4 个工作波长。缝隙天线与塔杆之间距离太小会造成缝隙天线辐射场型有很大的变形。

缝隙天线波束下倾角为 0.5°～1°，安装现场不能调节，所以缝隙天线安装时除满足服务覆盖区的需要外，还要兼顾减少零辐射环带区域内对接收信号的影响。

3. 现场安装和调整

1)对铁塔边宽的要求

方塔的横截面尺寸最好不超过 1000mm×1000mm。如果铁塔较宽，以及特殊地形服务时，则需要向天线厂家特殊说明并商定，以便设计人员进行特殊设计。

2)系统安装与注意事项

(1)安装单元板天线时，请注意厂标一律朝上，不得装反。

(2)单元板天线层与层之间的间隙在 150～200mm 之间。

(3)最下层单元板与平台围栏的距离不得小于2000mm。

(4)最上层单元板与其他频道天线及障碍物的距离不得小于1500mm。

(5)天线安装尺寸与偏置尺寸要根据铁塔实际宽度及使用频道而定。

(6)分馈线分为A、B、C、D四组，每组电缆按顺时针或逆时针顺序安装(特殊地形服务除外)。

(7)根据系统覆盖区域的需要，上层四块单元板天线可向地面倾斜0°～8°。

(8)功率分配器可根据铁塔情况放在天馈线系统的中部或下部。

(9)吊装主馈电缆时，切忌只将绳索固定在电缆头或电缆某一处，而应将电缆每隔2.5m用馈管专用卡具固定，以防电缆损坏。

(10)装接主馈电缆时，电缆弯曲半径不得小于主馈电缆特性弯曲半径。

(11)法兰连接时，应注意螺钉均匀旋紧。

(12)所有部件连接好，经测试达到要求后，用密封胶将系统中各连接处封好。

5.3　天馈线系统的技术指标

参照中华人民共和国广播电影电视行业标准《电视和调频广播发射天线馈线系统技术指标》(GB/T 5051—1994)，本节介绍电视天馈线系统的技术指标和测试。

1. 技术指标

1)驻波比

电视天馈线系统在工作频道内的驻波比应不大于表5-4中的数值。

表5-4　电视天馈线系统在工作频道内的驻波比

序号	项　目	等　级		
		甲	乙	丙
1	在天馈线系统输入端(不含主馈线)	1.07	1.10	1.15
2	在天馈线系统输入	1.10	1.15	1.2

表中驻波比数值是指工作频道带宽内的数值。主馈电缆在VHF、UHF电视频道的实际工作频道内驻波比应不大于1.06。

2)圆度

圆度指天线水平方向图的圆度。在水平面全向辐射天线的水平方向图中，电场强度的最大峰值E_p与最小谷值E_v的比值，取分贝数的一半为该方向图的圆度，用符号C表示为

$$C = \pm 10\lg \frac{E_p}{E_v}$$

各种功率的电视广播水平面全向辐射天线，其圆度根据频率规划要求、服务范围和天线支持物结构截面尺寸等因素在设计时确定，但应不劣于±3dB。

3)波束下倾角

电视单频道天线系统在垂直面方向的尺寸大于或等于三个波长，应进行波束下倾。波束下倾角宜采用下式计算

$$\theta = (1.5 \sim 2)\theta_H$$

$$\theta_H \approx 0.0278\sqrt{H_T}$$

式中：θ 为波束下倾角，H_T 为发射天线中心对应于服务区的相对高度。特殊情况下波束是否下倾以及波束下倾角由服务要求决定。

4)零点填充

零点效果由零点填充量衡量，零点填充量为

$$\text{零点填充量} = \frac{E_0}{E_{max}} \times 100\%$$

式中：E_0 为垂直方向图零点填充后的电场强度；E_{max} 为在同一垂直面方向图的电场最大值。

天线系统在垂直面方向的尺寸大于或等于三个波长，天线中心高度 H_T 在 100m 以上时，垂直面方向图的第一、第二零点宜采用零点填充。零点填充量在 5%～20%。特殊情况可根据服务要求决定是否需要零点填充及其填充量。

5)主馈电缆的驻波比及损耗

主馈电缆在 VHF、UHF 电视频道的实际工作频道内驻波比应不大于 1.06，主馈电缆在电视工作频道或调频广播工作频带内的损耗不应大于 2.5dB。

6)天馈线系统的直流电阻

天馈线系统的直流电阻是检验系统各连接点是否接触良好的指标之一，当主馈电缆长度不大于 100m 时，在天馈线系统输入端实测的直流电阻值应满足表 5-5 中的要求。当主馈电缆长于 100m 时，实测直流电阻值应小于表 5-5 中的数值与主馈电缆加长部分的理论电阻之和。

表 5-5　天馈线系统直流电阻

项　目	电视单频道或调频广播单频发射机的标称功率/kW	
	≥10	<10
直流电阻/Ω	0.1	0.15

7)天馈线系统的气密性

在发射机房天馈线系统的主馈电缆(不含实芯绝缘电缆)输入端充入 30kPa 气压的干燥空气或氮气,24 小时后气压下降数应小于 5kPa。

8)天线增益

天线增益应根据电视广播覆盖网的规划及各台的具体服务要求确定。

9)绝缘电阻

天馈线系统在无短路点的情况下,应在机房端测量天馈线系统绝缘电阻。有短路点时应去掉短路部件后测量,并应分段测量各部分的绝缘电阻。主馈电缆、功率分配器(在无短路点情况下)、分馈电缆等各分项绝缘电阻值应不小于 500MΩ。天线单元(在无短路的情况下)的绝缘电阻应不小于 50MΩ。

2. 指标的测量与计算

(1)驻波比的指标为实测值。

(2)天线方向图、波束下倾角和零点填充等指标,在有特殊要求并具备条件的情况下可进行场地实测。可采用天线单元或天线模型实测方向图,按设计中给定的或实测的各天线单元的馈电幅度及相位等参数计算数值。

(3)主馈电缆损耗可用计算值。

(4)直流电阻、气压下降值指标均为实测值。

(5)各绝缘电阻值指标均为实测值,但使用的兆欧表的电压值应根据发射机功率大小确定。发射机功率不小于 1kW 时,应用 2500V 兆欧表测量。其他功率等级用 1000V 兆欧表测量。

5.4　常见故障与维护方法

天馈线系统的常见故障有进水、短路(开路)、打火、电压驻波比过大等。本节结合实际故障案例,分析其原因和维护方法。

1. 天馈线系统的进水故障

进水是天馈线系统最常见的故障,导致全固态发射机雨后工作不稳定,输出功率下降,有时会烧毁假负载。可能进水的部位有功率分配器、分馈线接头、主馈管、发射天线等。主要原因是接头、馈电点密封胶老化、密封不严或有地方迸裂。

故障实例:UHF 3kW 全固态发射机,工作不稳定,输出功率低。该机有一段时间工作不稳定，经常烧毁功率放大管，修复几天后又出现故障。更为奇怪的是，有时第 1 个功率放大盒过载保护，第 2 个功率放大盒工作正常。但重新开机后，变为第 1 个功率放大盒工作正常、第 2 个功率放大盒过载保护。一直没有查清根本原因。有一次下雨后，功率特别低，经检查有两只功率放大管击穿，最后一级 3dB 功率合成器的吸收电阻(50Ω)开路。考虑到是天馈线出现故障。用充气机对主馈管充气，发现有漏气现象。最后查出是主馈管接功率分配器端的充气孔漏气进水，主馈管中间积水短路，使反射功率过大，造成机器工作不稳定。排出管中积水并充气密封后，故障排除。

防止天馈线系统进水可采取以下措施：

(1)用充气机经常对主馈线充气，观察气压情况；

(2)用适当大的铁皮桶，将功率分配器及其上面的分馈线接头罩起来；

(3)坚持每年春、秋两次上塔排查维护，及时对密封点补胶密封。

2. 天馈线系统的短路/开路故障

短路故障一般是进水造成的，开路故障一般是短路后发热烧坏的，但也有其他情况。比如分馈线老化或过细、馈线弯曲度过大、接头进异物等，都有可能引起天馈的短路和开路现象。

故障实例：某台覆盖半径小。该台 5kW 发射机，塔高 120m，天线中心高度 110m，在东、南、西 3 个方向覆盖半径约 35km，北面只有 10km。按理论计算其各方向覆盖半径应为 44～46km。测试天馈线驻波比在 1.2 以下，给主馈管充气，无漏气现象。上塔检查无进水现象。拆下北面 4 块天线的分馈线检查，发现有 2 根短路、1 根开路。分析原因是由于功分器上面罩铁桶防雨，致使分馈线与功率分配器接头处弯曲度过大。该台发射机原功率为 1kW，后扩大为 5kW，只更换了阻抗变换器及功分器，未更换分馈线和天线。天线每块功率容量为 2kW，没有问题。但分馈线长期超负荷工作，造成该 3 根分馈线在弯曲大的地方短路和开路。处理方法是将天线所有分馈线拆下，截去相同长度的一小段，重新安装密封后，各个方向覆盖半径达到 45km 以上，故障排除。

防止天馈线系统短路/开路可采取以下措施：

(1)天馈系统各部分应有足够的功率冗余；

(2)分馈线的弯曲度应符合有关标准，不能随意扎捆。

3. 天馈线系统的打火故障

打火故障主要反映在画面上，轻微时满屏闪烁横细明帘子，严重时闪烁横宽明条。打火一般由两种原因引起。一是分馈线、天线老化或进入异物，造成绝缘程度降低，导致击穿打火。二是接头处接触不良，造成打火。在实际工作中，以接触不良引起的打火故障较多。

故障实例：一全固态发射机画面出现高压打火状的横白条拉丝，有时轻、有时重，开机时间越长越严重。用备机发射现象仍存在，用假负载发射，故障消失。判断故障在天馈线系统。用摇表测量主馈线无短路现象，应该是接触不良类打火。上塔检修，发现部分分馈线与功率分配器接触不良，拆下分馈器接头，内有打火痕迹。逐个锁紧后，故障现象消失。

防止天馈系统打火可采取以下措施：

(1)天馈线线夹要定期检查，天馈线的扎捆要牢固可靠；

(2)注意区分机器故障与天线故障。

4. 天馈线系统驻波比过大

上述的各种原因都能引起驻波比过大故障。关键是如何通过测量驻波比区别出是哪类故障，查出故障点的位置。表5-6列出了常见驻波比过大的故障现象及处理办法。

表5-6　驻波比过大故障及处理办法

故　障	处理办法
安装后天线系统驻波比大	检查天线系统各接口是否接触良好，如果接触不良，处理之后重新连接。 在塔上测试天线的驻波比，如果驻波比大，将天线卸到地面重新调试
使用一段时间后驻波比变大	检查天线系统各接口的密封情况，如发现漏水，需要处理干净后重新密封。 检查天线系统各接口是否接触良好，如果接触不良，处理之后重新连接
驻波比突然变得非常大甚至无法正常发射	检查天线系统是否开路(本天线为短路天线)，如果发现开路，则需要及时处理。 检查主馈线是否断路

第 6 章　补点发射机

无线信号会受到地理环境或人工建筑的遮挡，由发射主站组成的地面数字电视广播网络一般不能完全覆盖设计区域，存在各种各样的信号盲区。随着数字电视地面广播业务的开展和普及，需要一种可靠的、经济的设备来实现信号盲区补点，完善地面数字电视广播网络的信号覆盖。数字电视地面广播补点发射机是数字电视地面广播提高覆盖率的有效解决方案之一。本章将介绍补点发射机的原理、应用和安装方法等。

6.1　补点发射机的基本原理

补点发射机又称为转发器或补点器，国外常称之为 gap filler（同频转发器/补点器）、transposer（差转机）、repeater（中继器/直放站）。

数字电视补点发射机是一种将数字电视无线信号中继、放大、转发的设备，在数字电视传输过程中起到了信号增强的作用。它能扩大已建数字电视网络的覆盖范围，改善覆盖质量，是解决盲区、边远地区无线覆盖最经济有效的手段。

数字电视补点发射机主要通过施主天线从现有的覆盖区域中接收信号，经滤波、放大等处理后再通过重发天线发射到待覆盖区域，从而达到扩大信号覆盖范围的目的。

6.1.1　补点发射机的分类

从转发设备对信号的处理方式上看，转发设备可分为变频型、直放型和回波抑制型。变频型又可分为同频转发设备和异频转发设备，直放型又可分为单频道直放站和多频道宽带直放站。

1)直放型

补点发射机的接收和发射频率与主发射台的发射频率相同，适用于信号收、发天线的隔离较容易实现的地点使用。对于数字电视广播单频网补点，常常选择直放型转发设备，因为直放型转发设备对信号的转发时延最小（一般小于 5μs），转发信号与主信号保持绝对同频，可以满足数字电视单频网对时延和同步的要求。

2)变频型

补点发射机的接收和发射频率与主发射台的发射频率不同，适用于信号收、发天线的隔离较难实现的地点使用。不适合用于单频网盲区补点，这种补点发射机的造价偏高，实际应用较少。

3）回波抑制型

如果直放型补点发射机的信号收、发天线隔离不理想，那么接收天线接收并放大补点发射机的发射信号，将影响覆盖区域的信号质量，严重时造成补点设备自激，甚至损坏设备。因此，直放型补点发射机的增益一般不宜过大。随着数字处理技术的进步，回波抑制技术已在转发设备中广泛应用。

通过信道估计反映耦合信道的特征，自适应滤波器估计出回波信号，与真实回波信号对消，对滤波器的系数进行实时更新确保输出信号达到最优。在没有回波抑制功能之前，一般要求收、发天线的隔离度比转发设备的增益至少高 15dB 以上。而引入回波抑制功能之后，可以在收、发天线隔离度比转发设备增益低 10～15dB 的情况下正常工作而不产生自激，收、发天线甚至可以安装在一起，使用非常方便，扩展了应用环境。

6.1.2 直放型补点发射机

直放型补点发射机设备由带通滤波器、低噪声放大器、高增益射频自动增益控制(Automatic Gain Control，AGC)放大器、前级功率放大器、末级功率放大器、静噪控制、整机监测、供电、接收天线、发射天线等单元组成，如图 6-1 所示。

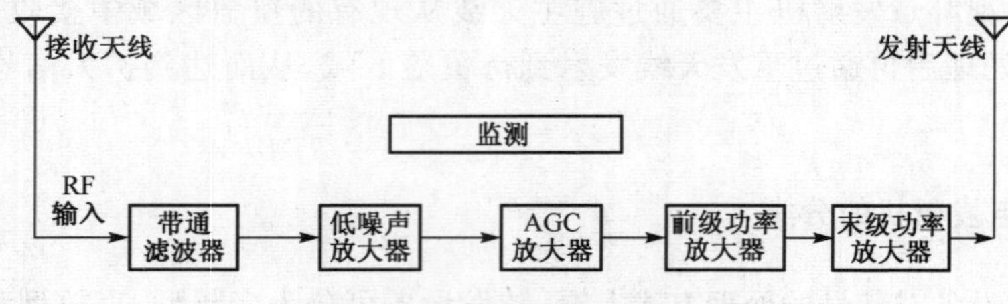

图 6-1 直放型补点发射机结构框图

模块功能如下。

(1)带通滤波器：对输入信号进行滤波，去除不必要的带外噪声和干扰。

(2)低噪放声大器：用于将空间微弱的电波信号进行低噪声放大，提高信号幅度，保证发射信号功率覆盖区信号的质量。

(3)AGC 放大器：用于实现自动增益控制，为空间信号衰落提供增益储备，保证输出电平稳定。

(4)前级功率放大器：用于将信号放大，满足末级功率放大器信号输入电平要求。

(5)末级功率放大器：用于将输出信号放大，在保证线性要求的条件下放大至系统所需的信号功率。

(6)静噪控制:用于对输入信号的监测,当无输入信号或输入信号太小时将功率放大器关掉,避免噪声被高增益射频 AGC 放大器放大而冲击末级功率放大器,保护末级功率放大器模块。

(7)整机监测模块:用于对整机信号监测和控制,并提供必要接口供远程监控使用。

(8)电源:为补点发射机各模块提供符合电压、功率、质量要求的电源。

直放型补点发射机对信号的滤波、放大处理都是在射频部分进行的,其频谱应有较好的平坦度,要求直放型补点发射机能对带内信号均匀地放大,也意味着直放型补点发射机的功率放大单元必须有很好的线性指标,这样才能避免带内外杂散过高,保证较好的转发效果。

6.1.3 变频型补点发射机

变频型补点发射机由带通滤波器、低噪声放大器、本振、下变频器、中频带通滤波器、中频 AGC 放大器、上变频器、前级功率放大器、末级功率放大器、静噪控制、整机监测、供电、接收天线、发射天线等单元组成,如图 6-2 所示。

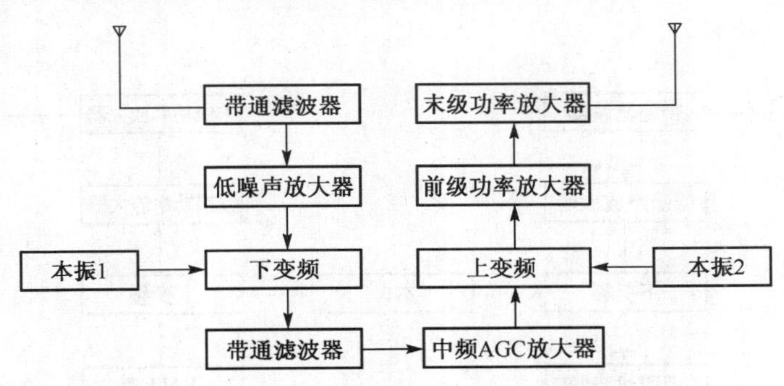

图 6-2 变频型补点发射机结构框图

模块功能如下。

(1)带通滤波器:对输入、输出信号进行滤波,去除不必要的带外噪声和干扰。

(2)低噪声放大器:用于将空间微弱的电波信号进行低噪声放大,提高信号幅度。

(3)本振、下变频器、上变频器:用于实现射频到中频和中频到射频的信号变换。

(4)中频带通滤波器:对下变频器输出的中频信号进行滤波。

(5)中频 AGC 放大器:用于实现自动增益控制,为空间信号衰落提供增益储备,保证输出电平稳定。

(6)前级功率放大器:用于将信号放大,满足末级功率放大器信号输入电平的要求。

(7)末级功率放大器:用于将输出信号放大,在保证线性要求的条件下放大至系统所需的信号功率。

(8)静噪控制:用于对输入信号的监测,当无输入信号或输入信号太小时将链路放大器关掉,避免噪声被 AGC 放大器放大而冲击末级功率放大器,保护末级功率放大器模块。

(9)整机监测:用于对整机信号监测和控制,并提供必要接口供远程监控使用。

(10)电源:为补点发射机各模块提供符合电压、功率、质量要求的电源。

变频型补点发射机不仅要在射频部分对信号进行滤波、放大处理,更需要有中频模拟处理和捷变频高相位噪声本振源技术。对于捷变频高相位噪声本振模块,要求进行二次变频后,不能明显影响调制误差率。

6.1.4 带回波抑制型发射机

带回波抑制型发射机由带通滤波器、低噪声放大器、本振、下变频器、中频带通滤波器、中频 AGC 放大器、A/D 转换、具有回波抑制功能的数字处理器、D/A 转换、上变频器、前级功率放大器、末级功率放大器、静噪控制、整机监测、供电、接收天线、发射天线等单元组成,如图 6-3 所示。

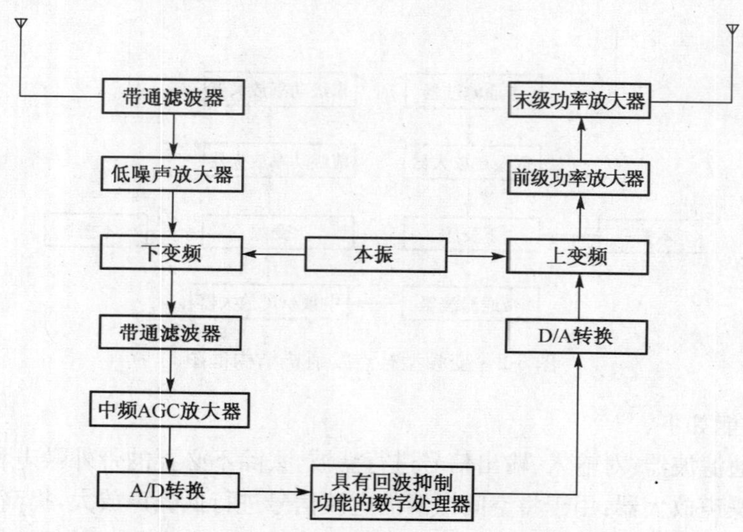

图 6-3 带回波抑制型发射机结构框图

回波抑制原理框图如图 6-4 所示。

模块功能如下。

(1)带通滤波器:对输入、输出信号进行滤波,去除不必要的带外噪声和干扰。

(2)低噪声放大器:用于将空间微弱的电波信号进行低噪声放大,提高信号幅度。

(3)本振、下变频器、上变频器:用于实现射频到中频和中频到射频的信号变换。

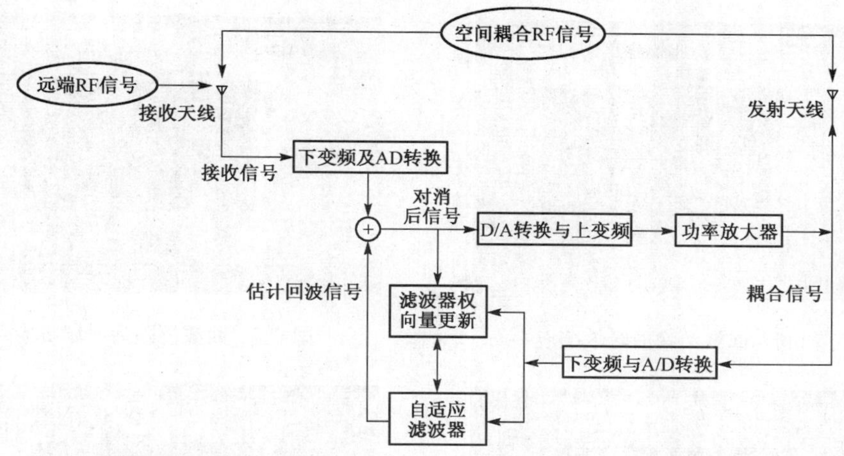

图 6-4　回波抑制原理框图

(4)中频带通滤波器：对下变频器输出的中频信号进行滤波。

(5)中频 AGC 放大器：用于实现自动增益控制，为空间信号衰落提供增益储备。保证输出电平稳定。

(6)前级功率放大器：用于将信号放大，满足末级功率放大器信号输入电平的要求。

(7)末级功率放大器：用于将输出信号放大，在保证线性要求的条件下放大至系统所需的信号功率。

(8)静噪控制：用于对输入信号的监测，当无输入信号或输入信号太小时将链路放大器关掉，避免噪声被 AGC 放大器放大而冲击末级功率放大器，保护末级功率放大器模块。

(9)A/D 转换、D/A 转换：用于实现模拟信号到数字基带信号和数字基带信号到模拟信号的信号变换。

(10)具有回波抑制功能的数字处理器：对数字基带信号进行处理，用以实现回波抑制功能、非线性校正、线性校正功能等。

(11)整机监测模块：用于对整机信号监测和控制，并提供必要接口供远程监控使用。

(12)电源：为补点发射机各模块提供符合电压、功率、质量要求的电源。

按图 6-5 所示搭建试验环境，对比回波消除前和回波消除后时域、频域响应情形，如图 6-6～图 6-9 所示。从图中可以看出，回波抵消技术能显著地改善输出信号的信噪比。

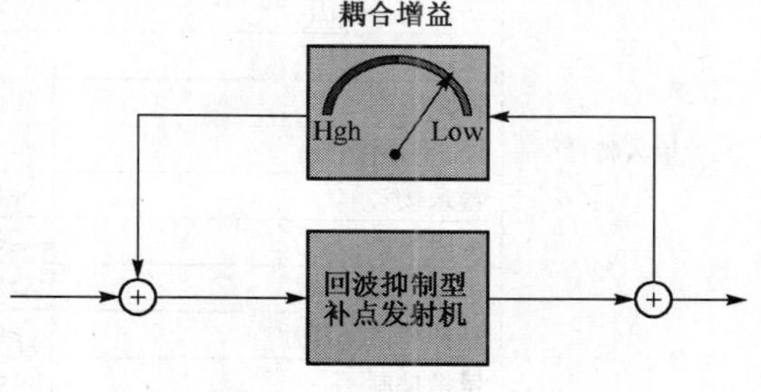

图 6-5　回波消除试验框图

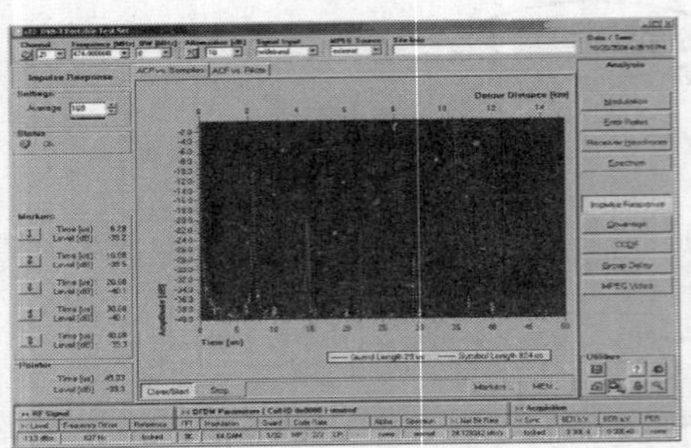

图 6-6　回波消除前时域响应

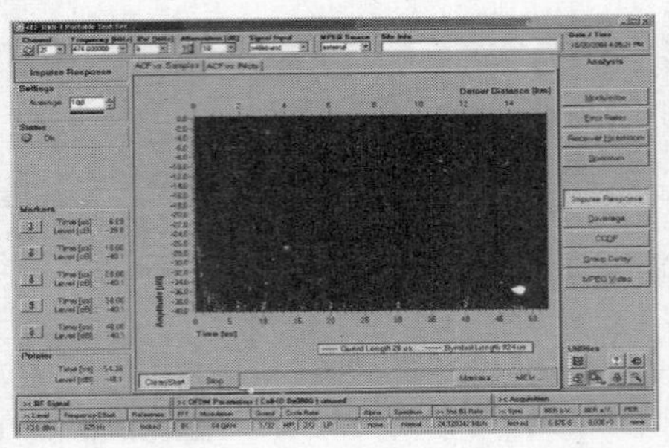

图 6-7　回波消除后时域响应

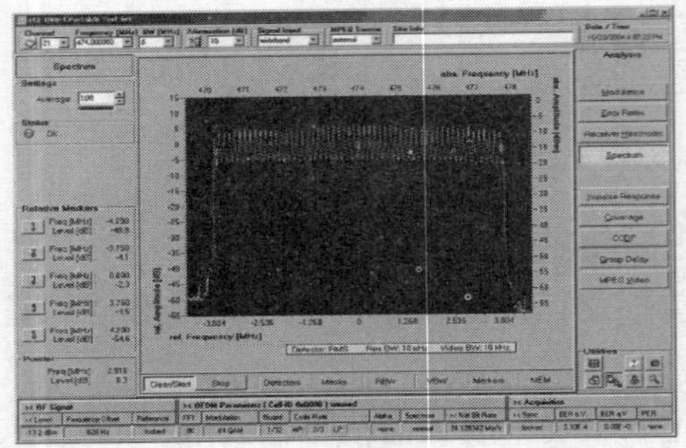

图 6-8　回波消除前频域响应

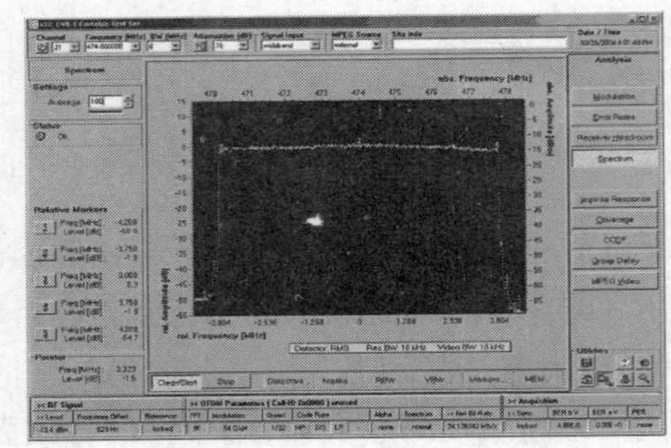

图 6-9　回波消除后频域响应

6.1.5　补点发射机的技术参数

常规的补点发射机的技术性能参数如表 6-1 所示。

表 6-1

分　类	项　目	技术指标
输入特性	频率范围	470～866MHz
	频道带宽	8 MHz
	输入电平范围	－72～－45dBm
	额定输入电平	－57dBm
	输入阻抗	50Ω
	输入反射损耗	≤－12 dB
	输入接头	N 型座
	噪声系数	≤8dB
	AGC 范围	≥20dB
	相邻频道选择性	≥60 dB
	镜像抑制	≥65 dB

续表

分　类	项　目	技术指标
输出特性	频率范围	470～866MHz
	输出阻抗	50Ω
	输出反射损耗	≤－14dB
	输出连接	N 型座
	输出功率	1～100W(RMS)
	频谱特性	带肩比(IMD)≤－38dB(±4.2MHz)
	输出功率稳定度	±0.5dB
	寄生输出抑制比	≥50dBc
	调制误差率(MER)	≥32dB
变频型本振	相位噪声	@1KHz,≤－85dBc/Hz @10KHz,≤－95dBc/Hz @100KHz,≤－110dBc/Hz
室内型机环境	环境温度	0～45℃
	最大湿度	95%
	大气压力	86～106kPa
	供电方式	电压:单相,230V±10% 频率:50 Hz±2Hz
室外型机环境	环境温度	－20～55℃
	防护等级	IP55
	最大湿度	95%
	大气压力	86～106kPa
	供电方式	电压:单相,230V±10% 频率:50Hz±2Hz

6.2　补点发射机的应用

地面数字电视广播网络主要由发射站大功率发射、大面积覆盖,存在发射站覆盖不到的区域,或者覆盖区域内因物体遮挡等原因形成信号盲区,通过补点发射机可以将信号传送到需要覆盖的信号盲区,如图 6-10 所示。

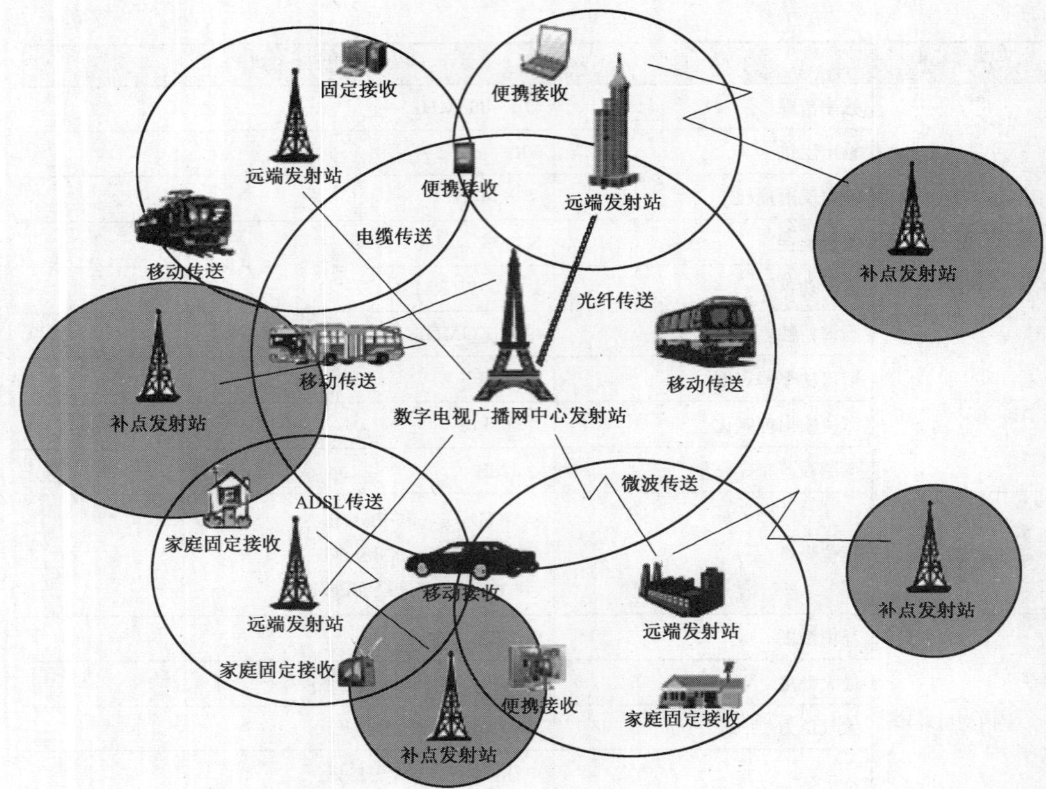

图 6-10　地面数字电视广播组网示意图

6.2.1　补点发射机应用场合

补点发射机主要用于以下场合：①数字电视地面广播覆盖中盲区的补盖；②城市高大建筑物内外遮挡阴影的覆盖；③大型写字楼、高层酒店、大型商场、体育场馆、展会场馆的覆盖；④地铁及地下建筑物内的覆盖；⑤边远山区、公路/铁路、隧道、机场、旅游风景区、乡镇及高速公路的覆盖。

6.2.2　数字电视网中常见的应用案例

(1)方案一：地下和建筑物内的覆盖。

此方案通常采用小功率补点发射机，如图 6-11 所示。

(2)方案二：城市内高大建筑物内外遮挡阴影的覆盖。

此方案通常采用小功率补点发射机。如图 6-12 所示。

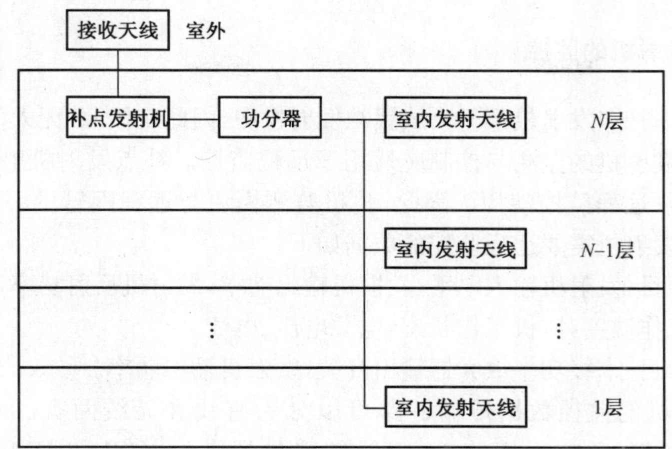

图 6-11　地下和建筑物内的覆盖示意图

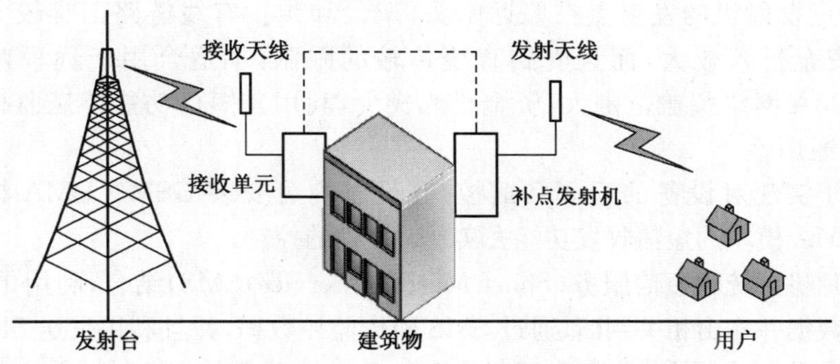

图 6-12　高大建筑物内外遮挡阴影的覆盖示意图

(3)方案三:边远山区的覆盖。

此方案通常采用大功率补点发射机,如图 6-13 所示。

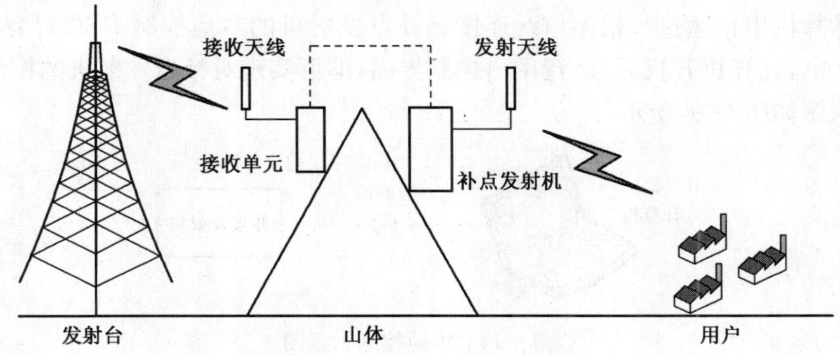

图 6-13　边远山区的覆盖示意图

6.2.3　补点发射机的监控

通常情况下补点发射机都不会放置在发射机房，因此应按照“无人值守”的标准规划、建设，补点发射机的监测与控制应适用于远程监控。补点发射机整机监测模块提供了必要接口供远程监控使用。因此，整机监测模块与远程网管中心可进行数据传输。通常补点发射机需要远程监控的数据如下。

(1)监测项目：发射机输入电平，发射机输出功率，发射机反射功率，末级功率放大电流，发射机工作温度，风机工作状态，电源电压、电流。

(2)控制项目：末级功率放大器输出开关，发射机输出功率。

补点发射机的监控数据传输链路可以分为有线和无线两类。有线链路包括光纤、DDN、ADSL和市话线路等，无线链路包括微波、GSM/CDMA网络等。有线链路和微波在通道带宽方面有优势，可以传输图像、声音等多媒体数据，但是由于多数补点发射机的发射点在偏远山头，架设和维护有线链路困难较大；采用微波链路，资金投入较大，而且受到直线传输的限制，不适合用于远程监控系统。GSM/CDMA网络覆盖范围大，资金投入较少，利用其短信功能传送监控数据，具有很好的通用性。

为便于实现对设备的遥测和遥控，在设备内可安装GSM/CDMA模块，利用GSM/CDMA模块的短信收发功能去实现对设备的控制。

将单片机系统和短信服务(Short Message Service，SMS)结合，利用单片机系统采集本地数据并作出相关判断，通过SMS回传监控数据，并且利用发送SMS实现远程控制。这是一种有效的发射点远程监控方式，也是目前补点发射机产品主要采用的远程监控方式。

1. 本地控制

将计算机串口通过一根串口线连接到补点发射机的本地控制RS-232端口，补点发射机上电，计算机开机后，运行用户控制界面，即可实现对补点发射机的控制。本地控制示意图如图6-14所示。

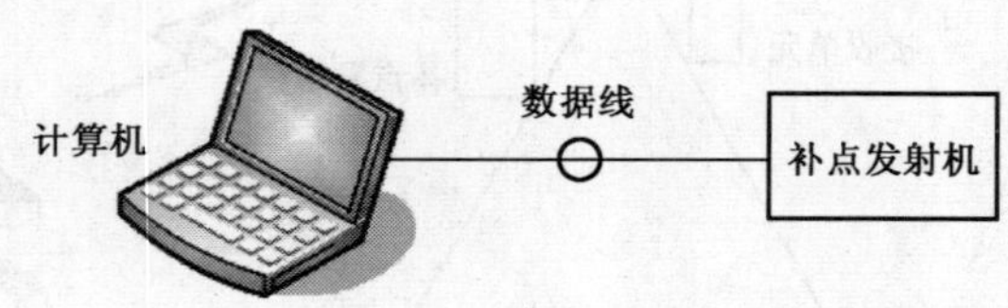

图6-14　本地控制示意图

2. 远程监控

1)使用 GSM/CDMA 模块远程监控

利用设置于补点发射机内部的 GSM/CDMA 等通信模块，在监控中心集中监测和控制补点发射机的工作状态。而且无论用户身处何处，都可以通过手机短信功能接收并了解补点发射机运行的状态信息，发送控制指令。

无线远程控制示意图如图 6-15 所示。

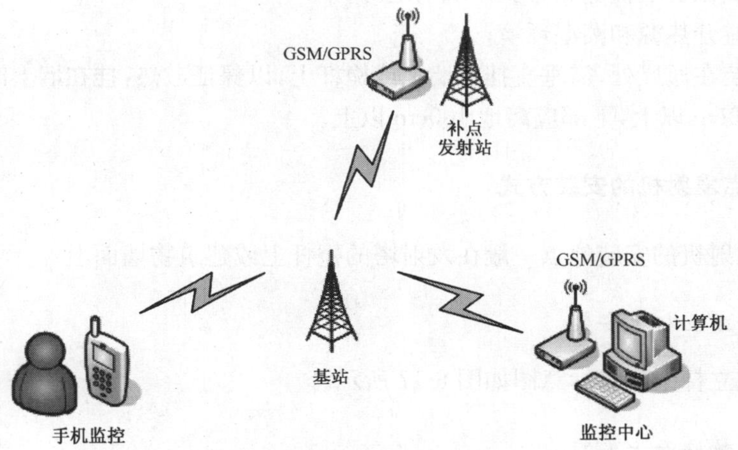

图 6-15　无线远程控制示意图

2)有线远程监控

有条件的地方可以使用光缆传输补点发射机的运行状态信息并实现远程控制等，如图 6-16 所示。

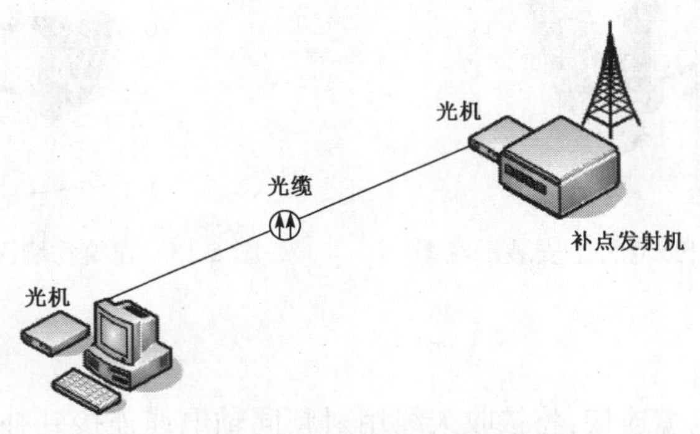

图 6-16　使用光缆远程控制示意图

6.3　补点发射机的安装

6.3.1　补点发射机站址选择

补点发射机的站址选择原则如下：

(1)安装在无关人员不易接触的地方；

(2)安装在易于供电和布置馈线的地方；

(3)应避开热源和潮湿环境；

(4)安装在通风处，需垂直挂在墙上或桅杆上，以保证散热，挂在墙上时，需考虑上部应离顶 50cm 以上，下部应离地 100cm 以上。

6.3.2　补点发射机的安装方式

补点发射机的安装地点一般在发射塔的桅杆上或建筑物墙面上。

1. 桅杆或立杆上安装

桅杆或立杆上安装示意图如图 6-17 所示。

2. 建筑物墙面上安装

建筑物墙面上安装示意图如图 6-18 所示。

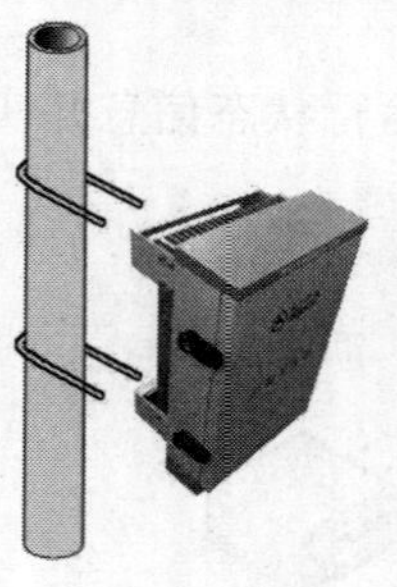

图 6-17　桅杆或立杆上安装示意图

图 6-18　建筑物墙面上安装示意图

3. 线缆连接

(1)射频同轴电缆连接：将接收天线用射频同轴电缆连接到补点发射机的射频输入接头，将发射天线用射频同轴电缆连接到补点发射机的射频输出接头。

(2)接地：将接地线与补点发射机接地点连接，使补点发射机进行良好的接地。

(3)电源连接:将交流电源线连接到补点发射机的电源口上。

(4)RS-232 电缆连接:补点发射机的 RS-232 接口在机箱内部连接到控制板上,主要用于补点发射机本地连接的查询、参数设置;进行连接操作时,把串口线拧在补点发射机的本地控制口上。

6.3.3　接收天线和发射天线的基本要求

补点发射机的工作稳定性与其输入信号强度、输出信号强度以及收、发信号天线之间的隔离度等三个因素有直接关系。

隔离度是补点发射机最重要的指标。如果隔离度差,补点发射机就有可能产生自激,导致补点发射机无法正常工作,所以在工程建设中调整补点发射机接收天线的极化方式与主台发射天线的极化方式相同,补点发射机发射天线的极化方式与主台发射天线的极化方式不同,以提高补点发射机输出、输入端的隔离度。同时,隔离度是由接收天线和发射天线的安装位置、方位角和天线指标所决定的,补点发射机接收天线一般为高增益定向天线,发射天线根据转发设备特性及覆盖要求可以是定向的也可以是全向的。

在实际工程中,为了提高收、发天线之间的隔离度,可将收、发射天线在不同高度、不同位置进行安装,并且尽量利用建筑物进行遮挡。对现场调试人员应进行技术培训。

补点发射机接收的灵敏度很高,最低电平为−72dBm,补点转发的功率最大可达100W,补点发射机的总增益高达 122dB。当收、发天线安装在同一区域,距离比较近时,若不采取特殊的措施,则转发设备的发射功率将会阻塞接收天线接收主站的射频信号,使补点发射机无法工作,严重时会造成自激,损坏功率放大器。一般要求收、发天线隔离度比补点发射机的增益至少高 15dB 以上。

1. 发射天线

发射天线可以采用角型发射天线或者偶极子板天线。

1)采用角型发射天线

角型发射天线如图 6-19 所示。该角型天线是专门为数字电视地面广播同频转发设备设计的。其特点为:增益高、前后比大、水平面波瓣宽度可调、安装方便。

图 6-19　角型发射天线

角型发射天线的方向图如图 6-20 所示。

2)采用偶极子板天线

偶极子板天线如图 6-21 所示。该天线主要特点为:增益高、前后比大、带宽宽、可任意组合、安装方便。

偶极子板天线辐射方向图如图 6-22 所示。

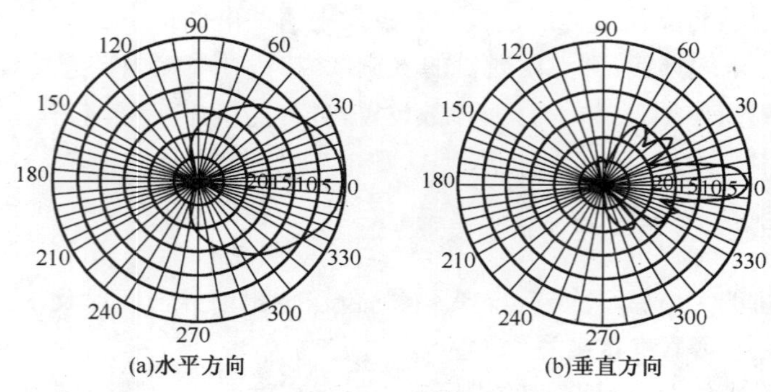

(a)水平方向　　(b)垂直方向

图 6-20　角型发射天线方向图

图 6-21　偶极子板天线

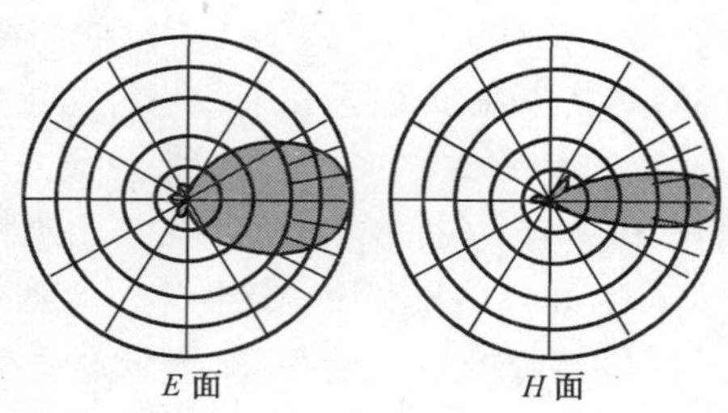

图 6-22　偶极子板天线辐射方向图

2. 接收天线

接收天线可采用栅状抛物面天线，如图 6-23 所示。专门为数字电视地面广播补点转发设计的栅状抛物面天线具有以下特点：增益高；前后比大；作用距离远；抛物反射面采用铝合金焊接成型，结构轻巧，架设方便，风阻小。

栅状抛物面接收天线的方向图如图 6-24 所示。

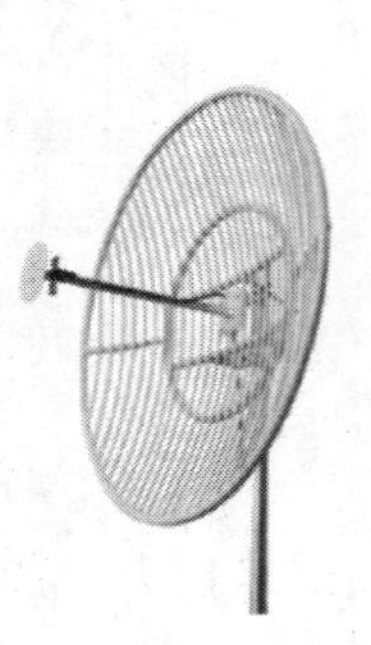

图 6-23　栅状抛物面天线

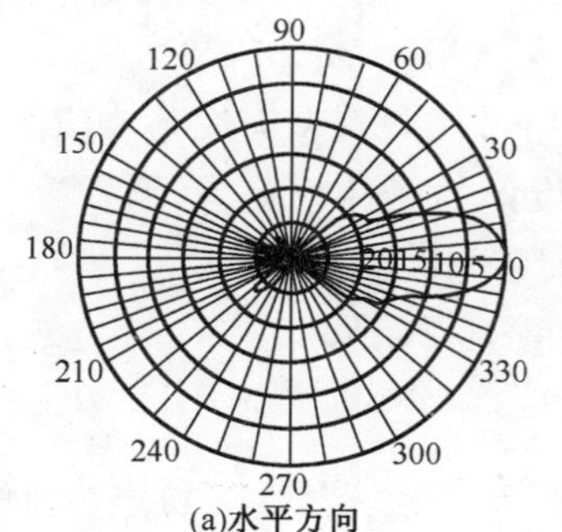

(a)水平方向

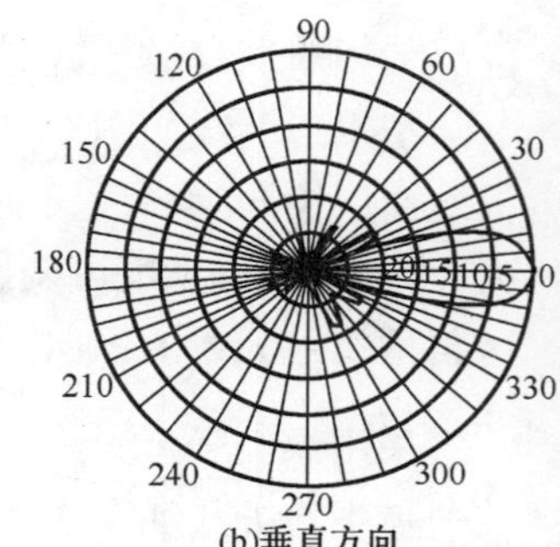

(b)垂直方向

图 6-24　栅状抛物面接收天线方向图

3. 接收天线和发射天线隔离度的计算

隔离度是由接收天线和发射天线的安装位置、方位角和天线指标所决定的，是同频补点发射机在设置中最需要解决的问题。隔离度的大小决定了补点发射机增益调整上限，一般隔离度应比补点发射机增益大 15dB 以上，否则就有可能产生自激，导致补点发射机无法正常工作。在实际工程施工中，为了提高收、发天线之间的隔离度，可将收、发天线在不同高度、不同位置进行安装，并且尽量利用建筑物进行遮挡。

天线隔离度的计算公式为

$$J_{\mathrm{h}} = 22 + 20\lg(D_{\mathrm{h}}/L_{\mathrm{md}}) + (\text{接收前后比} + \text{发射天线前后比}) + \text{遮挡损耗} + \text{多径损耗}$$

$$J_{\mathrm{v}} = 28 + 40\lg(D_{\mathrm{v}}/L_{\mathrm{md}}) + \text{遮挡损耗} + \text{多径损耗}$$

式中：J_{h} 为水平方向隔离度，J_{v} 为垂直方向隔离度，D_{h} 为水平隔离距离，D_{v} 为垂直隔离距离，L_{md}为所传输无线电波的波长。

由上面公式可变换为

$$D_{\mathrm{h}} = \frac{300}{f} \times 10\exp\Big[\frac{1}{20}(J_{\mathrm{h}} - 22 - (\text{接收前后比} + \text{发射天线前后比}) + (\text{接收天线增益} + \text{发射天线增益}) - \text{遮挡损耗} - \text{多径损耗})\Big]$$

$$D_{\mathrm{v}} = \frac{300}{f} \times 10\exp\left[\frac{1}{40}(J_{\mathrm{v}} - 28 - \text{遮挡损耗} - \text{多径损耗})\right]$$

式中：f 是所传输无线电波的频率。

4. 案例

1)边远山区的覆盖

主站：5×1. 5kW(RMS)发射机；

频道：DS-31，DS-33，DS-35，DS-37，DS-39；

调制方式：DTMB　64-QAM；

转发站：采用大功率补点发射机；

同频五个频道：DS-31，DS-33，DS-35，DS-37，DS-39；

补点发射机功率：5×100W(RMS)；

地点：距离主站 10km 山上；

覆盖：山后主站无法覆盖地区；

覆盖距离：山后 25km。

使用补点发射机的组成框图如图 6-25 所示。

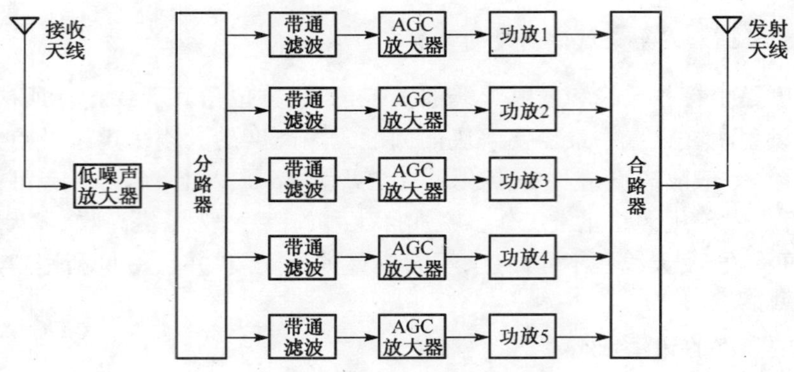

图 6-25　补点发射机的组成框图

2)小功率室外直放型转发站

小功率室外直放型转发站如图 6-26 所示。

图 6-26　小功率室外直放型转发站

第7章　地面数字电视覆盖网络规划与优化

地面数字电视覆盖网络规划是为了达到预定的覆盖目标，在覆盖发射网络建设前提出的一套系统建设方案。更为具体的说法是，结合行业相关准则或者标准，配置合理的发射台数量、发射台站址、发射功率、发射天线挂高、发射天线类型、单频网网络时延等参数，使得覆盖网络在达到覆盖要求的前提下，建网成本最低。按规划方案建成地面数字电视广播网络后，测量实际的覆盖效果，对覆盖不佳区域进行调查，找出故障原因，并且提出相应的调整和解决方法，使网络运行在最佳状态，这就是地面数字电视覆盖网络优化。地面数字电视覆盖网络规划与优化是建设覆盖网络的关键步骤，科学、详细地前期规划、精确地预测组网效果能带来以下好处。

(1)降低建网成本。在发射台选址、设备选型前，必须有规划方案作为参考，以保证网络建设有序进行，规避投资风险。方案应该包括发射台选址、发射功率、发射天线类型、发射天线挂高、单频网网络时延等配置，并且能够对单频网的合成覆盖场强，有效覆盖率进行计算，并对单频网中所有发射点的贡献做出评估，以便网络优化逐步完成。良好的规划能够在满足设计要求的前提下，使用最小的台站数量、最小的发射功率实现覆盖，由于规划合理，相应的优化工作改动也较少，因此能够降低网络建设成本。

(2)规避网络干扰。如果缺乏相应的规划方案，就会对网络覆盖造成风险。发射台配置不当，除了不能完成原先设计的有效覆盖以外，还有可能对原先覆盖良好的区域引入同频干扰，造成接收失败。如果出现单频网干扰无法通过网络调整解决，最终只能关闭引起干扰的发射点，造成上百万元的设备投资浪费。这些风险都是能够通过前期规划得以避免的。

7.1　信道特性

地面数字电视信号在空间中自由传播，受到外界条件的影响很大，比如天气的变化，地形、建筑物、移动物体的遮挡引起的反射散射作用，这些使得地面数字电视信道的传输特性受到影响。

7.1.1　无线传输信道特性

根据无线传播特性，可以将用户终端接收到的无线电波信号分为直射波、反射波、绕射波、透射波和散射波，也可以将无线电波传输简单地划分为视距传播和非视距传播。

1)直射波

满足视距传播条件,即收发点距离满足视距覆盖区条件,并且不存在遮挡物的传播,可以认为是直射波。直射波的接收信号强度最强。

考虑到大气折射效应,视距覆盖距离 R 表示为

$$R = 4.12(\sqrt{h_1} + \sqrt{h_2})$$

式中:h_1 为发射天线高度(m),h_2 为接收天线高度(m),R 为视距距离(km)。

虽然在实际环境中,符合直射波传播条件的自由空间较少,但是直射波是在电波传播研究中的基础参考,也是理论上电波传播最小损耗的极限值。

自由空间中距离发射机 d 处的辐射功率密度为

$$\rho = \frac{P_t G_t}{4\pi d^2}$$

式中:P_t 为发射功率(W),G_t 为发射天线增益,d 为传播距离(m)。

可以假设接收天线的增益为 G_r,因此有效面积 A 为

$$A = \frac{\lambda^2}{4\pi} G_r$$

因此,接收天线上的接收功率可以表示为

$$P_r = \rho A = P_t G_t G_r \left(\frac{\lambda}{4\pi d}\right)^2$$

通常在工程实践中,使用 dB 的方式来进行计算,可以通过上式推导出自由空间的传输损耗 L 表示为

$$L = 32.44 + 20\lg f + 20\lg d$$

式中:f 为频率(MHz),d 为距离(km)。

可以看出,每当传输距离增加一倍,或者工作频点增加一倍,传输损耗都会增加 6dB。以上公式只计算了空间传播的损耗,因此可以通过增加发射功率,或者收、发天线的增益来补偿传输损耗。

自由空间损耗的计算公式可以用于无遮挡物的链路传播计算,比如微波链路损耗计算,室内覆盖计算,也可以用于测试有效发射功率、场强仪精度、天线场形等。

2)反射波

自由空间损耗相关公式只能应用在严格的传播条件下。在实际环境中,电波传播行进途中,通常会遇到比其波长大得多的物体遮挡,比如地面、湖泊、山丘、建筑物等,从而产生了反射波。反射波是指电波经过遮挡物反射后到达接收点的传播信号。由于电波经过反射后,相位增加 π,并且带来反射损耗系数,该系数由反射面的形状与材

质决定，在 0～1 之间。海面反射系数最大，接近于 1。某些电波经过跨海传输后，会形成深衰落，造成接收失败，原因就是海面反射系数很大，当直射波和反射波多径信号相位相差 π 时，会引起信号电平大幅度下降，造成深度衰落。

3）绕射波

绕射波是指电波绕过障碍物继续传播，形成衍射。可以将电波想象成一种振动，波在空间各处引起振动，波场中任意一点都可以被认为是新的振动中心，这些振动中心发生的波称为次波。次波又产生新的振动中心，继续发出次波，从而使得电波能够不断向前传播。在遇到遮挡物时，次波能够进入被遮挡的阴影区，是围绕障碍物所有次波的矢量和。

各个次波的矢量和产生了相干叠加，被称为菲涅尔区域。由于相干叠加的条件是次波路径长度比视距路径长度大 $n\lambda/2$，因此是 n 个同心圆。当 $n=1$ 时，称为第一菲涅尔区域，n 个菲涅尔区域的半径计算公式为

$$F_n = \sqrt{\frac{n\lambda d_1 d_2}{d_1 + d_2}}$$

由于存在菲涅尔区域被遮挡，特别是在山区的地面数字电视信号覆盖中，收、发天线之间存在绕射损耗，其形成原因是只有一部分的能量能够绕过障碍物。菲涅尔区域的绕射损耗计算方法可以参见 ITU-R P. 526，用于地面数字电视信号在山区传播的损耗修正计算。

4）多径效应

在复杂的无线信道中，由于存在直射波、反射波和绕射波，接收端的信号是这些电波的合成信号，从而产生多径效应。每条路径都有自己的增益、相位、延迟，并且在移动环境下，还会存在多普勒频移效应。

多路信号到达接收机的时间不同，即有相对时延。如果这些相对时延远小于一个符号的时间，则可以认为多路信号几乎是同时到达接收机的。这种情况下多径不会造成符号间的干扰。因为这种信道的频率响应在所用的频段内是平坦的，所以这种衰落称为平坦衰落。

相反地，如果多路信号的相对时延与一个符号的时间相比不可忽略，那么当多路信号叠加时，不同时间的符号就会重叠在一起，造成符号间的干扰。因为这种信道的频率响应在所用的频段内是不平坦的，所以这种衰落称为频率选择性衰落。

5）高斯信道

高斯信道是最简单的信道，常指加权高斯白噪声信道。这种噪声假设在整个信道带宽下功率谱密度为常数，并且振幅符合高斯概率分布。在地面数字电视的实际应用

中，满足高斯信道的点很少，但是引入该种信道的意义在于评估系统性能的上界，能够定量或者定性评价地面数字电视的各种调制方案对应的误码率性能。

6)瑞利信道与莱斯信道

在地面数字电视信道环境中，电磁波经过反射、折射、散射等途径多条路径传播到达接收机后，总信号的强度服从瑞利分布。同时由于接收机的移动或者其他原因，信号强度和相位发生起伏变化，故称为瑞利衰落。

如果收到的信号中除了经反射、折射、散射等途径来的信号外，还有从发射机直接到达接收机的信号，并且通过主路径传输过来被接收的信号为一个稳定幅度 A_k 和相位 Φ_k，其余多路径传输过来的信号仍如瑞利衰落概率模型所述，那么总信号的强度服从莱斯分布，故称为莱斯衰落。

应用在地面数字电视中的瑞利信道模型参数和莱斯信道模型参数分别如表 7-1 和表 7-2 所示。

表 7-1　瑞利信道模型参数

路　　径	相对幅度/dB	延时/μs	相位/(°)
回波 1	−7.8	0.518650	336.0
回波 2	−24.8	1.003019	278.2
回波 3	−15.0	5.422091	195.9
回波 4	−10.4	2.751772	127.0
回波 5	−11.7	0.602895	215.3
回波 6	−24.2	1.016585	311.1
回波 7	−16.5	0.143556	226.4
回波 8	−25.8	0.153832	62.7
回波 9	−14.7	3.324886	330.9
回波 10	−7.9	1.935570	8.8
回波 11	−10.6	0.429948	339.7
回波 12	−9.1	3.228872	174.9
回波 13	−11.6	0.848831	36.0
回波 14	−12.9	0.073883	122.0
回波 15	−15.3	0.203952	63.0
回波 16	−16.5	0.194207	198.4
回波 17	−12.4	0.924450	210.0
回波 18	−18.7	1.381320	162.4
回波 19	−13.1	0.640512	191.0
回波 20	−11.7	1.368671	22.6

表 7-2　莱斯信道模型参数

路　径	相对幅度/dB	延时/μs	相位/(°)
主径	0	0	0
回波 1	−19.2	0.518650	336.0
回波 2	−36.2	1.003019	278.2
回波 3	−26.4	5.422091	195.9
回波 4	−21.8	2.751772	127.0
回波 5	−23.1	0.602895	215.3
回波 6	−35.6	1.016585	311.1
回波 7	−27.9	0.143556	226.4
回波 8	−26.1	3.324886	330.9
回波 9	−19.3	1.935570	8.8
回波 10	−22.0	0.429948	339.7
回波 11	−20.5	3.228872	174.9
回波 12	−23.0	0.848831	36.0
回波 13	−24.3	0.073883	122.0
回波 14	−26.7	0.203952	63.0
回波 15	−27.9	0.194207	198.4
回波 16	−23.8	0.924450	210.0
回波 17	−30.1	1.381320	162.4
回波 18	−24.5	0.640512	191.0
回波 19	−23.1	1.368671	22.6

在进行单点发射、固定接收时，可以认为信道服从莱斯分布。在单频网模式下，信道可以认为介于莱斯分布和瑞利分布之间，根据接收点单频网多径信号的功率比值进行加权。多径信号功率近似则倾向于瑞利分布，多径信号功率差异大则倾向于莱斯分布，移动接收可以认为信道服从瑞利分布。

7.1.2　无线电波传播模型

地面数字电视网络规划建立在传播模型的基础上，传播模型的精确度直接关系到规划结果的准确性。传播模型可以简单分为两类：给定限制条件下的理论模型和利用大量实测数据归纳的经验模型。

地面数字电视发射点大都为高塔大发射功率，覆盖半径超过 5km，可以称为宏站。覆盖范围内环境情况复杂，不适合采用理论模型，更适合统计的经验公式。统计预测模型在给定发射条件和接收条件下，可以简单归纳为发射机与接收机之间长距离上的场强变化规律，称为大尺度传播模型。以下介绍两种常用模型。

1)Okumura-Hata 模型

Okumura 模型是一种被广泛使用的经验模型。Okumura 等于1962～1965年在东京等地，使用宽范围的频率、固定的几个发射天线高度和几个接收天线高度，在各种各样不规则地形和环境地物条件下测量信号强度后，经过统计分析产生一系列曲线图表，建立起该模型。曲线图表包含了场强与距离的关系、天线高度修正曲线、市区和郊区差异的修正因子曲线、各种地形修正曲线等，使用范围如下：

(1)频率为 150～1920MHz；

(2)传输距离为 1～100km；

(3)发射台天线挂高为 30～1000m；

(4)适用的地形为城市和准城市。

使用 Okumura 模型需要查找各种曲线表，不利于应用于计算机辅助计算。因此，Hata 在 Okumura 大量测试数据的基础上，使用了公式拟合获得了新的 Okumura-Hata 模型。为求简化，Hata 在提出这个模型时作了 3 点假设：

(1)收、发天线均为全向之间的传输损耗；

(2)准平滑地形处理而非不规则地形处理；

(3)以城市传播损耗公式为基准，其他地区采用校正公式修正。

Okumura-Hata 模型的使用条件如下：

(1)频率为 150～1500MHz，涵盖了地面数字电视广播频段；

(2)有效发射天线高度为 30～200m；

(3)接收天线高度为 1～10m；

(4)传输距离为 1～35km。

由以上限制条件可以看出，Okumura-Hata 模型适合中等高度发射点、小范围覆盖的计算。

Okumura-Hata 模型的基本传输损耗公式为

$$L_p = [69.55 + 26.16\lg f - 13.82\lg h_b - \alpha(h_m)] + (44.9 - 6.55\lg h_b)\lg d$$

式中：L_p 为城市传输损耗(dB)，f 为工作频率(MHz)，h_b、h_m 分别为发射天线有效高度和接收天线有效高度(m)，$\alpha(h_m)$为接收天线高度修正因子，d 为通信距离(km)。

发射天线距离地面的高度为 h_s，发射台地面海拔高度为 h_g，接收点地面海拔高度为 h_{mg}，一般情况下，发射天线有效高度为 $h_b = h_s + h_g - h_{mg}$。

接收天线高度修正因子 $\alpha(h_m)$的计算方法如下。

对于中小城市

$$\alpha(h_{\mathrm{m}}) = (1.11\lg f - 0.7)h_{\mathrm{m}} - (1.56\lg f - 0.8)$$

对于大城市

$$\alpha(h_{\mathrm{m}}) = 8.29(\lg 1.54h_{\mathrm{m}})^2 - 1.1, \quad f < 300\mathrm{MHz}$$

$$\alpha(h_{\mathrm{m}}) = 3.2(\lg 11.75h_{\mathrm{m}})^2 - 4.97, \quad f \geqslant 300\mathrm{MHz}$$

其他常用的修正因子有：

郊区校正因子

$$K_{\mathrm{mr}} = -2\lg^2\left(\frac{f}{28}\right) - 5.4$$

农村校正因子

$$R_{\mathrm{u}} = -\lg^2\left(\frac{f}{28}\right) - 2.39\lg^2(f) + 9.17\lg f - 23.17$$

开阔地校正因子

$$Q_{\mathrm{o}} = -4.78\lg^2(f) + 18.33\lg f - 40.94$$

因此，在实际应用计算中，可以根据实际环境情况，将以上修正因子增加到总传输损耗中，以获得更高的精度。

2)ITU-R P. 370 和 ITU-R P. 1546

ITU-R P. 370 和 ITU-R P. 1546 都是 ITU 推荐的电波传播预测建议书，被广泛应用于地面广播与电视的传播模型和分析工具中。

其中，ITU-R P. 370 全称为《频率范围在 30～1000MHz 米波和分米波传播曲线》，从 1991 年到 1995 年先后推出了 7 个版本。其目的是让广播业务规划工程人员能够预测米波和分米波在各种气候条件下的电波传播场强，以便规避由远距离对流层传播引起的不可容忍的干扰。遵循这一准则，我国的模拟电视覆盖网相关标准《彩色电视广播覆盖网技术规定》(GB/T 14433—1993)就采用该种模型。

为了完善 ITU-R P. 370 建议书，ITU 于 2001 年提出了 ITU-R P. 1546，全称为《频率范围在 30～3000MHz 的地面业务的点对面预测方法》，目前最新版本为 ITU-R P. 1546-4。

建议书的特点是通过归一化，有效发射功率为 1kW 时，得到不同频率、不同路径、时间和地点概率时的场强与距离曲线图。

ITU-R P. 1546 的曲线图包含的频率分为 100MHz、600MHz、2000MHz；路径分为海路、陆路；时间分为 50%、10%、1%；发射天线高度分为 1200m、600m、300m、150m、75m、37.5m 等。

建议书的使用方法是在曲线的基础上，增加多个修正项，获得最终的覆盖场强预测，包括以下几项。

(1)有效辐射功率修正：根据实际发射功率与 1kW 的比值进行修正。

(2)发射天线有效高度修正:根据上下参考高度对数内插获得。

(3)工作频率修正:根据上下参考频率对数内插获得。

(4)地点概率修正:根据上下参考地点概率内插获得。

(5)时间概率修正:根据上下参考时间概率内插获得。

(6)混合路径修正:根据海路、陆路长度比例,混合加权获得。

(7)接收天线高度修正:较复杂。

(8)地形遮蔽角修正:考虑接收段建筑物遮挡效应。

(9)地表覆盖物修正:地貌修正。

ITU-R P.1546 适用范围为平原丘陵等地形起伏较少的区域,对于多山地区,可以考虑增加电波绕射模型进行修正,例如 ITU-R P.526。

《地面数字电视广播传输系统实施指南》(GY/T 236—2008)规定,在一般情况下,地面数字电视的覆盖区域参考 ITU-R P.1546 建议书中的方法计算确定,在多山地区,建议参考 ITU-R P.526 建议书中的方法计算确定。

表 7-3 列出了 ITU-R P.370 和 ITU-R P.1546 的差异。

表 7-3 ITU-R P.370 和 ITU-R P.1546 差异对比表

项 目	ITU-R P.370	ITU-R P.1546
频率范围	30MHz～1GHz	30MHz～3GHz
地形修正	地形崎岖度	遮蔽角
高度修正	修正表格	更复杂的修正计算方法
时间概率修正	无	提供 1%～50%修正算法
预测距离范围	＞10km	＞1km

通过对比可以看出,ITU-R P.1546 是对 ITU-R P.370 的完善与补充,特别是针对地面数字电视领域。考虑到单频网的实际建设情况,将频率范围扩展到 3GHz,针对地形修正,更考虑到接收点周围环境的影响。针对移动业务,考虑了更合理的高度修正计算方法。另外对于干扰,提供了时间概率的修正方法,并且支持宏基站近端的场强预测,能够很好地用于地面数字电视单频网的网络分析中。

7.2 覆盖网络规划相关参数

7.2.1 执行标准

已经正式颁布的覆盖标准有:《地面数字电视广播传输系统实施指南》(GY/T 236—2008),《VHF/UHF 频段地面数字电视广播频率规划准则》(GY/T 237—

2008)，《地面数字电视广播信号覆盖评估标准及测量方法》(GY/T 238.1—2008)第 1 部分：单点发射室外固定接收。

另外还有两项征求意见稿：《地面数字电视广播单频网技术要求和实施指南》和《地面数字电视广播单频网规划准则》。

下文将直接引用标准号，不再重复标准名称。

7.2.2　接收模式

1. 固定接收

1)室内固定接收

室内固定接收定义为使用安装在室内的接收天线接收信号。对于室内固定接收，需要考虑建筑物的穿透损耗来确定在相应地点和高度上所需的室外信号场强。

2)室外固定接收

在室外固定接收所需场强计算中，接收天线的典型高度应在地平面以上 10m。在网络规划时假设室外固定接收的接收条件为莱斯信道。

2. 移动接收

移动接收定义为通过移动的全向天线接收信号，接收天线的典型高度应在地平面以上 1.5m。

在网络规划时，移动接收的接收条件一般假设为瑞利信道，并且需要根据所用频率和汽车移动速度的不同，对所需场强增加移动接收衰落裕量。移动接收网络规划不考虑极化鉴别率。移动接收可分为移动室外天线接收和移动室内天线接收。移动室外天线接收是指接收天线在移动物体的外部，且不低于地面 1.5m 处(如接收天线集成在汽车上)；移动室内天线接收是指接收天线内嵌在移动物体的内部，且不低于地面 1.5m 处(如火车、公共汽车)。

在移动信道中，当运行速度达到最大可能速度之前，载噪比(C/N)近似为一个常量。如果假定只有很少的接收机移动速度接近于最大可能速度，那么对大多数接收机来说载噪比门限是需要考虑的。

3. 覆盖区域

在定义固定接收和移动接收的覆盖区域时，采取以下三个覆盖层次。

1)覆盖点(即接收地点)

接收地点是最小的覆盖单元，定义接收地点的面积为 0.5m×0.5m。

如果在 99%的时间内能够达到所要求的载噪比(C/N)和载干比(C/I)，那么接收地点就认为是被覆盖了。

2)覆盖小区(即小区域覆盖)

覆盖小区的面积典型值为100m×100m。在固定接收和移动接收网络规划时,如果在小区中规定比例的接收地点被覆盖(该比例即地点概率),则认为该小区被覆盖了。按照地点概率,小区域覆盖的级别可以定义为两类。

(1)良好:在小区内,固定接收的地点概率达到95%,移动接收的地点概率达到99%。

(2)可接受:在小区内,固定接收的地点概率达到70%,移动接收的地点概率达到90%。

3)覆盖区(即区域覆盖)

一个或一组发射机的区域覆盖是由各个小区域覆盖(覆盖小区)组成的,若在这些小区中都达到了规定地点概率的覆盖,则整个覆盖区也达到了相应的覆盖级别。

4)改善实际覆盖效果的措施

考虑地面数字电视的峭壁效应,小区覆盖的地点概率越高,实现的覆盖效果越好。但若因此设定过高的地点概率,则需要增加发射功率或者增加发射机数量,才能保证目标覆盖区中覆盖效果最差覆盖小区的地点概率满足要求,这必将导致网络建设成本大幅度增加。在保持发射系统不变的情况下,对于按本节定义达到了地点概率要求的覆盖区中的覆盖盲点,可以采取以下措施改善接收条件,争取实现正常接收。

(1)合理移动接收天线位置,将接收天线安装在能正常接收的位置上。

(2)使用高增益的定向接收天线,指向信号最强方向。

(3)在固定天线接收的情况下,使用低噪声天线放大器,它能够有效补偿接收电缆传输损耗与调谐器放大噪声。

7.2.3 最小场强

1. 信道模型与系统载噪比门限

表7-4是GY/T 237—2008中给出的各种星座映射方式和前向纠错编码效率的组合在高斯信道、莱斯信道和瑞利信道下的最小载噪比门限值。该表较好地评估了不同传输模式的系统性能。需要指出的是,在莱斯信道和瑞利信道下,载噪比门限值可能随接收机实现水平的提高而有所改善。

表7-4　国标各种调制模式对应载噪比门限

映射方式	前向纠错编码效率	载噪比门限/dB		
		高斯信道	莱斯信道	瑞利信道
4-QAM	0.4	2.5	3.5	4.5
16-QAM	0.4	8.0	9.0	10.0

续表

映射方式	前向纠错编码效率	载噪比门限/dB		
		高斯信道	莱斯信道	瑞利信道
64-QAM	0.4	14.0	15.0	16.0
4-QAM	0.6	4.5	5.0	7.0
16-QAM	0.6	11.0	12.0	14.0
64-QAM	0.6	17.0	18.0	20.0
4-QAM-NR	0.8	2.5	3.5	4.5
4-QAM	0.8	7.0	8.0	12.0
16-QAM	0.8	14.0	15.0	18.0
32-QAM	0.8	16.0	17.0	21.0
64-QAM	0.8	22.0	23.0	28.0

2. 接收机最小输入信号电平

表 7-5 给出了在 2～26dB 范围内的 5 种有代表性的载噪比门限值所对应的接收机最小输入信号电平，提供了快速查询表格。其他载噪比门限值对应的接收机最小输入信号电平可以通过内插计算得到。表中的接收机最小输入信号电平是在所列接收机噪声系数值下计算得到的，如果在实际中应用了其他的噪声系数值，那么接收机的最小输入信号电平将相应地改变相同的分贝数。

表 7-5　各波段接收机最小输入信号电平

波段	I、II					
接收机噪声带宽	B/Hz	7.56×10^{6}				
接收机噪声系数	F/dB	5	5	5	5	5
接收机输入端等效噪声功率	P_{n}/dBW	−130.2	−130.2	−130.2	−130.2	−130.2
系统所需最小载噪比	C/N/dB	2	8	14	20	26
接收机最小输入信号功率	P_{smin}/dBW	−128.2	−122.2	−116.2	−110.2	−104.2
接收机最小输入信号电平(75Ω)	U_{smin}/dBμV	11	17	23	29	35
波段	III、IV、V					
接收机噪声带宽	B/Hz	7.56×10^{6}				
接收机噪声系数	F/dB	7	7	7	7	7
接收机输入端等效噪声功率	P_{n}/dBW	−128.2	−128.2	−128.2	−128.2	−128.2
系统所需最小载噪比	C/N/dB	2	8	14	20	26
接收机最小输入信号功率	P_{smin}/dBW	−126.2	−120.2	−114.2	−108.2	−102.2
接收机最小输入信号电平(75Ω)	U_{smin}/dBμV	13	19	25	31	37

利用接收机最小输入信号电平，可以在规划时计算相应的各波段下最小功率通量密度和最小中值等效场强。接收机最小输入信号电平表示为

$$P_{\mathrm{n}} = F + 10\lg(k \times T_0 \times B)$$

$$P_{\mathrm{smin}} = P_{\mathrm{n}} + C/N$$

$$U_{\mathrm{smin}} = P_{\mathrm{smin}} + 120 + 10\lg Z_{\mathrm{i}}$$

式中：P_{n} 为接收机输入端等效噪声功率(dBW)；F 为接收机噪声系数(dB)；k 为波尔兹曼常数，$k=1.38\times10^{-23}$(J/K)；T_0 为热力学温度，$T_0=290\mathrm{K}$；B 为接收机噪声带宽，$B=7.56\times10^{6}\mathrm{Hz}$；$P_{\mathrm{smin}}$为接收机最小输入信号功率(dBW)；$C/N$ 为系统正常接收所需的接收机输入端最小射频载噪比(dB)；Z_{i} 为接收机输入阻抗，$Z_{\mathrm{i}}=75\Omega$；U_{smin}为对应输入阻抗 Z_{i} 的接收机最小输入信号电压(dBμV)。

3. 规划用最小信号电平

上面给出了克服噪声所需的接收机最小输入信号功率和相应的接收机最小输入信号电平，但是没有考虑信号传播对接收的影响。在实际接收时，考虑这些影响，需要提供一定的裕量。

本节对以下各种情况计算了最小中值功率通量密度和最小中值等效场强。

(1)三种不同的接收条件：室外固定接收、移动接收、室内固定接收。

(2)代表波段 I/II、波段 III、波段 IV 和波段 V 的四种参考频率：65MHz、200MHz、500MHz、700MHz。

(3)五种典型的载噪比门限值，范围为 2～26dB，步长为 6dB。

除了计算中所使用的典型载噪比门限值，任何系统工作模式情况下的其他载噪比门限值的最小中值功率通量密度和最小中值等效场强可以通过相关典型的内插计算得到。这里所指的最小中值等效场强只针对单一发射机覆盖，不适用于单频网。

为计算最小中值功率通量密度或者最小中值等效场强，需要考虑覆盖地点概率校正因子、接收天线增益、接收天线高度损耗、馈线损耗、建筑物穿透损耗等诸多因素，计算公式为

$$\phi_{\mathrm{min}} = P_{\mathrm{smin}} - A_{\mathrm{a}} + L_{\mathrm{f}}$$

$$E_{\mathrm{min}} = \phi_{\mathrm{min}} + 120 + 10\log(120\pi) \approx \phi_{\mathrm{min}} + 145.8$$

$$\phi_{\mathrm{med}} = \phi_{\mathrm{min}} + P_{\mathrm{mmm}} + C_{\mathrm{l}} + L_{\mathrm{h}} + L_{\mathrm{b}}$$

$$E_{\mathrm{med}} = \phi_{\mathrm{med}} + 120 + 10\log(120\pi) \approx \phi_{\mathrm{med}} + 145.8$$

式中：P_{smin}为接收机最小输入信号功率(dBW)；A_{a} 为有效天线孔径(dB/m^2)；ϕ_{min}为最小功率通量密度(dBW/m^2)；E_{min}为最小等效场强(dBμV/m)；L_{f} 为馈线损耗(dB)；L_{h} 为高度损耗，10m · a. g. 1～1. 5m. a. g. 1. 单位为 dB；L_{b} 为建筑物穿透损耗(dB)；P_{mmm}

为人为噪声容差(dB)；C_1 为地点概率校正因子(dB)；ϕ_{med} 为最小中值功率通量密度(dBW/m^2)；E_{med} 为最小中值等效场强(dBμV/m)。

计算地点概率校正因子 C_1 时，假定接收信号场强服从对数正态分布，则地点概率校正因子表示为

$$C_1 = \mu \times \sigma_t$$

$$\sigma_t = \sqrt{\sigma_m^2 + \sigma_b^2}$$

式中：μ 为分布因子，对于70％地点概率它是0.52，对于90％地点概率它是1.28，对于95％它是1.64，对于99％地点概率它是2.33；σ_t 为总均方差；$\sigma_m=5.5$ 为对室外接收的大尺度均方差；σ_b 为建筑物穿透损耗均方差，σ_b 的取值可查表得到(见表7-20)。

1)室外固定接收

(1)天线方向和增益

对于地面数字电视广播室外固定接收的规划，天线方向隔离度见GY/T 237—2008。计算接收信号的最小中值场强所用的天线增益见表7-6。

表7-6　最小中值等效场强计算用天线增益

波　段	I/II	III	IV	V
参考频率/MHz	65	200	500	700
天线增益/dBd	3	5	10	12

各波段内其他频率上的天线增益可以通过对参考频率的天线增益考虑一个校正因子而得到，校正因子表示为

$$\mathrm{Corr} = 10\log(F_A/F_R)$$

式中：F_A 为实际工作频率，F_R 为与 F_A 同波段的参考频率。

(2)最小中值功率通量密度和最小中值等效场强

表7-7～表7-10给出了波段I、II、III、IV、V中地点概率分别为70％和95％的最小中值功率通量密度和最小中值等效场强。这些值与接收点的最小功率通量密度和最小等效场强有关。其中，波段I、II和III包含了人为噪声容差。

表7-7　波段I、II内70％和95％地点概率的最小中值功率通量密度和最小中值等效场强(室外固定接收)

频率	F/MHz	65				
系统所需最小载噪比	C/N/dB	2	8	14	20	26
接收机最小输入信号功率	P_{smin}/dBW	−128.2	−122.2	−116.2	−110.2	−104.2

续表

接收机最小输入信号电压(75Ω)	U_{smin}/dBμV	11	17	23	29	35
馈线损耗	L_f/dB	1				
相对半波偶极子的天线增益	G/dBd	3				
有效天线孔径	A_a/(dB/m²)	7.4				
接收点的最小功率通量密度	ϕ_{min}/(dBW/m²)	−134.6	−128.6	−122.6	−116.6	−110.6
接收点的最小等效场强	E_{min}/(dBμV/m)	11	17	23	29	35
人为噪声容差	P_{mmm}/dB	6				
高度损耗	L_h/dB	0				
地点概率 70%						
地点概率校正因子	C_1/dB	2.9				
对应地平面之上 10m、50%时间概率、50%地点概率的最小中值功率通量密度	ϕ_{med}/(dBW/m²)	−125.7	−119.7	−113.7	−107.7	−101.7
对应地平面之上 10m、50%时间概率、50%地点概率的最小中值等效场强	E_{med}/(dBμV/m)	20	26	32	38	44
地点概率 95%						
地点概率校正因子	C_1/dB	9				
对应地平面之上 10m、50%时间概率、50%地点概率的最小中值功率通量密度	ϕ_{med}/(dBW/m²)	−119.6	−113.6	−107.6	−101.6	−95.6
对应地平面之上 10m、50%时间概率、50%地点概率的最小中值等效场强	E_{med}/(dBμV/m)	26	32	38	44	50

表 7-8 波段 III 内 70%和 95%地点概率的最小中值功率通量密度和最小中值等效场强(室外固定接收)

频率	F/MHz	200				
系统所需最小载噪比	C/N/dB	2	8	14	20	26
接收机最小输入信号功率	P_{smin}/dBW	−126.2	−120.2	−114.2	−108.2	−102.2
接收机最小输入信号电压(75Ω)	U_{smin}/dBμV	13	19	25	31	37
馈线损耗	L_f/dB	1				
相对半波偶极子的天线增益	G/dBd	5				
有效天线孔径	A_a/(dB/m²)	0.3				
接收点的最小功率通量密度	ϕ_{min}/(dBW/m²)	−124.6	−118.6	−112.6	−106.6	−100.6
接收点的最小等效场强	E_{min}/(dBμV/m)	21	27	33	39	45
人为噪声容差	P_{mmm}/dB	1				
高度损耗	L_h/dB	0				

续表

地点概率 70%						
地点概率校正因子	C_1/dB	2.9				
对应地平面之上 10m、50%时间概率、50%地点概率的最小中值功率通量密度	ϕ_{med}/(dBW/m²)	−121.0	−115.0	−109.0	−103.0	−97.0
对应地平面之上 10m、50%时间概率、50%地点概率的最小中值等效场强	E_{med}/(dBμV/m)	25	31	37	43	49
地点概率 95%						
地点概率校正因子	C_1/dB	9				
对应地平面之上 10m、50%时间概率、50%地点概率的最小中值功率通量密度	ϕ_{med}/(dBW/m²)	−114.9	−108.9	−102.9	−96.9	−90.9
对应地平面之上 10m、50%时间概率、50%地点概率的最小中值等效场强	E_{med}/(dBμV/m)	31	37	43	49	55

表 7-9　波段 IV 内 70%和 95%地点概率的最小中值功率通量密度和最小中值等效场强(室外固定接收,波段 IV)

频率	F/MHz	500				
系统所需最小载噪比	C/N/dB	2	8	14	20	26
接收机最小输入信号功率	P_{smin}/dBW	−126.2	−120.2	−114.2	−108.2	−102.2
接收机最小输入信号电压(75Ω)	U_{smin}/dBμV	13	19	25	31	37
馈线损耗	L_f/dB	3				
相对半波偶极子的天线增益	G/dBd	10				
有效天线孔径	A_a/(dB/m²)	−3.3				
接收点的最小功率通量密度	ϕ_{min}/(dBW/m²)	−119.9	−113.9	−107.9	−101.9	−95.9
接收点的最小等效场强	E_{min}/(dBμV/m)	26	32	38	44	50
人为噪声容差	P_{mmm}/dB	0				
高度损耗	L_h/dB	0				
地点概率 70%						
地点概率校正因子	C_1/dB	2.9				
对应地平面之上 10m、50%时间概率、50%地点概率的最小中值功率通量密度	ϕ_{med}/(dBW/m²)	−117.0	−111.0	−105.0	−99.0	−93.0
对应地平面之上 10m、50%时间概率、50%地点概率的最小中值等效场强	E_{med}/(dBμV/m)	29	35	41	47	53
地点概率 95%						
地点概率校正因子	C_1/dB	9				

续表

对应地平面之上 10m、50%时间概率、50%地点概率的最小中值功率通量密度	ϕ_{med}/(dBW/m^2)	−110.9	−104.9	−98.9	−92.9	−84.9
对应地平面之上 10m、50%时间概率、50%地点概率的最小中值等效场强	E_{med}/(dBμV/m)	35	41	47	53	59

表 7-10　波段 V 内 70%和 95%地点概率的最小中值功率通量密度和最小中值等效场强(室外固定接收)

频率	F/MHz	700				
系统所需最小载噪比	C/N/dB	2	8	14	20	26
接收机最小输入信号功率	P_{smin}/dBW	−126.2	−120.2	−114.2	−108.2	−102.2
接收机最小输入信号电压(75Ω)	U_{smin}/dBμV	13	19	25	31	37
馈线损耗	L_f/dB	5				
相对半波偶极子的天线增益	G/dBd	12				
有效天线孔径	A_a/(dB/m^2)	−4.2				
接收点的最小功率通量密度	ϕ_{min}/(dBW/m^2)	−117.0	−111.0	−105.0	−99.0	−93.0
接收点的最小等效场强	E_{min}/(dBμV/m)	29	35	41	47	53
人为噪声容差	P_{mmm}/dB	0				
高度损耗	L_h/dB	0				
地点概率 70%						
地点概率校正因子	C_l/dB	2.9				
对应地平面之上 10m、50%时间概率、50%地点概率的最小中值功率通量密度	ϕ_{med}/(dBW/m^2)	−114.1	−108.1	−102.1	−96.1	−90.1
对应地平面之上 10m、50%时间概率、50%地点概率的最小中值等效场强	E_{med}/(dBμV/m)	32	38	44	50	56
地点概率 95%						
地点概率校正因子	C_l/dB	9				
对应地平面之上 10m、50%时间概率、50%地点概率的最小中值功率通量密度	ϕ_{med}/(dBW/m^2)	−108.0	−102.0	−96.0	−90.0	−84.0
对应地平面之上 10m、50%时间概率、50%地点概率的最小中值等效场强	E_{med}/(dBμV/m)	38	44	50	56	62

2)移动接收

(1)高度损耗

移动接收的天线通常置于地平面之上不到 10m 的高度上，典型高度为地面之上 1.5m，因此需要引入接收天线的高度修正因子，即高度损耗。高度损耗的计算方法参见GY/T 237—2008。对于1.5m天线高度的移动接收规划，各参考频率、典型环境下的高度损耗典型值按农村/郊区和城市两类列在表7-11中。计算最小中值功率通量密度和最小中值场强时按应用环境选用这两类中对应的高度损耗值。

表7-11　各参考频率、典型环境下1.5m天线高度的高度损耗

频率/MHz	高度损耗/dB	
	农村/郊区	城市
65	12	15
200	14	19
500	16	23
700	17	25

如果有详细地理信息可以使用，也可以用收、发天线之间的遮蔽角修正方法替代以上表格。

(2)移动天线接收特性

对于移动接收规划，假定移动接收天线为全向天线，在VHF频段天线增益为−2.2dB，在UHF频段天线增益为0dB，移动接收的馈线损耗假定为0dB。表7-12～表7-19给出了在I、II、III、IV、V波段，农村/郊区环境和城市环境下，地点概率分别为90%和99%的最小中值功率通量密度和最小中值等效场强。

表7-12　农村/郊区环境下波段I、II内90%和99%地点概率的最小中值概率通量密度和最小中值等效场强(移动接收，波段I、II)

频率	F/MHz	65				
系统所需最小载噪比	C/N/dB	2	8	14	20	26
接收机最小输入信号功率	P_{smin}/dBW	−128.2	−122.2	−116.2	−110.2	−104.2
接收机最小输入信号电压(75Ω)	U_{smin}/dBμV	11	17	23	29	35
馈线损耗	L_f/dB	0				
相对半波偶极子的天线增益	G/dBd	−2.2				
有效天线孔径	A_a/(dB/m^2)	2.2				
接收点的最小功率通量密度	ϕ_{min}/(dBW/m^2)	−130.4	−124.4	−118.4	−112.4	−106.4
接收点的最小等效场强	E_{min}/(dBμV/m)	15	21	27	33	39
人为噪声容差	P_{mmm}/dB	6				
高度损耗	L_h/dB	12				
地点概率90%						
地点概率校正因子	C_l/dB	7				

续表

对应地平面之上 10m、50%时间概率、50%地点概率的最小中值功率通量密度	ϕ_{med}/(dBW/m^2)	−105.4	−99.4	−93.4	−87.4	−81.4
对应地平面之上 10m、50%时间概率、50%地点概率的最小中值等效场强	E_{med}/(dBμV/m)	40	46	52	58	64
地点概率 99%						
地点概率校正因子	C_l/dB	12.8				
对应地平面之上 10m、50%时间概率、50%地点概率的最小中值功率通量密度	ϕ_{med}/(dBW/m^2)	−99.6	−93.6	−87.6	−81.6	−75.6
对应地平面之上 10m、50%时间概率、50%地点概率的最小中值等效场强	E_{med}/(dBμV/m)	46	52	58	64	70

表 7-13　农村/郊区环境下波段 III 内 90%和 99%地点概率的最小中值概率通量密度和最小中值等效场强(移动接收)

频率	F/MHz	200				
系统所需最小载噪比	C/N/dB	2	8	14	20	26
接收机最小输入信号功率	P_{smin}/dBW	−126.2	−120.2	−114.2	−108.2	−1022
接收机最小输入信号电压(75Ω)	U_{smin}/dBμV	13	19	25	31	37
馈线损耗	L_f/dB	0				
相对半波偶极子的天线增益	G/dBd	−2.2				
有效天线孔径	A_a/(dB/m^2)	−7.5				
接收点的最小功率通量密度	ϕ_{min}/(dBW/m^2)	−118.7	−112.7	−106.7	−100.7	−94.7
接收点的最小等效场强	E_{min}/(dBμV/m)	27	33	39	45	51
人为噪声容差	P_{mmm}/dB	1				
高度损耗	L_h/dB	14				
地点概率 90%						
地点概率校正因子	C_l/dB	7				
对应地平面之上 10m、50%时间概率、50%地点概率的最小中值功率通量密度	ϕ_{med}/(dBW/m^2)	−96.7	−90.7	−84.7	−78.7	−72.7
对应地平面之上 10m、50%时间概率、50%地点概率的最小中值等效场强	E_{med}/(dBμV/m)	49	55	61	67	71
地点概率 99%						
地点概率校正因子	C_l/dB	12.8				
对应地平面之上 10m、50%时间概率、50%地点概率的最小中值功率通量密度	ϕ_{med}/(dBW/m^2)	−90.9	−84.9	−78.9	−72.9	−66.9
对应地平面之上 10m、50%时间概率、50%地点概率的最小中值等效场强	E_{med}/(dBμV/m)	55	61	67	73	79

表 7-14　农村/郊区环境下波段 IV 内 90%和 99%地点概率的最小中值概率通量密度和最小中值等效场强(移动接收)

频率	F/MHz	500				
系统所需最小载噪比	C/N/dB	2	8	14	20	26
接收机最小输入信号功率	P_{smin}/dBW	−126.2	−120.2	−114.2	−108.2	−1022
接收机最小输入信号电压(75Ω)	U_{smin}/dBμV	13	19	25	31	37
馈线损耗	L_f/dB	0				
相对半波偶极子的天线增益	G/dBd	0				
有效天线孔径	A_a/(dB/m^2)	−13.3				
接收点的最小功率通量密度	ϕ_{min}/(dBW/m^2)	−112.9	−106.9	−100.9	−94.9	−88.9
接收点的最小等效场强	E_{min}/(dBμV/m)	33	39	45	51	57
人为噪声容差	P_{mmm}/dB	0				
高度损耗	L_h/dB	16				
地点概率 90%						
地点概率校正因子	C_l/dB	7				
对应地平面之上 10m、50%时间概率、50%地点概率的最小中值功率通量密度	ϕ_{med}/(dBW/m^2)	−89.9	−83.9	−77.9	−71.9	−65.9
对应地平面之上 10m、50%时间概率、50%地点概率的最小中值等效场强	E_{med}/(dBμV/m)	56	62	68	74	80
地点概率 99%						
地点概率校正因子	C_l/dB	12.8				
对应地平面之上 10m、50%时间概率、50%地点概率的最小中值功率通量密度	ϕ_{med}/(dBW/m^2)	−84.1	−78.1	−72.1	−66.1	−60.1
对应地平面之上 10m、50%时间概率、50%地点概率的最小中值等效场强	E_{med}/(dBμV/m)	62	68	74	80	86

表 7-15　农村/郊区环境下波段 V 内 90%和 99%地点概率的最小中值概率通量密度和最小中值等效场强(移动接收)

频率	F/MHz	700				
系统所需最小载噪比	C/N/dB	2	8	14	20	26
接收机最小输入信号功率	P_{smin}/dBW	−126.2	−120.2	−114.2	−108.2	−1022
接收机最小输入信号电压(75Ω)	U_{smin}/dBμV	13	19	25	31	37
馈线损耗	L_f/dB	0				
相对半波偶极子的天线增益	G/dBd	0				

续表

有效天线孔径	A_a/(dB/m²)	−16.2				
接收点的最小功率通量密度	ϕ_{min}/(dBW/m²)	−110.0	−104.0	−98.0	−92.0	−86.0
接收点的最小等效场强	E_{min}/(dBμV/m)	36	42	48	54	60
人为噪声容差	P_{mmm}/dB	0				
高度损耗	L_h/dB	17				
地点概率 90%						
地点概率校正因子	C_l/dB	7				
对应地平面之上 10m、50%时间概率、50%地点概率的最小中值功率通量密度	ϕ_{med}/(dBW/m²)	−86.0	−80.0	−74.0	−68.0	−62.0
对应地平面之上 10m、50%时间概率、50%地点概率的最小中值等效场强	E_{med}/(dBμV/m)	60	66	72	78	84
地点概率 99%						
地点概率校正因子	C_l/dB	12.8				
对应地平面之上 10m、50%时间概率、50%地点概率的最小中值功率通量密度	ϕ_{med}/(dBW/m²)	−80.2	−74.2	−68.2	−62.2	−56.2
对应地平面之上 10m、50%时间概率、50%地点概率的最小中值等效场强	E_{med}/(dBμV/m)	66	72	78	84	90

表 7-16　城市环境下波段 I、II 内 90%和 99%地点概率的最小中值概率通量密度和最小中值等效场强(移动接收)

频率	F/MHz	65				
系统所需最小载噪比	C/N/dB	2	8	14	20	26
接收机最小输入信号功率	P_{smin}/dBW	−128.2	−122.2	−116.2	−110.2	−104.2
接收机最小输入信号电压(75Ω)	U_{smin}/dBμV	11	17	23	29	35
馈线损耗	L_f/dB	0				
相对半波偶极子的天线增益	G/dBd	−2.2				
有效天线孔径	A_a/(dB/m²)	2.2				
接收点的最小功率通量密度	Φ_{min}/(dBW/m²)	−130.4	−124.4	−118.4	−112.4	−106.4
接收点的最小等效场强	E_{min}/(dBμV/m)	15	21	27	33	39
人为噪声容差	P_{mmm}/dB	6				
高度损耗	L_h/dB	15				
地点概率 90%						
地点概率校正因子	C_l/dB	7				
对应地平面之上 10m、50%时间概率、50%地点概率的最小中值功率通量密度	ϕ_{med}/(dBW/m²)	−102.4	−96.4	−90.4	−84.4	−78.4

续表

对应地平面之上 10m、50%时间概率、50%地点概率的最小中值等效场强	E_{med}/(dBμV/m)	43	49	55	61	67
地点概率 99%						
地点概率校正因子	C_l/dB	12.8				
对应地平面之上 10m、50%时间概率、50%地点概率的最小中值功率通量密度	ϕ_{med}/(dBW/m²)	−96.6	−90.6	−84.6	−78.6	−72.6
对应地平面之上 10m、50%时间概率、50%地点概率的最小中值等效场强	E_{med}/(dBμV/m)	49	55	61	67	73

表 7-17　城市环境下波段 III 内 90%和 99%地点概率的最小中值概率通量密度和最小中值等效场强(移动接收)

频率	F/MHz	200				
系统所需最小载噪比	C/N/dB	2	8	14	20	26
接收机最小输入信号功率	P_{smin}/dBW	−126.2	−120.2	−114.2	−108.2	−1022
接收机最小输入信号电压(75Ω)	U_{smin}/dBμV	13	19	25	31	37
馈线损耗	L_f/dB	0				
相对半波偶极子的天线增益	G/dBd	−2.2				
有效天线孔径	A_a/(dB/m²)	−7.5				
接收点的最小功率通量密度	ϕ_{min}/(dBW/m²)	−118.7	−112.7	−106.7	−100.7	−94.7
接收点的最小等效场强	E_{min}/(dBμV/m)	27	33	39	45	51
人为噪声容差	P_{mmm}/dB	1				
高度损耗	L_h/dB	19				
地点概率 90%						
地点概率校正因子	C_l/dB	7				
对应地平面之上 10m、50%时间概率、50%地点概率的最小中值功率通量密度	ϕ_{med}/(dBW/m²)	−91.7	−85.7	−79.7	−73.7	−67.7
对应地平面之上 10m、50%时间概率、50%地点概率的最小中值等效场强	E_{med}/(dBμV/m)	54	60	66	72	78
地点概率 99%						
地点概率校正因子	C_l/dB	12.8				
对应地平面之上 10m、50%时间概率、50%地点概率的最小中值功率通量密度	ϕ_{med}/(dBW/m²)	−85.9	−79.9	−73.6	−67.9	−61.9
对应地平面之上 10m、50%时间概率、50%地点概率的最小中值等效场强	E_{med}/(dBμV/m)	60	66	72	78	84

表 7-18　城市环境下波段 IV 内 90%和 99%地点概率的最小中值概率通量密度和最小中值等效场强(移动接收)

频率	F/MHz	500				
系统所需最小载噪比	C/N/dB	2	8	14	20	26
接收机最小输入信号功率	P_{smin}/dBW	−126.2	−120.2	−114.2	−108.2	−1022
接收机最小输入信号电压(75Ω)	U_{smin}/dBμV	13	19	25	31	37
馈线损耗	L_f/dB	0				
相对半波偶极子的天线增益	G/dBd	0				
有效天线孔径	A_a/(dB/m²)	−13.3				
接收点的最小功率通量密度	ϕ_{min}/(dBW/m²)	−112.9	−106.9	−100.9	−94.9	−88.9
接收点的最小等效场强	E_{min}/(dBμV/m)	33	39	45	51	57
人为噪声容差	P_{mmm}/dB	0				
高度损耗	L_h/dB	23				
地点概率 90%						
地点概率校正因子	C_1/dB	7				
对应地平面之上 10m、50%时间概率、50%地点概率的最小中值功率通量密度	ϕ_{med}/(dBW/m²)	−82.9	−76.9	−70.9	−64.9	−58.9
对应地平面之上 10m、50%时间概率、50%地点概率的最小中值等效场强	E_{med}/(dBμV/m)	63	69	75	81	87
地点概率 99%						
地点概率校正因子	C_1/dB	12.8				
对应地平面之上 10m、50%时间概率、50%地点概率的最小中值功率通量密度	ϕ_{med}/(dBW/m²)	−77.1	−71.1	−65.1	−59.1	−53.1
对应地平面之上 10m、50%时间概率、50%地点概率的最小中值等效场强	E_{med}/(dBμV/m)	69	75	81	87	93

表 7-19　城市环境下波段 V 内 90%和 99%地点概率的最小中值概率通量密度和最小中值等效场强(移动接收)

频率	F/MHz	700				
系统所需最小载噪比	C/N/dB	2	8	14	20	26
接收机最小输入信号功率	P_{smin}/dBW	−126.2	−120.2	−114.2	−108.2	−1022
接收机最小输入信号电压(75Ω)	U_{smin}/dBμV	13	19	25	31	37
馈线损耗	L_f/dB	0				
相对半波偶极子的天线增益	G/dBd	0				

续表

有效天线孔径	$A_a/(\mathrm{dB/m^2})$	-16.2				
接收点的最小功率通量密度	$\phi_{min}/(\mathrm{dBW/m^2})$	-110.0	-104.0	-98.0	-92.0	-86.0
接收点的最小等效场强	$E_{min}/(\mathrm{dB\mu V/m})$	36	42	48	54	60
人为噪声容差	P_{mmm}/dB	0				
高度损耗	L_h/dB	25				
地点概率 90%						
地点概率校正因子	C_l/dB	7				
对应地平面之上 10m、50%时间概率、50%地点概率的最小中值功率通量密度	$\phi_{med}/(\mathrm{dBW/m^2})$	-78.0	-72.0	-66.0	-60.0	-54.0
对应地平面之上 10m、50%时间概率、50%地点概率的最小中值等效场强	$E_{med}/(\mathrm{dB\mu V/m})$	68	74	80	86	92
地点概率 99%						
地点概率校正因子	C_l/dB	12.8				
对应地平面之上 10m、50%时间概率、50%地点概率的最小中值功率通量密度	$\phi_{med}/(\mathrm{dBW/m^2})$	-72.2	-66.2	-60.2	-54.2	-48.2
对应地平面之上 10m、50%时间概率、50%地点概率的最小中值等效场强	$E_{med}/(\mathrm{dB\mu V/m})$	74	80	86	92	98

3)室内固定接收

电波进入建筑物的传播损耗主要取决于建筑材料、电波入射角和频率，还与接收点是在楼内深处的房间内还是在靠近建筑物外墙的房间内有关。建筑物的穿透损耗定义为建筑物内给定高度的平均场强与该建筑物外同等高度处的平均场强之差。目前没有统一公式来计算建筑物穿透损耗。根据大量测试的统计信息，表 7-20 给出了建筑物的平均穿透损耗和均方差。

表 7-20　UHF 频带 IV/V 波段建筑物穿透损耗

室内接收成功率	建筑物平均穿透损耗/dB	σ_b/dB
高	7	5
中	11	6
低	15	7

不同建筑物中室内接收的成功率分三种情况。

(1)高成功率：

①郊区无金属化玻璃窗的住宅；

②市区公寓楼内靠外墙有窗的房间。

(2)中成功率：

①市区靠外墙有金属化玻璃窗的房间；

②市区公寓不靠外墙的房间。

(3)低成功率：

办公大楼里不靠外的房间。

如果有更精确的基于当地测量得到的结果，那么这些结果可以作为当地规划的依据。

7.2.4 与现有模拟电视广播业务的共用

1. 地面数字电视信号与地面模拟电视之间的射频保护率

射频保护率是指在没有外加噪声或其他干扰的情况下为保证正常接收，欲收信号与非欲收信号功率比的最小值，通常在接收机输入端测量，以 dB 值表示。

确定射频保护率时，数字电视的参考功率是在系统带宽内测量的平均信号功率，模拟电视的参考功率是同步信号峰值上测量的射频信号均方根功率。

当欲收信号为地面数字电视信号时，测量的客观判据采用可视门限判据，即信道解码后码流在 1 分钟内的误比特率大于 3×10^{-6} 为接收失败。

当欲收信号为模拟信号时，分为对流层干扰和连续干扰下的保护率。对流层干扰对应于图像质量损伤 3 级，连续干扰对应于图像质量损伤 4 级。

地面数字电视信号与地面模拟电视信号之间的射频保护率应满足 GY/T 237—2008。

2. 地面数字电视与其他业务之间的保护要求

地面数字电视信号与陆地移动业务、无线导航等其他业务之间的保护要求有待制定。

7.2.5 单频网覆盖区域的定义

1. 单频网固定接收载噪比门限

对于地面数字电视广播单频网的固定接收，在某一台站发射信号相对较强的接收区域，即存在一路主径信号的接收区域，信道环境属于莱斯信道。在各台站发射信号强度相当的接收区域，信道环境属于瑞利信道。各系统模式在不同信道环境下的载噪比门限如表 7-21 所示，其中莱斯信道和瑞利信道的模型参数见 GY/T 237—2008 附录 H。

表 7-21　地面数字电视广播系统载噪比门限

映射方式	前向纠错编码效率	莱斯信道载噪比门限 C/N/dB	瑞利信道载噪比门限 C/N/dB	系统净码率/(Mbit/s)		
				PN420	PN595	PN945
4-QAM	0.4	3.5	4.5	5.414	5.198	4.813
16-QAM	0.4	9.0	10.0	10.829	10.396	9.626
64-QAM	0.4	15.0	16.0	16.243	15.593	14.438
4-QAM	0.6	5.0	7.0	8.122	7.797	7.219
16-QAM	0.6	12.0	14.0	16.243	15.593	14.438
64-QAM	0.6	18.0	20.0	24.365	23.390	21.658
4-QAM-NR	0.8	3.5	4.5	5.414	5.198	4.813
4-QAM	0.8	8.0	12.0	10.829	10.396	9.626
16-QAM	0.8	15.0	18.0	21.658	20.791	19.251
32-QAM	0.8	17.0	21.0	27.072	25.989	24.064
64-QAM	0.8	23.0	28.0	32.486	31.187	28.877

2. 移动接收载噪比门限

对于地面数字电视单频网的移动接收，采用 GY/T 237—2008 第 7.2.1 条中的移动接收所需平均载噪比的最小值$(C/N)_{min}$，各系统模式所需载噪比门限见表 7-22。各载噪比门限数值基于表 7-23 中给出的“典型市区”的信道模型测试得到。测试中失败判据为 5 分钟内的误码秒所占百分比超过 5%。移动接收最小中值等效场强计算中的地点概率取值应为 99%。

表 7-22　非分集接收场合移动接收所需的平均载噪比

映射方式	前向纠错编码效率	系统净荷数据率/(Mbit/s)	$(C/N)_{min}$/dB
4-QAM	0.4	5.414	6
16-QAM	0.4	10.829	12
4-QAM	0.6	8.122	10
16-QAM	0.6	16.243	17
4-QAM-NR	0.8	5.414	6
4-QAM	0.8	10.829	14

表 7-23　在“典型市区”对移动接收测量所需平均载噪比时的信道模型

路径	延时/μs	相对幅度/dB	多普勒类别
路径 1	0	−3	莱斯

续表

路径	延时/μs	相对幅度/dB	多普勒类别
路径 2	0.2	0	莱斯
路径 3	0.5	−2	莱斯
路径 4	1.6	−6	莱斯
路径 5	2.3	−8	莱斯
路径 6	5	−10	莱斯

3. 单频网接收成功判定标准

在单频网中实现覆盖的欲收信号功率应满足

$$\sum_i C_i \geqslant (C/N)_{\mathrm{T}} \times N + \sum_j (P_j \times I_j)$$

式中：C_i 为第 i 路欲收信号功率，N 为噪声功率，I_j 为第 j 路非欲收信号功率，P_j 为对应第 j 路非欲收信号的保护率。

式中的数值均为算术值，其中保护率参见 GY/T 237—2008 第 5 条。地面数字电视系统不同的帧头模式具备不同的多径信号时延处理能力，多径信号中的某一路径信号会因为超出多径信号时延处理能力而由欲收信号变成非欲收信号，从而产生同频干扰。

4. 单频网覆盖区域定义

影响多径时延差异的主要因素有：发射台站的延时配置、信道参数的载噪比门限和解调芯片的性能。

发射台站的时延配置决定了所有接收区域内多径信号的相互时延差异，时延改动造成的影响是全区域的。可以将单频网内简单划分为三种区域：覆盖重叠区，该区域能够收到多个发射点的信号，信号强度高于接收电平门限，并且信号强度比低于载噪比门限。覆盖非重叠区域，该区域能够收到多个发射点的信号，信号强度高于接收电平门限，并且信号强度比大于等于载噪比门限。非覆盖区，该区域能够收到多个发射点的信号，信号强度低于接收电平门限。因此，信道参数确定了载噪比门限，同时决定了覆盖重叠区的大小，载噪比门限高，相应覆盖重叠区域也大。

在实际工程中，通常解调芯片的性能决定了处理单频网多径信号的能力，也决定了单频网调整的严格程度。城市环境的单频网调整，需要综合考虑以上三个因素，找到合适的平衡点。

7.3　网络优化

7.3.1　路测数据对模型的校正

由于地面数字电视网络规划的基础是电波传播模型，模型的精确度直接关系到最终规划方案的精确度，因此采用合适的电波传播模型极为重要。

适合地面数字电视应用的电波传播模型都是经验公式，是前期大量实验的归纳结果，因此存在一定的误差，不能适用于所有地区。在有条件的情况下，可以对规划地区进行路测试验，根据实际测试结果，对传播模型进行校正，获得适合该地区的专用模型。

以 Hata 模型为例，预测结果的校正主要有两种方法：最小二乘法和模糊逻辑法。

1)最小二乘法

在 Hata 模型中，路径损耗 L_p 可以简化表示为

$$L_p = A + B\lg d$$

式中

$$A = 178 - 10\lg[\lambda^2/(4\pi)] - \gamma + \alpha(h_m)$$

$$B = -\beta$$

路径损耗系数 A 由载波频率和基站天线的高度决定，B 由接收天线的高度和周围的环境决定。一般来说，在一个给定的系统中，A 和 B 均可以看做定值(假设移动接收端活动范围内的环境基本不变)，因此，路径损耗可以看做 $\lg d$ 的线性函数。

对 Hata 模型的校正可以通过最小二乘法来实现，即

$$A' = \frac{\sum x_i^2 \sum y_i - \sum x_i \sum x_i y_i}{n\sum x_i^2 - \left(\sum x_i\right)^2}$$

$$B' = \frac{n\sum x_i y_i - \sum x_i \sum y_i}{n\sum x_i^2 - \left(\sum x_i\right)^2}$$

式中：x_i 为 $\lg d_i$，y_i 为对应的路径损耗。所求出的 A' 和 B' 即为修正后的路径损耗系数。

2)模糊逻辑法

还是将路径损耗看做 $L_p = L_0 + \gamma\lg d$ 的形式，其中 γ 是与环境有关的变量。对传播环境进行分类，如城市、城郊、农村、真空等，而且在这些理想环境中 γ 是已知的(可通过多次测量来获得)。那么可以通过模糊逻辑的方法建立一些规则来确定那些不完全属于上述分类，但是又介于两者之间的环境中的损耗系数。

如图 7-1 所示，假如实际环境完全是农村，那么取实际的 $\gamma = \gamma_1$。而如果实际环境

是介于农村和城郊之间 50%，那么可以选取 $\gamma=1/2(\gamma_1+\gamma_2)$。以此类推。而 γ 确定了以后，由于 L_0 与环境无关，因此可以进一步确定整个路径损耗模型。

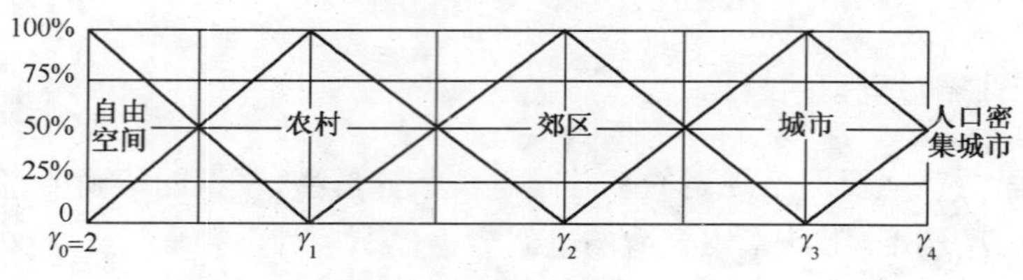

图 7-1 不同环境中的 γ 值

在实际使用中，可以采用一些更加便于量化的数据来确定环境的归类。比如单位面积内树木的数量、楼房的数量等。

7.3.2 单频网时延调整方法

距离和时延的换算公式为

$$t = c/d$$

式中：t 等于路径时延，c 为光速，d 为电波传输距离。

化简后可以理解为电波传播 3km，相当于路径时延增加 10μs。当单频网中各个发射点保持同步发射时，多径时延差异就等于接收点到各个台站的距离差异，可以进行转换。

参考国标的三种 PN 头模式，在各种保护间隔条件下，最大多径时延与保护间隔内最大台站距离的约束条件如表 7-24 所示。

表 7-24 保护间隔、最大多径时延和最大台站距离的关系

保护间隔	PN 长度符号	最大多径时延/μs	最大台站距离/km
1/9	420	55.6	16.7
1/6	595	78.7	23.6
1/4	945	125	37.5

出于简化目的，单频网时延调整机制可以从由两个发射点组成的网络说明，如图 7-2所示。其中，A、B 为单频网中的两个发射点，C 为接收点位置，可以分为两种情况讨论。

(1)网络中发射机的台站间隔距离 AB 小于保护间隔下最大台站距离。

该条件下，无须对发射点的时延进行配置，保持同步即可。因为多径信号的时延差异等于三角形两边差，小于第三边，即保护间隔。因此，任意接收点接收到的单频网多径信号能够保证在保护间隔内。这是较为理想的台站配置。

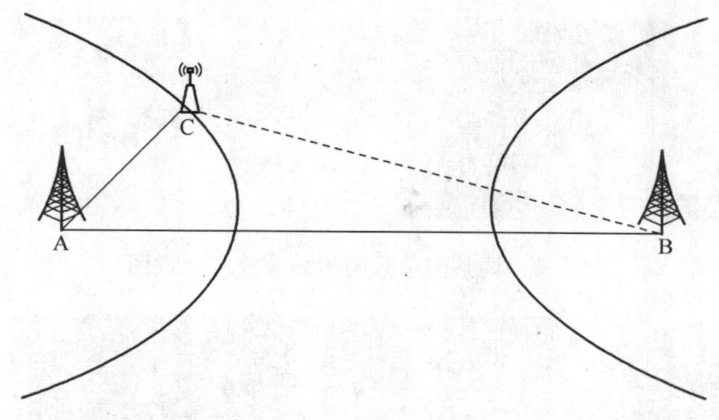

图 7-2　单频网多径示意图

(2)网络中发射机的台站间隔距离 AB 大于保护间隔下最大台站距离。

随着覆盖区域的扩大,单频网的规划也在扩大,因此很难保证单频网中所有发射机的相互距离都能小于保护间隔内的最大台站距离。这种情况下,需要考虑进行单频网时延配置,才能保证网络的信号质量,避免网络干扰。

可以看出,在这种情况下存在两条双曲线。双曲线是指单频网中的接收点分别接收两个发射台的信号的距离差等于保护间隔下的最大台站距离。当单频网发射台保持同步时,双曲线两侧向内部分为多径时延差异小于保护间隔,双曲线两侧往外部分为多径时延差异大于保护间隔。

因此,需要根据单频网传输模式的最小载噪比门限来界定覆盖重叠区,当覆盖重叠区出现在双曲线两侧以外时,需要增加覆盖范围较小的发射塔的时延,从而改变双曲线的曲率,使得覆盖重叠区均满足保护间隔内的多径时延差异。

7.3.3　减小覆盖重叠区

由上节可以看出,调整单频网时延能够改善超出保护间隔内最大台站距离的单频网网络质量,但是这种调整方法不是无限的,并非所有情况都能获得完美保护。

当出现覆盖重叠区域很大的情况时,时延调整方法就不能兼顾所有的重叠区,这种情况下必须减小覆盖重叠区以满足网络要求。减小覆盖重叠区的方法包括降低发射功率或者天线改造。

降低发射功率的方法可以针对覆盖半径较小的发射点进行,使得覆盖重叠区往小覆盖台站靠近。当然这种方法的弊端是造成了有效覆盖面积的缩小。

如图 7-3～图 7-6(见插页)所示,上海市青浦与东方明珠两个发射点构成的单频网,发射功率均为 1000W。图 7-3 为单频网覆盖重叠区定义,蓝色为覆盖重叠区,红色为非覆盖重叠区。图 7-4 为单频网场强叠加图,蓝色场强由蓝色过渡到红色,依次降低。

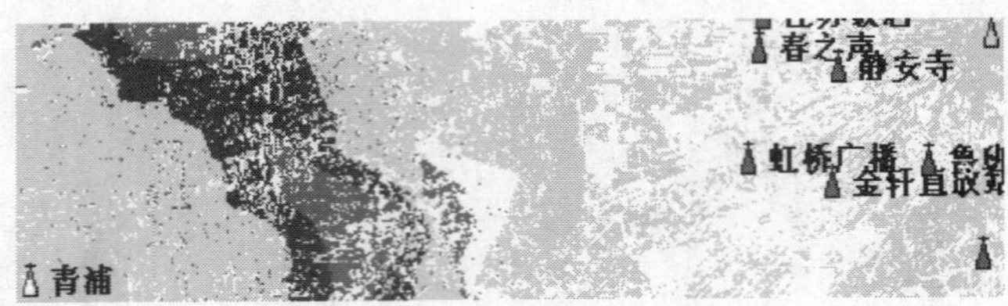

图 7-3　调整前单频网覆盖重叠区示意图

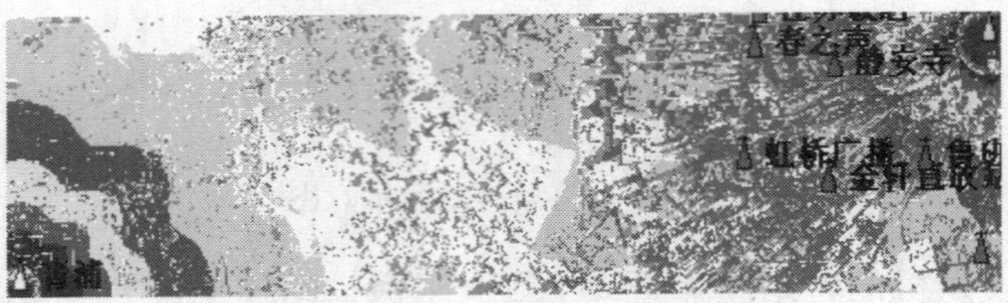

图 7-4　调整前单频网场强叠加示意图

为了缩小覆盖重叠区，现将青浦发射功率降低到 100W，效果如图 7-5 和图 7-6 所示，可以看出蓝色的覆盖重叠区明显减小了，并且向青浦方向靠近了，更利于时延调整，但是带来的影响是青浦发射点的覆盖半径也减小了。

图 7-5　功率调整后单频网覆盖重叠区示意图

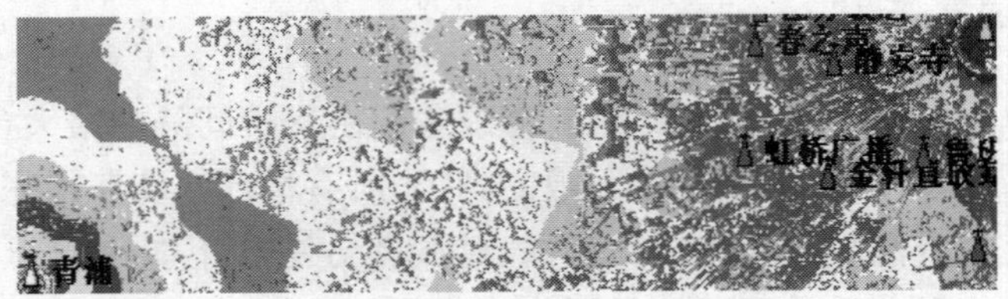

图 7-6　功率调整后单频网场强叠加示意图

天线改造方法是将原先全向发射天线改造成定向发射天线，去除覆盖重叠区方向的天线波束，从而达到减小覆盖重叠区的目的。这种方法的弊端是施工难度大，由于天线面数量发生变化，可能还涉及分支电缆和功分器的改造，成本较高。另外一种较为快速简便的方法是调整发射天线的下倾角，使得远处干扰区处于垂直场型图的零点中，有效降低了远处的辐射，保证了近端的覆盖良好，施工相对简单。

同样的例子，将青浦发射台朝东方明珠方向的天线下倾角度做适当的调整，使得原先的覆盖重叠区处于天线副瓣零点中，效果如图 7-7 和图 7-8(见插页)所示。

图 7-7　天线调整后单频网覆盖重叠区示意图

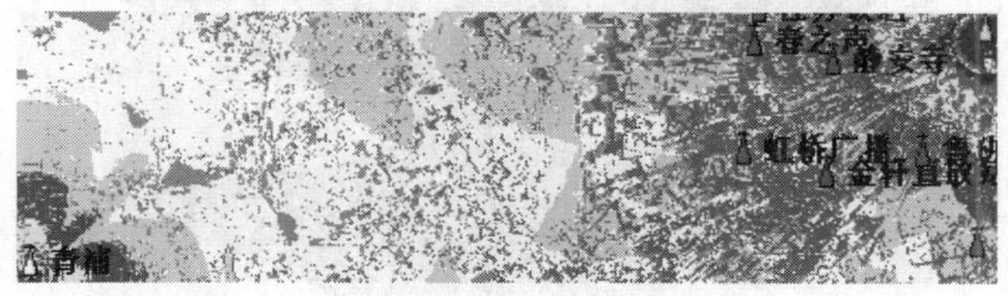

图 7-8　天线调整后单频网场强叠加示意图

天线调整后，能够获得降低功率的效果，只降低了干扰方向的场强，仍然保证了其余方向的有效场强。

7.4　软件仿真

软件工具相对于传统的人工计算来说，不仅计算速度快，效率高，能节省大量的人工，同时也提高了计算结果的准确性，获得最优的结果，辅助工程人员完成网络设计和优化工作。目前市面上有不少网络规划软件，这里主要以苏州恩巨网络有限公司、上海东方明珠广播电视研究发展有限公司等合作研发的无线数字电视规划优化工具(Radioplan)为例，介绍如何通过软件工具来辅助实际的工作。

7.4.1　电子地图

仿真所需要的一类重要数据就是地理信息数据，通过实际的地理信息来模拟无线数字信号的传播。一般所需的地理信息包含 DEM、DSM、DHM、Clutter 和 Pop 文件。电子地图如图 7-9(见插页)所示。

数字高程模型(Digital Elevation Model，DEM)：该类地图包含了地形高程信息，仅有地图高程信息，不包含建筑物的高度，表示地形的起伏情况。用于计算地形对电磁波的传播影响。

数字高度模型(Digital Height Model，DHM)：该类图仅包含了建筑物的高度信息，通

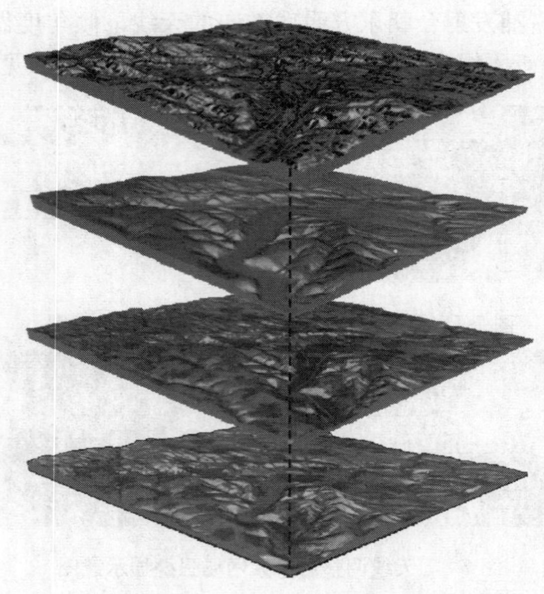

图 7-9　电子地图

过不同的颜色来表示建筑物的高度情况。用于计算建筑物对电磁波的传播影响。

数字表面模型(Digital Surface Model,DSM):包含了地球表面的高度信息,即DHM和DHM两个图层的叠加。表示地球表面各点的海拔高度。

Clutter图:也称为morpho图,表示地貌类型。一般推荐16种类型:海域、内陆水域、沼泽、灌木丛、半开放区域、开放区域/田地、低植被/田地+森林混合地带、森林、乡村、低城市/郊区、工业区、市区内的开放区域、市区1、市区2、人口密集市区、街区建筑等。各类地貌类型对电磁波的反射、散射、吸收情况都有所不同,在计算时考虑各地貌的影响加入修正值。

Pop文件:人口分布图,表示单位面积内的人口数,即人口密度。在分析人口覆盖时会用到。

在一般地面数字电视网络规划和优化工作中需考虑实际的地理环境对信号传播的影响,将覆盖的范围、能提供服务的人数以及最终能到达的覆盖目标作为整个网络的衡量标准。因此,采用Radioplan工具进行仿真时,建议采用至少3类地图文件,即DSM、Clutter和Pop图。对于市区等需要细致规划的应采用分辨率至少为20m的图,郊区和农村可采用50m或者100m分辨率的图。

7.4.2　网络规划

地面数字电视网络规划仿真大致可分为以下几个部分。

1)基础数据

基础数据除了前面提到的地理信息数据外,主要就是台站的参数。对于数字电视规划,一般包括台站的位置坐标、台站高度、所属业务类型、天线的挂高、发射功率、天线方向图、发射增益、频率以及信号调制类型、保护率参数、接收门限等。在Radioplan中提供了一个数据库来存取这些信息。图 7-10 和图 7-11 所示为台站的一些参数。

基础数据是保证仿真可靠性的前提,对于已存在的台站,这些参数可以从无线电管理部门获得。对于规划初期,这些参数可以根据需求进行自定义。

(a)常规参数　(b)天线参数

(c)馈线参数　(d)位置参数

图 7-10　台站基本参数

2)规划目标与规划参数

规划目标需要在建网初期确定,一般包括面积覆盖率、人口覆盖率、建网投资的成本、网络的性价比等。规划参数一般有最小中值场、射频保护率、传播模型等。根据广播电视部门的测试和建议,适用于地面数字电视的传播模型为 ITU-P R. 370、ITU-P R. 1546 和 Hata 模型。

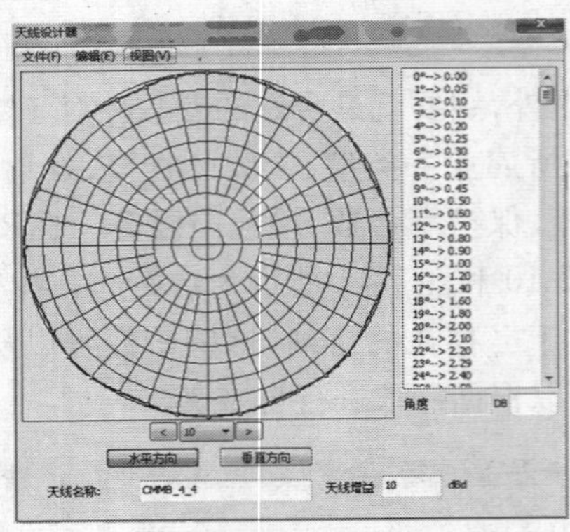
(a)水平方向图

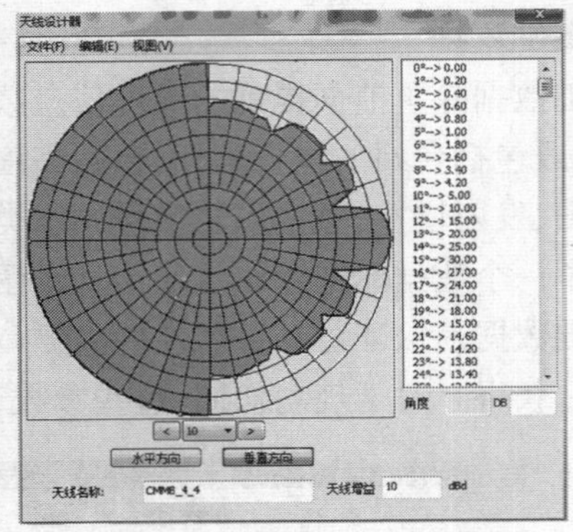
(b)垂直方向图

图 7-11　天线方向图

3)场强预测

完成了初始数据录入之后,进行网络覆盖仿真。传播模型的选取应考虑台站工作的频率,并结合当地的地理环境进行本地化的修正,即模型校正。为了提高预测的准确性,在保证基础数据录入准确的情况下,尽可能减少模型带来的误差,因此模型校正在实际仿真中是非常有必要的。图 7-12(见插页)所示为 Hata 模型场强预测结果。

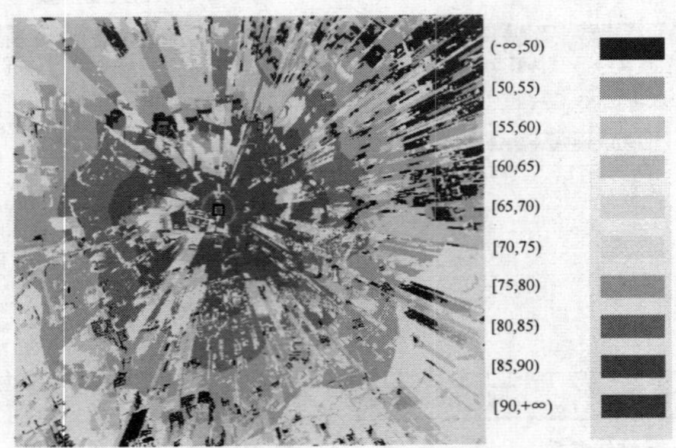

图 7-12　Hata 模型场强预测

基于场强预测能基本清楚了解区域内场强的分布情况。台站的大致覆盖范围也可确定,对于部分区域信号强度比较弱的可以进一步结合 3D 显示来分析,即将预测结果与地图 3D 模型重叠显示,如图 7-13(见插页)所示。结合 3D 显示可以清楚地看出地理环境对电磁波传播的影响,在规划初期还可以用来判断站址的选择是否合理。

4)网络分析

网络分析主要是对网络进行干扰分析以及其他一些指标分析,包含多种分析结果。

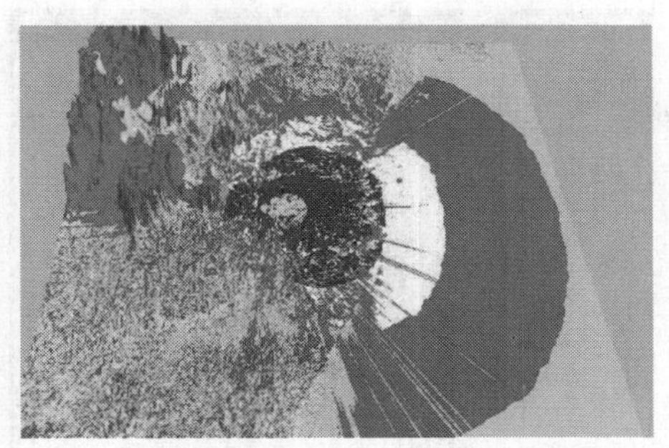

图 7-13　预测结果与地图 3D 显示

干扰分析包括多个方面，根据类型包含了数字网对模拟网的干扰、模拟网对数字网的干扰、数字网之间的干扰以及与卫星网之间的干扰等。根据频率包含了同频干扰、邻频干扰、互调干扰等。在国标数字电视标准中定义了相应的保护率，以及 C/N、C/I 的计算方法，软件仿真融合了这些标准。干扰分析示意图如图 7-14 所示。

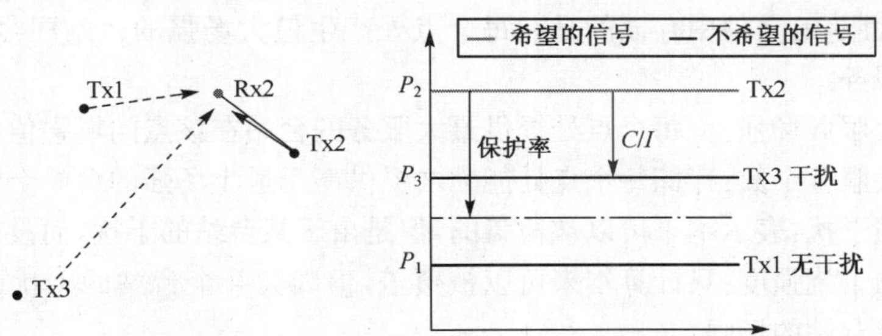

图 7-14　干扰分析示意图

在进行网络分析时，首先设置预收信号台站，其他非预收台都作为干扰台考虑，计算所有台站的场强分布，然后通过考虑保护率等进行干扰分析。用户可选择多种仿真结果，如图 7-15 所示。

(1)欲收场强：指预测台站的场强分布。

(2)可用场：所有干扰台的干扰合成场强。

(3)C/I：载干比计算结果，表示区域中每个点欲收信号高出干扰信号的情况，单位为 dB。

(4)覆盖概率：计算出每一个位置被覆盖的概率(0～100%)。

(5)最强干扰：每个点处对它造成最强干扰的台站序号。

(6)最强干扰强度：表示每个点处对它造成最强干扰的台站在此处的场强，单位为 dBμV/m。

(7)最佳服务：每个点处能为之提供最大 C/I 值的台站序号，类似最强干扰。

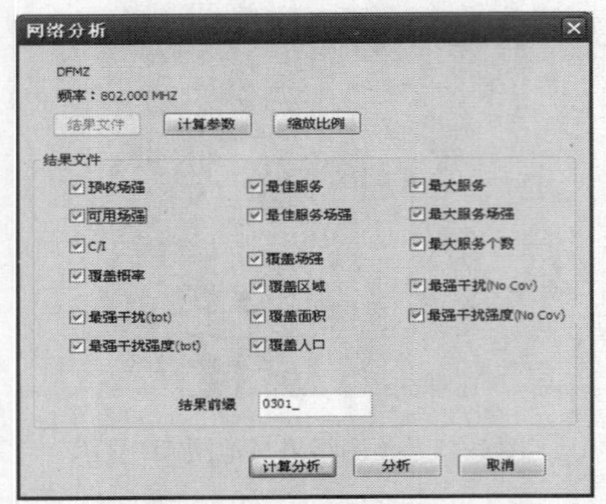

图 7-15　网络分析结果设置

(8)最佳服务场强：为每个点处提供最佳服务的台站在该点的场强，类似最强干扰强度。

(9)覆盖区域：根据覆盖条件，给出覆盖的区域和未覆盖的区域。

(10)最大服务：文件中存储的是在每个点处产生最大场强的台站序号，类似最强干扰和最佳服务。

(11)最大服务场强：为每个点处提供最大服务的台站在该点的场强值。

(12)最大服务个数：存储每个点处能为之提供高于最小场强的台站个数。

(13)最强干扰：表示本来可以被覆盖的，但是由于某台站的干扰，而没有被覆盖。

(14)最强干扰强度：只计算本来可以被覆盖，但因为某个台站的干扰而没有被覆盖的点处干扰台站的场强。

(15)覆盖面积：按照覆盖区域的计算结果，依照地图分辨率的设置计算被覆盖区的面积，并且给出被覆盖区域占被测试区域的百分比。

(16)覆盖人口：按照覆盖区域的计算结果，读取人口密度图中每个点的人口密度，然后统计被覆盖区域中的人口数，并且给出被覆盖人口占测试区域内总人口的百分比。

典型分析结果示例如图 7-16(见插页)所示。这些网络分析的结果对网络覆盖的分析比较全面，对数字电视网络规划具有极其重要的作用，工程师通过这些仿真结果能对整个网络性能有一个全面的预知，解决了人为规划中的许多问题。

5)频率指配

在考虑干扰的条件下给新建的台指配一个合理的频率。在数字单频网中频率都已经确定，无须进行频率指配。在多频网中考虑到台站的用频可选范围，以及选择频率后对周围台站的相互影响，软件中提供了频率预选指配功能，选择最佳的频率供台站使用，提高频谱利用率。

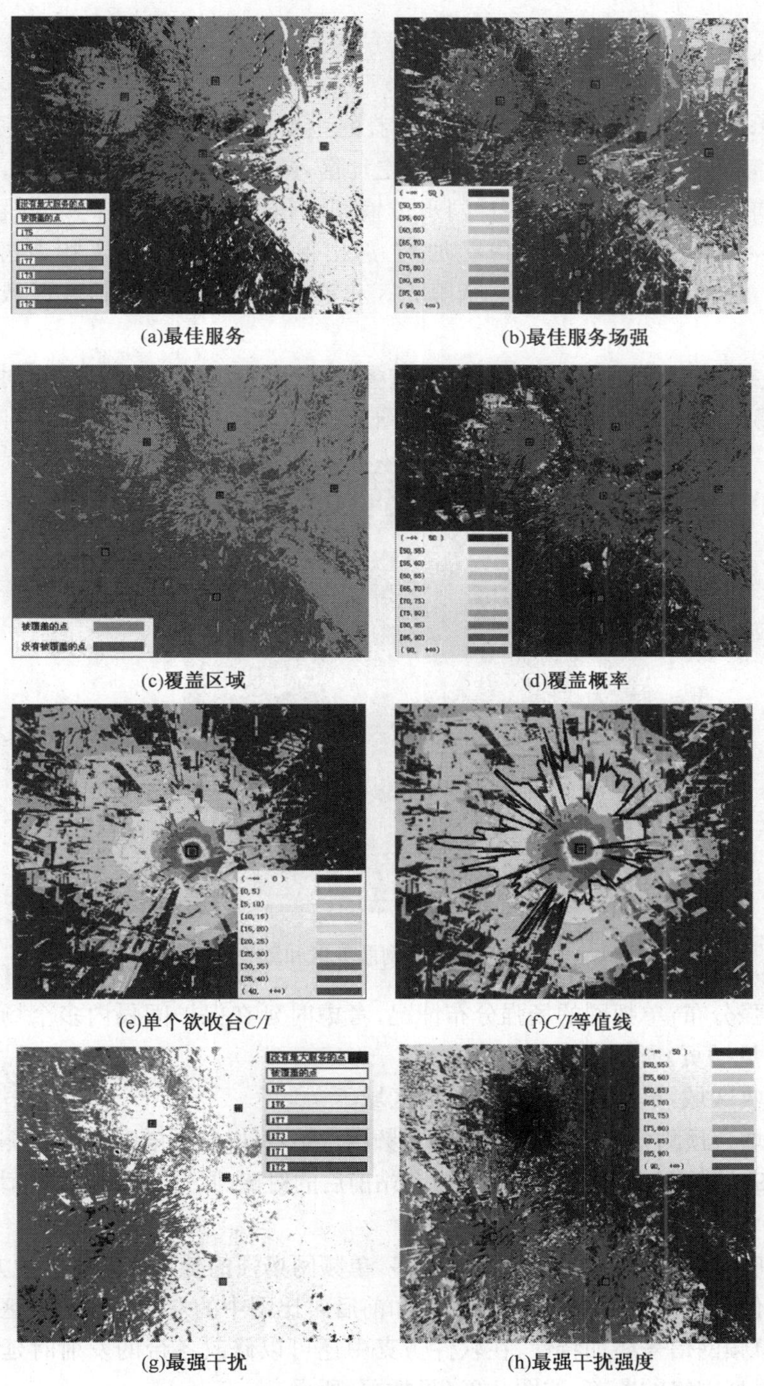

(a)最佳服务　(b)最佳服务场强

(c)覆盖区域　(d)覆盖概率

(e)单个欲收台C/I　(f)C/I等值线

(g)最强干扰　(h)最强干扰强度

图 7-16　网络分析结果示例

7.4.3　单频网网络分析

数字单频网是解决地面数字电视覆盖的主要技术，一方面提高了频谱的利用率，另一方面降低的发射功率，使得覆盖更均衡，减少了电磁辐射的污染。单频网中所有发射机工作在同一频率，并且同步传输同一信号，其特点是同一信号的多径信号时延在一个保护间隔内是可以叠加的，超出保护间隔将作为干扰考虑。Radioplan 提供的单频网仿真分析主要包括服务区和重叠区、场强分布、接收区域、新增台预测分析等。

(1)服务区和重叠区：计算单频网的重叠区域(达到场强门限，但由于时延存在，造成有些重叠区能覆盖，有些不能覆盖)，如图 7-17(见插页)所示。

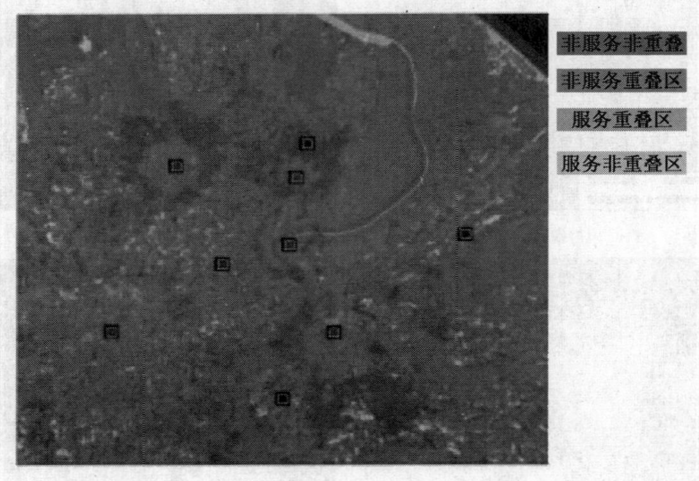

图 7-17　单频网服务区和重叠区

(2)场强分布：单频网的场强分布情况，考虑时延在保护间隔内多个场强的叠加，如图 7-18(见插页)所示。

(3)接收区域：单频网实际能覆盖的区域。

(4)新增台预测分析：对于新增设的单频网台站，可以分析增设前后单频网的覆盖情况。图 7-19(见插页)所示为单频网增设台站前后的对比(原先 2 个台，绿色，增设 2 个新台，黄色)。

添加新台站后覆盖效果明显好了很多，单频网场强的叠加使得很多地方的覆盖都有所改善，但还是存在一些恶化的地方，如前后对比图中的左下角深绿色区域。

对于单频网信号叠加特性，在软件仿真中还可以修改各台的发射时延，通过时延的调整来提高网络的覆盖，如图 7-20(见插页)所示。

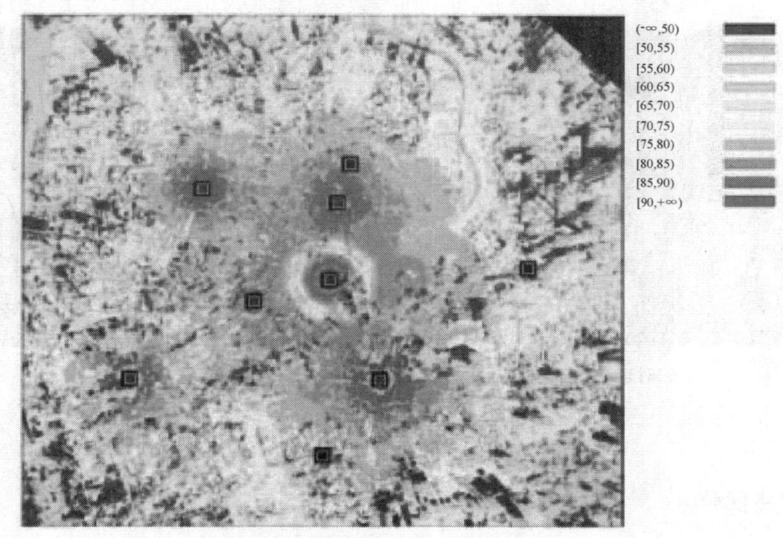

图 7-18　单频网场强叠加

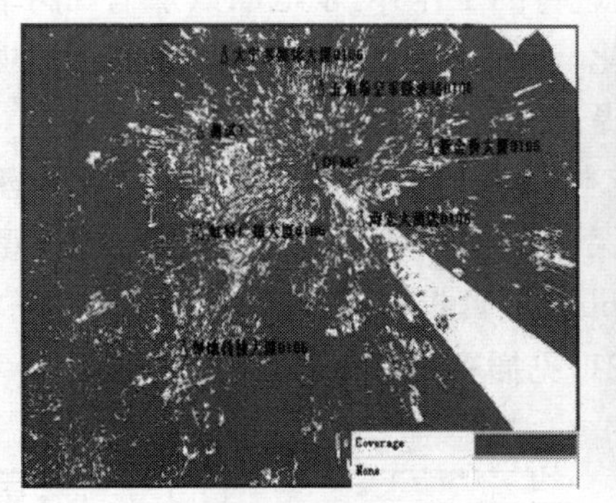

(a)原先单频网覆盖

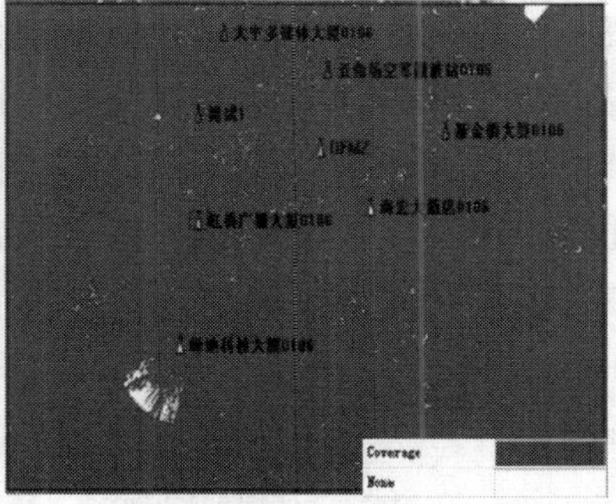

(b)新单频网覆盖

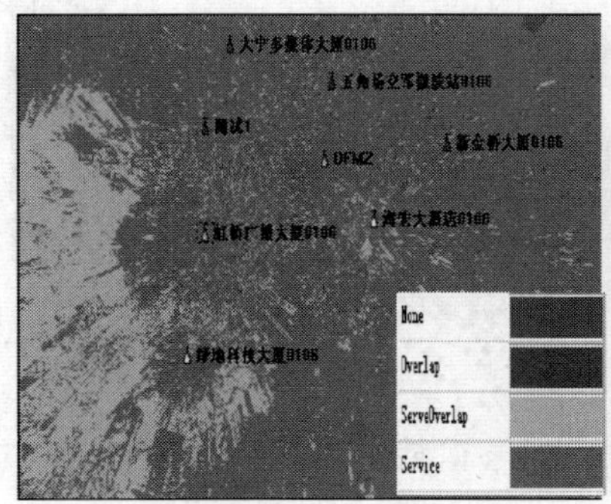

(c)服务区与重叠区

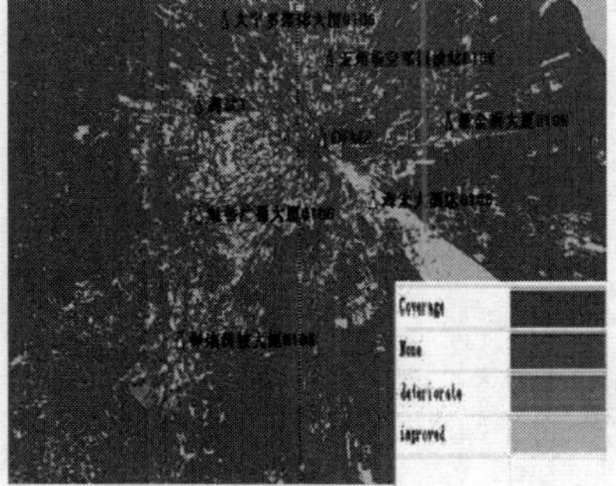

(d)前后对比（覆盖、恶化、改善区域）

图 7-19　新增单频网台站分析

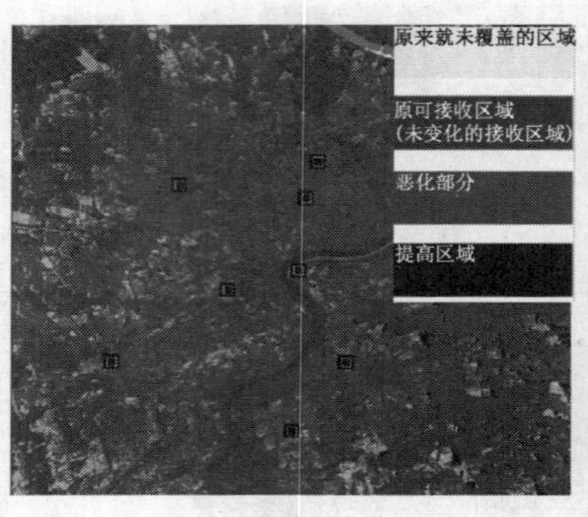

(a)时延滞后75μs

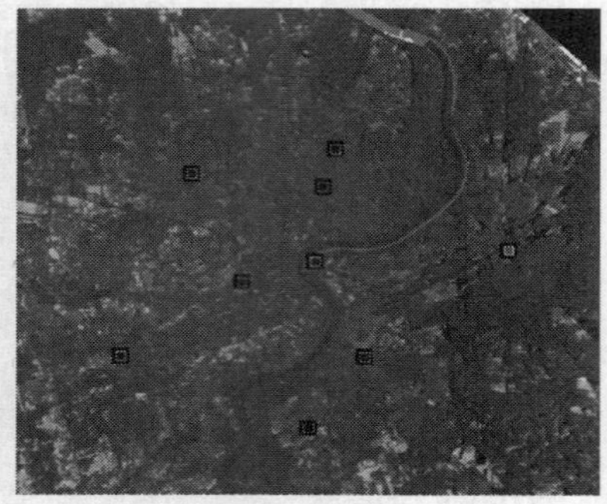

(b)时延滞后100μs

图 7-20　时延调整对比

7.4.4　网络优化

网络优化是任何一个网络都需要长期进行的工作，对于地面数字电视网络同样需要。随着社会的发展，地理环境也经常变化，不断增加的无线电设备对原先规划好的网络造成一定的影响，通过网络优化可以提升网络的性能。

模型校正是指通过实际的路测数据来校正模型的参数，使其跟实际地理环境符合。传播模型作为计算的核心部分，必须保证其可靠性。因此，对选取的模型进行本地化的校正有着非常重要的意义。Radioplan 工具提供了 Hata 模型的校正功能，可以在地图上显示路测数据并分析，如图 7-21(见插页)所示。

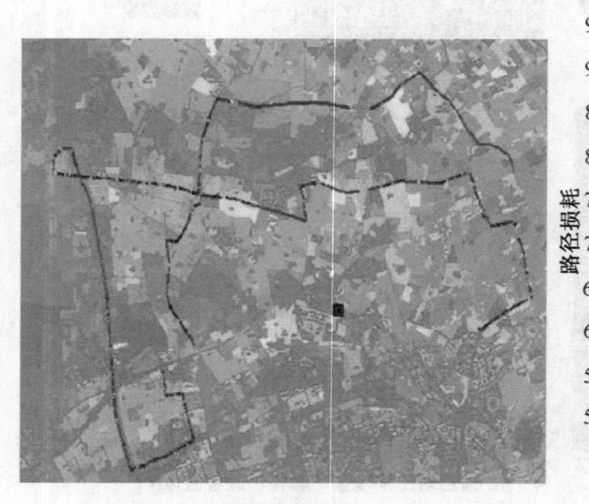

(a)路测数据显示

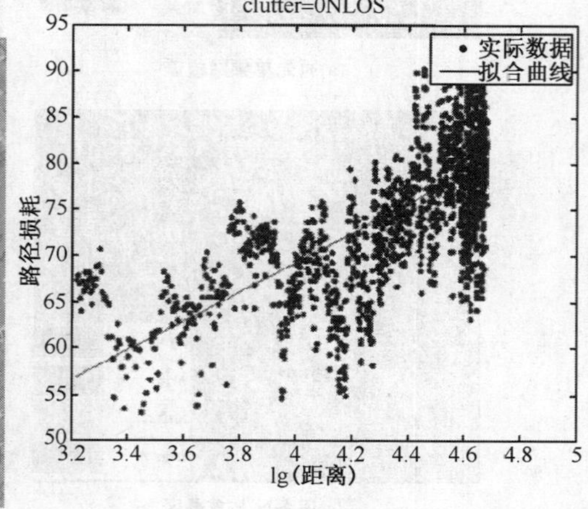

(b)路测数据分析

图 7-21　路测数据处理

通过路测数据的分析，以及与仿真数据的对比来进行传播模型的校正，如 Hata 模型，一般修正公式的系数如图 7-22 所示。

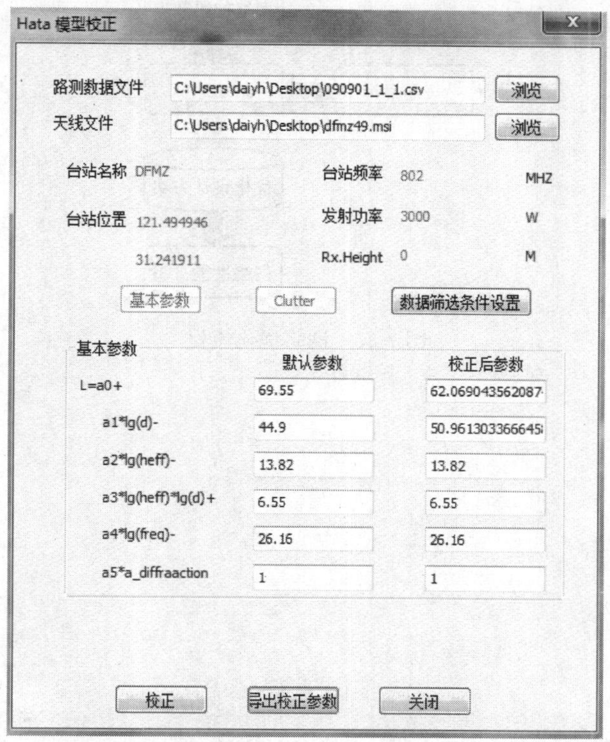

图 7-22　传播模型校正

通过模型校正，使得仿真数据更接近路测数据，在 Radioplan 中通过对 Hata 模型的校正能够将误差降至 3dB 左右。

自动网络优化是指根据优化目标和终止条件，循环对比备选方案，最终得到最佳优化方案。Radioplan 提供的自动网络优化功能完全能够满足网络优化的需求，用户只需要定义优化目标和终止条件，通过软件的仿真优化就能得到最佳的结果。软件工具中包含选站优化、天线优化、功率优化、方位角优化和下倾角优化等。通过这些优化能够以最小的成本来达到预计的覆盖目标。

通过软件工具来进行地面数字电视网络优化流程如图 7-23 所示。

(1)网络初始数据：即地图数据和台站数据等，类似前面提到的基础数据。

(2)规划目标：定义预期的目标，如覆盖率、成本等。

(3)站址选择：自动选择合适的站址，以最少的站址满足规划目标。

(4)优化设计方案：可选择功率、天线、下倾角、方位角等优化。

(5)网络性能分析:通过优化算法进行迭代计算,得出最佳的覆盖方案。

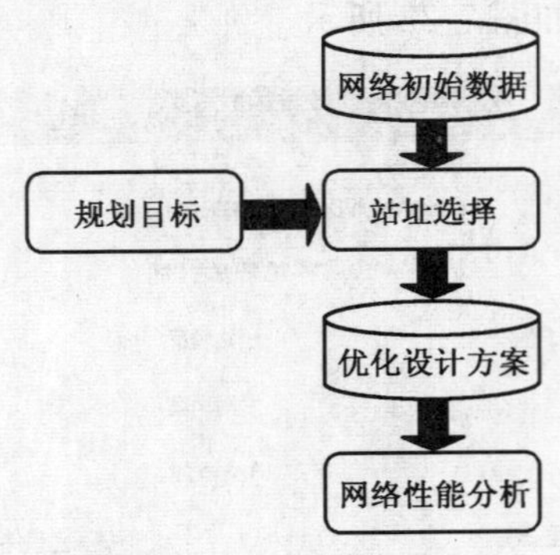

图 7-23　网络优化流程

第 8 章　地面数字电视广播单频网

地面数字电视的最大特点之一是可以使用单频网进行网络覆盖。与传统的地面无线覆盖技术相比，单频网最直接的好处是可以节省有限的频谱资源，能够以更高的频谱利用效率覆盖更为宽广的地域范围。单频网技术的出现，使得地面无线广播系统从各个发射台的独立工作方式，向多个发射台之间相互配合、互相补充的组网工作方式变革。本章针对单频网的技术特点、组网设备和工程实践等进行详细介绍。

8.1 基本概念

在传统的模拟电视广播中，为了对一定区域进行覆盖，可以通过两种方式来扩大覆盖区域。第一种方式是增加单台发射机的发射功率，但是由于无线电传播特性和地球表面曲率的影响，这种方式的覆盖范围不可能很大，并且很浪费资源；第二种方式是采用多个发射台同时发射，相邻发射台需使用不同的频率以避免相互干扰，同一频率必须在一定距离以外才能进行重用，即多频网方式，但多频网会占用很多频点，造成了频率资源的大量浪费。

8.1.1 单频网的定义

1. 单频网及其优势

单频网是指在不同的发射点以同一频率资源进行广播覆盖，它是一种采用多部发射机、具有相衔接的覆盖区域，使用相同的载波频率、相同的信道编码/调制和相同的广播节目，以实现特定区域覆盖的技术手段。

单频网带来的最直接的好处就是可以提高频谱利用率。相对多频网而言，不需要频率重用，为实现同一节目在较大范围内的覆盖只需要使用同一个频率，节省了大量的频率资源，对于需要较大带宽的电视广播而言，该优点更为突出。多个发射台站同时工作所带来的分级效果，能够获得更好的覆盖率。通过对单频网发射网络的调整和优化，可以使用多个小功率发射机代替一个大功率发射机，从而降低信号辐射，减小电磁污染，增强覆盖均匀度，减轻对附近其他网络的干扰，甚至可以根据需要随时改变覆盖区域。由于在理论上可以无限制地扩充发射点个数，所以可以通过网络拓扑延伸来覆盖广阔的区域。接收机依赖接收的性能，不需要考虑不同发射点之间的同频干扰问题，同时也避免了差频转播所带来的频率资源浪费。

2. 单频网运行的同步要求

单频网中多点发射机工作于相同的频率、同步地发射相同节目，其覆盖区域内存在重叠服务区，对接收机来说相当于多径信号，如图 8-1 所示。地面数字电视传输采用正交频分复用调制技术，通过延长符号周期使系统对多径干扰不敏感，加上保护间隔和信道估计等技术的应用，可以有效地消除多径干扰，支持单频网组网。

图 8-1　单频网覆盖示例

单频网通过网络中发射机的同步工作实现频率效率和功率效率的提高，也就是要求单频网发射机(指一组发射机)广播的所有信号都必须在频率、时间和比特上同步。

1)频率同步

多载波调制信号由多个载波(DTMB 3780 个载波)构成，每个载波都采用同一频率。单频网每个发射机的所有载波都必须采用同一频率，频率的精度取决于载波之间的距离。为了使发射系统的中频和射频级联后的精度仍然要满足这一精度，通常的做法是将所有发射机的上变频本振都同步到一个参考时钟，如 GPS 时钟。

2)时间同步

从理论上讲只要采用合适的保护间隔，合理设计发射塔间的距离，正交频分复用调制可以抵抗多径反射，但要求发射机实现时间同步，同一码流字符必须由不同的发射机中在同一时刻发射。由于保护间隔的存在，对时间的精度要求不一定很高，通常采用 ±1μs。在实际应用中，当多路信号的相对时延大于保护间隔时，符号之间的干扰会使信号的正交性受到破坏，最终导致码流误码率提高(64-QAM 调制所受的影响比 QPSK 要严重得多)。或者当延迟大于保护间隔时，接收机无法进行信道预估，系统的性能会恶化。

3)比特同步

在同一时间传输同一个字符需要所有的载波被完全一致地调制，因此，同一比特需要调制在同一个载波上，这一规则必须被严格遵守。在单频网中，每一台调制器都通过不同的分配网与前端的复用器连接，引入时的时间延迟可能都不一样，复用器无法向发射机内的调制器提供时间基准，因此有必要从系统外部获得一个精度好于 1μs 的时间标准，最实用的办法是从 GPS 中提取 10MHz 标准频率和 1PPS 标准时间。为了实现远程的多台发射机传输流(TS)中的比特同步，地面数字电视广播系统中引入了秒帧初始化包(Second-frame Initialization Packet，SIP)的概念，将它插入到 TS 流中，传输到远端的发射机。

8.1.2　单频网的基本架构

地面数字电视广播单频网网络结构示意图如图 8-2 所示。地面数字电视单频网同步广播系统是一个网络化的系统，由四个部分组成：同步前端、节目分配传输网、各发射站数字同步发射机、远程监控管理。单频网是由多个位于不同地点、处于同步状态的发射机组成的数字电视覆盖网络，以相同频率在相同时刻发射相同节目，从而实现对特定服务区的可靠覆盖。在符合 GB 20600—2006 规定的地面数字电视单频网中，来自复用器的 TS 流首先送入单频网适配器进行适配，形成包含秒帧初始化包的 TS 流，再通过节目分配网络传送到各个发射台，经过同步处理后变换成射频信号进行发射。

1. 单频网关键设备

1)单频网适配器

地面数字电视单频网适配器是构建地面数字电视单频网的重要设备，地面数字电视单频网适配器包括 SIP 插入和码率适配功能模块，完成从输入 TS 流到单频网适配 TS 流的转换。

单频网适配器根据 GPS 提供的时间信息(10MHz 基准频率和 1PPS 脉冲信号)，在 TS 流中周期性地(以 1s 为单位)插入 SIP，SIP 严格定义了每个发射台站的发射时刻。单频网适配器输出的 TS 流，经过分配网络传送到各个发射台站，各发射台站

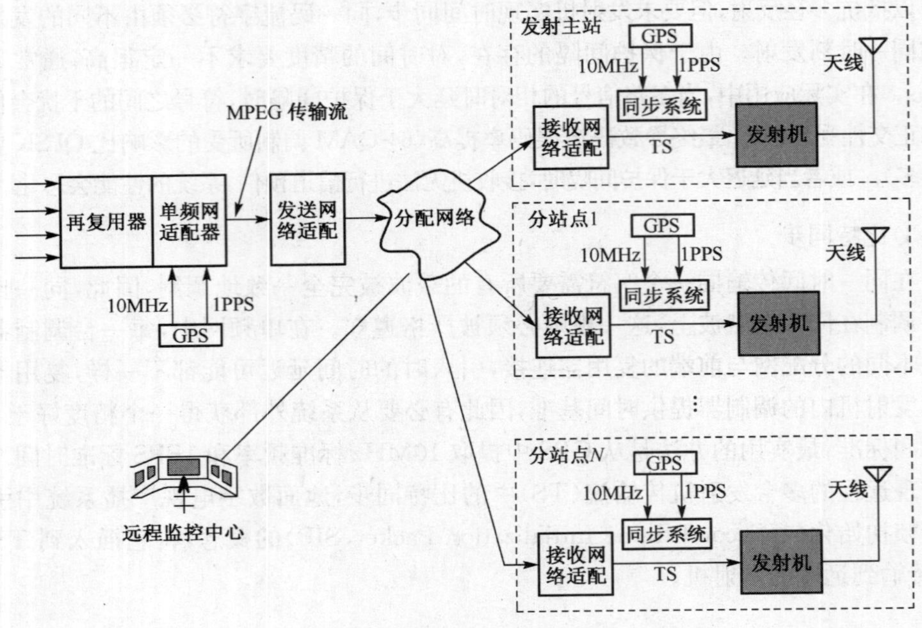

图 8-2　单频网网络结构示意图

的激励器根据本地 GPS 时间信息，配合从 TS 流的 SIP 中恢复出来的发射时刻信息，自动计算出本地延迟，从而严格保证本发射台站发射的射频信号满足 SIP 中的定义。

2)传输和接收网络适配器

网络适配器提供从主前端、主发射站到分发射机的透明传输。传输和接收适配器必须实现相反的转换功能分配，网络所产生的最大延迟必须小于 1s，这样后面的同步系统才能实现同步。

3)GPS

GPS 是可以用于地面数字电视广播系统的时钟之一，其成本最为经济。GPS 接收机可以提供 10MHz 标准频率和每秒一个脉冲的 1PPS 标准时间。在单频同步网中，1PPS 时间被分成 100ns 的步进，标准频率 10MHz 及标准时间 1PPS 在网络中任何一点都可以获取。

2. 时间同步原理

通过单频网适配器在节目码流中插入时间标记，实现在各种传输链路上的时延自动补偿和各发射机之间相互时间同步。激励器接收来自同一单频网适配器发出的同步数据包，在 GPS 时钟参考源控制下，实现各激励器编码调制信号和播出时间的精准同步。

单频网适配器每 1s 向输入的 TS 流中插入 1 个 SIP，插入时刻与 GPS 的 1PPS 对齐。SIP 插入示意图如图 8-3 所示。

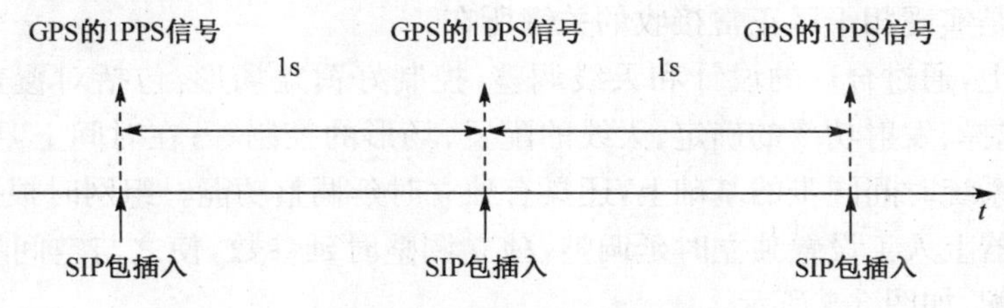

图 8-3　SIP 插入示意图

SIP 除了作为时间标志外，还携带激励器所需的信道编码调制和最大时延等系统参数。单频网中的各发射机通过检测接收到 TS 流中的 SIP 获得最大延迟时间 $T_{\max}$、TS 流经过分配网络后传输延迟时间 $T_{\mathrm{delay\_T}}$ 和激励器附加延迟时间 $T_{\mathrm{delay\_A}}$ 后统一发射，各发射点的附加时延时间为

$$T_{\mathrm{delay\_A}} = T_{\max} - T_{\mathrm{delay\_T}}$$

地面数字电视单频网中发射机处理的最大延迟时间为 0.9999999s。单频网适配器与各发射站激励器的同步时序如图 8-4 所示。

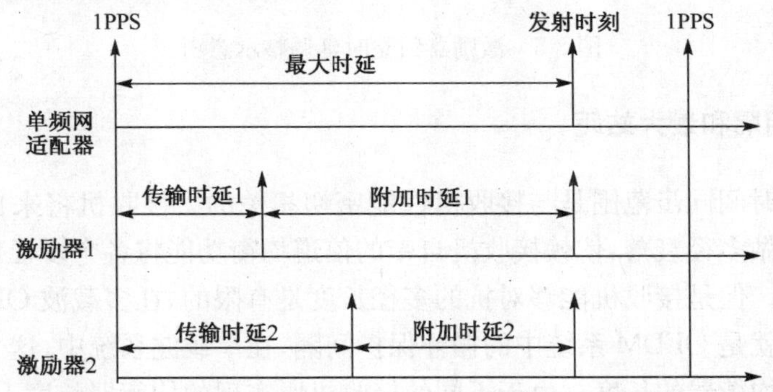

图 8-4　单频网适配器与各发射站激励器的同步时序图

在时间同步原理的支持下，可以使同步节目内容在各种传输网络/链路上传送，如光缆、微波、卫星等，并自动补偿传输链路的延时改变，始终保持各激励器的输出信号在时间上严格同步。

3. 单频网的相干区

在单频网覆盖重叠区，当来自不同发射机的信号强度相差一定量级时，可以忽略弱信号的存在。接收机只识别和接收强信号，不产生信号间的相互干扰。当来自不同发射机的信号强度相差小于一定的量级时，不可忽略弱信号的存在。接收机要同时处理两个或两个以上的信号，这一区域称做“等场强区”或“相干区”，可能产生信号间的相互干扰。单频网组网的关键就在是否能实现相干区的正常接收。空间参数与时间参数的配合是实现相干区正常接收的关键所在。

在空间上，通过合理的设计和天线调整，控制好覆盖场形，包括对覆盖场区的了解、站点的选择、发射功率的确定、天线的配置、场形的控制等；在时间上，要求激励器在实现网络系统时间同步的基础上，还具有独立时延调整功能。组网时根据实际测试结果在激励器上人工设置独立时延调整，独立调整时延参数，使之与空间参数在相干区内相互匹配，如图 8-5 所示。

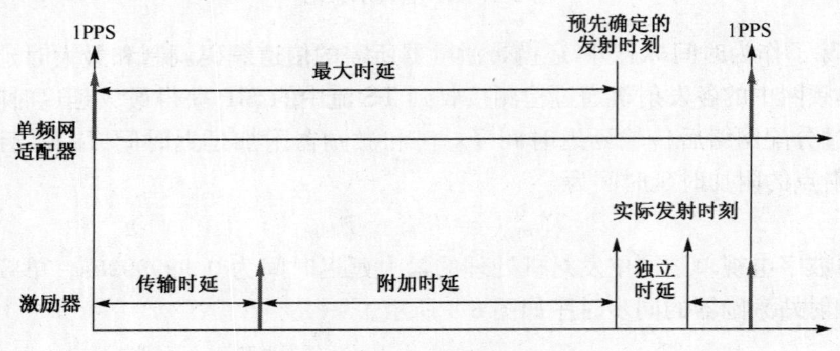

图 8-5　激励器独立时延调整示意图

8.1.3　保护间隔和最大站距

单频网的时间同步范围是与接收机性能密切相关的。接收机将来自于不同发射台站的信号看做多径衰落，依赖接收机自带的信道均衡功能将各个多径信号合并成可以接收的信号。但是接收机能够对抗的多径长度是有限的，在多载波 OFDM 系统中，这个最大长度就是 OFDM 系统中的循环保护间隔；在单载波系统中，这个最大长度往往是接收机中均衡器的长度。由于不同的接收机所实现的均衡器长度不同，可以近似认为该长度等于时域训练序列的长度。

在我国地面数字电视标准中，最小的保护间隔为 420 个符号长度，因此可以近似地认为接收机所能对抗的最大多径长度为 420 个符号长度，大约为 55μs，对应于电波传播距离约为 16.6km。表 8-1 列出了我国地面数字电视标准中定义的三种传输模式与其对应的三种帧头长度及单频网组网时发射机间最大间距。保护间隔越长，发射机间的距离越大，但同时传输的有效比特率越低。

因此，单频网的建设需要考虑接收机所能对抗的最大多径长度。假定两发射机间距为 $2c$，而且信号随距离增加的衰减常数为 α，在两发射机正中间，朝向其中的一个前

行 pc，$-1<p<1$，则两信号的比为

$$\frac{S_1}{S_2}=10\lg\left(\frac{c(1+p)}{c(1-p)}\right)^{\alpha}=10\lg\left(\frac{1+p}{1-p}\right)^{\alpha}=x$$

表 8-1　国标三种保护间隔

带宽/MHz	8	8	8
帧头模式	FH-Mode1	FH-Mode2	FH-Mode3
保护间隔	1/9	1/6	1/4
数据帧持续时间/s	500	500	500
帧头间隔持续时间/s	55.56	78.7	125
发射机最大传输距离/km	17	24	38

如果当两信号强度相差 xdB 时，仍处于单频网相干区，则有

$$10^{\frac{x}{(10\alpha)}}=\frac{1+p}{1-p}\quad\Leftrightarrow\quad p=\frac{10^{\frac{x}{(10\alpha)}}-1}{10^{\frac{x}{(10\alpha)}}+1}$$

此时两信号距离相差 $2pc$，相当于一个 $2pc/v$ 的时延，$v=3\times10^8\text{m/s}$。如果保护间隔长度为 y，则可推算出一个关于 x 和 y 的距离函数为

$$\frac{2pc}{3\times10^8}=y=c\,\frac{2}{3\times10^8}\times\frac{10^{\frac{x}{(10\alpha)}}-1}{10^{\frac{x}{(10\alpha)}}+1}$$

采用 μs 作单位有

$$c=150\times\frac{10^{\frac{x}{(10\alpha)}}-1}{10^{\frac{x}{(10\alpha)}}+1}\times y$$

发射机之间的间距为

$$d=2c=300\times\frac{10^{\frac{x}{(10\alpha)}}-1}{10^{\frac{x}{(10\alpha)}}+1}\times y$$

假设 $x=15$dB，即两信号强度相差 15dB 时，可以忽略弱信号的影响，同时令 $\alpha=3$，$y=40\mu$s，则 $c=11.6$km，所以两发射机的最大间距约为 23km。

8.1.4　单频网组网的实现方式

通过单频网适配器在 TS 流中插入 SIP，再通过各个发射台站的激励器将这些 SIP 中的时间信息与本地 GPS 时间信息进行比对处理，就可以实现单频网的时间同步。实际上，单频网的组网实现方式灵活多样，可以在不同功率、不同信号质量、不同建设成本之间进行灵活选择。可以采用灵活高低搭配的形式，进行单频网建设。

1）单点大功率结合盲区补点

传统的广播电视无线覆盖网络都是由建设大功率发射站点来完成的。这些站点往往都建设在城区中心制高点或者是高山上，发射功率往往很大，可以尽可能地覆盖

更为广阔的区域。但是由于无线信号的传输特性,信号往往会受到地形、建筑物的阻挡,这样就会不可避免地形成覆盖盲区。

地面数字电视的建设也可以采用单点大功率的覆盖方式。这种方式采用大功率发射机、高增益发射天线,以及较高的发射塔。对于受地形限制所产生的覆盖盲区,可以采用小功率同频直放型补点发射机设备,或者小功率差转设备进行盲区补点。

2)多点中功率均匀覆盖

架设大功率发射站点往往需要较为昂贵的设备、复杂的配套设施,甚至需要建设专用的电视发射塔,所需要的成本是比较高的。在一些不具备条件的地区,也可以采用多个中、小功率发射机,进行均匀建站,每个发射站点之间保持相对均匀的分布。不同发射站点的信号之间组成单频网。这样可以以增加发射站点个数为代价,在较大范围内实现信号的覆盖。

3)单点大功率结合中、小功率覆盖

单点大功率发射站点也可以同中、小功率发射站点一起建设。得益于数字电视单频网技术,如果中、小功率发射机发射出的射频信号与大功率发射机发射的信号满足同频、同时、同内容的条件,即可以组成单频网,从而在不产生同频干扰的前提下,有效改善覆盖质量。

8.2 单频网适配器

地面数字电视单频网适配器是构建地面数字电视单频网的重要设备。2008 年国家广播电影电视总局发布了《地面数字电视广播单频网适配器技术要求和测量方法》(GY/T 229.1—2008),本节根据该规范内容介绍单频网适配器原理及要求。

8.2.1 单频网适配器的原理

地面数字电视单频网适配器原理框图如图 8-6 所示。地面数字电视单频网适配器包括 SIP 插入和码率适配功能模块,完成从输入 TS 流到单频网适配 TS 流的转换。

1. *秒帧初始化包(SIP)*

地面数字电视单频网适配器的基本数据帧为秒帧(SF),1 个 SF 时间长度为 1s,包含调制 8 个 GB 20600—2006 规定的超帧所用的全部信息比特。在不同的调制方式、帧头模式、编码效率情况下,1 个 SF 中包含 TS 包数量如表 8-2 所示。

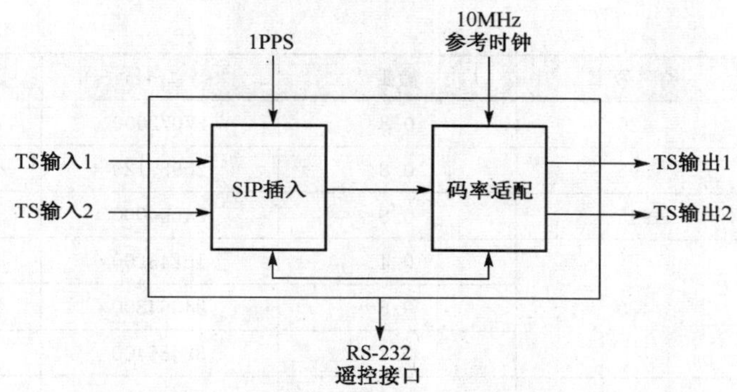

图 8-6　单频网适配器原理框图

表 8-2　各种工作模式下秒帧包含 TS 包的数量

调制方式	编码效率	帧头	净码率/(bit/s)	TS 包率/(包/秒)
4-QAM-NR	420	0.8	5414400	3600
	595	0.8	5197824	3456
	945	0.8	4812800	3200
4-QAM	420	0.4	5414400	3600
		0.6	8121600	5400
		0.8	10828800	7200
	595	0.4	5197824	3456
		0.6	7796736	5184
		0.8	10395648	6912
	945	0.4	4812800	3200
		0.6	7219200	4800
		0.8	9625600	6400
16-QAM	420	0.4	10828800	7200
		0.6	16243200	10800
		0.8	21657600	14400
	595	0.4	10395648	6912
		0.6	15593472	10368
		0.8	20791296	13824
	945	0.4	9625600	6400
		0.6	14438400	9600
		0.8	19251200	12800

续表

调制方式	编码效率	帧头	净码率/(bit/s)	TS 包率/(包/秒)
32-QAM	420	0.8	27072000	18000
	595	0.8	25989120	17280
	945	0.8	24064000	16000
64-QAM	420	0.4	16243200	10800
		0.6	24364800	16200
		0.8	32486400	21600
	595	0.4	15593472	10368
		0.6	23390208	15552
		0.8	31186944	20736
	945	0.4	14438400	9600
		0.6	21657600	14400
		0.8	28876800	19200

地面数字电视单频网适配器每 1s 向输入的 TS 流中插入 1 个 SIP，插入时刻与 GPS 的 1PPS 对齐。插入的 SIP 与 MPEG2-TS 包格式相同，由 4 字节的包头和 184 字节的数据字段组成，SIP 定义如图 8-7 所示。

1	2	3	4	5～6	7～9	10～11	12～14	15～17	18～19	20～188
0x17	0x10	0x15	0x10	SI_SIP	最大延迟时间	广播寻址	独立调整延时	频偏设置	功率控制	填充字节

图 8-7　SIP 结构示意图

SIP 中各字段定义如下。

(1)SIP 头：由 32bit 组成，符合《信息技术 运动图像及其伴音信息的通用编码 第 1 部分：系统》(GB/T 17975.1—2000)的有关规定，其中 PID 号为 0x0015。

(2)SI_SIP：由 16bit P0～P15 组成，各比特定义如表 8-3 所示。

(3)最大延迟时间：由 24bit 组成，设置范围为 0x000000～0x98967F，单位为 100ns，最大延迟时间范围为 0～0.9999999s。最大延迟时间设置值应大于节目分配网传输延迟时间。

(4)广播寻址：用于寻址单频网中某一个发射机，由 16bit 组成，可寻址范围 0x0000～0xFFFF，其中 0x0000 表示寻址网络内的所有发射机。

(5)独立调整时延：由 24bit 组成。在最大延迟时间的基础上，通过广播寻址为特定发射机添加独立调整时延，保证单频网中各发射机发射信号满足一定时延关系。

(6)频偏设置：由 24bit 组成，通过广播寻址为特定发射机添加频偏值。准确的频偏值是相对于使用的射频信道中心频率，单位是 1Hz，范围是[−8388608，8388607]×1Hz。

(7)功率控制：由 16bit 组成，通过广播寻址控制特定发射机的发射功率。最高位比特为功率开关，“1”表示开，“0”表示关；低 15bit 数据为功率控制字，单位是 0.1dBm，范围是[0，32767]×0.1dBm；

(8)填充字节：共 169 字节，每字节均为 0xFF。

表 8-3　SI_SIP 定义

比　　特	用　　途	定　　义
[P0：P1]	帧头模式	00：PN420 01：PN595 10：PN945 11：保留
[P2]	载波数	0：$C=1$；1：$C=3780$
[P3：P5]	映射方式	000：4-QAM-NR 001：4-QAM 010：16-QAM 011：32-QAM 100：64-QAM 101～111：保留
[P6：P7]	编码效率	00：0.4 01：0.6 10：0.8 11：保留
[P8]	交织模式	0：240 1：720
[P9]	双导频	0：不加 1：加
[P10]	PN 相位	0：不旋转 1：旋转
[P11：P15]	无	保留

2. 码率适配

SIP 的产生和插入是整个单频网适配器的核心功能。根据系统输出码率时钟，在 GPS 的每个 1PPS 的位置，地面数字电视单频网适配器向 TS 流中插入 1 个 SIP；在其他位置，地面数字电视单频网适配器从前端缓冲区内读取数据码流，如果数据不足一个 TS 包，则自动插入单频网适配空包完成 TS 流的码率适配。单频网适配空包格式如图 8-8

所示。地面数字电视单频网适配器输出的 TS 流码率和由单频网适配器规定的发射机工作模式要求的净载荷速率完全相同,并且锁定在来自 GPS 的 10MHz 参考时钟上。

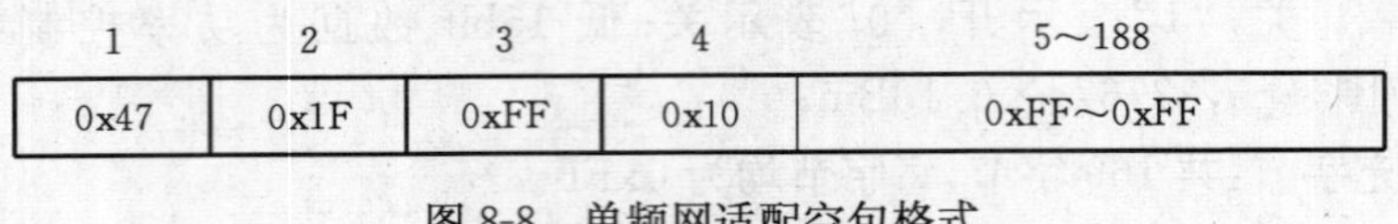

1	2	3	4	5～188
0x47	0x1F	0xFF	0x10	0xFF～0xFF

图 8-8　单频网适配空包格式

8.2.2　单频网适配器的要求与测试

1. 接口要求

(1)TS 数据输入采用 ASI 接口,至少两路,BNC 接头,阴型,输入阻抗为 75Ω;

(2)10MHz 时钟输入采用 BNC 接头,阴型,AC 耦合,$V_{P\text{-}P}>600$mV,输入阻抗为 50Ω;

(3)1PPS 输入采用 BNC 接头,阴型,TTL 电平,上升沿触发,输入阻抗为 50Ω;

(4)TS 数据输出采用 ASI 接口,至少两路,BNC 接头,阴型,输入阻抗为 75Ω;

(5)RS-232 遥控采用 DB9 接头,阳型。

2. 功能要求

(1)秒帧初始化包(SIP)插入功能。地面数字电视单频网适配器每 1s 向输入的 TS 流中插入 1 个 SIP,插入时刻与 GPS 的 1PPS 对齐。

(2)码率适配功能。地面数字电视单频网适配器输出的 TS 流码率和由单频网适配器规定的发射机工作模式要求的净载荷速率完全相同,并且锁定在来自 GPS 的 10MHz 参考时钟上。

(3)监控和报警。提供实时监控和报警功能。单频网适配器检测各部件的工作状态,当发生异常情况时,给出报警指示,报警状态可以通过远程控制端口进行查询。

3. 性能要求

为了保证在节目正常播出时,地面数字电视激励器不会因为 TS 流的抖动而误认为节目源端在进行节目调整,从而导致激励器执行复位操作,规定单频网适配器输出 TS 流传输抖动在 100ns 范围。

8.3　单频网覆盖模型

单频网的组网条件是保证各个发射站台发射信号同频、同时、同内容。为了满足这些条件,可以采用多种覆盖方式和设备。下面对经常使用的几种覆盖方式进行介绍。

8.3.1　基于 TS 分配网络的单频网覆盖

这种方式是应用最为普遍的一种单频网组网方式，通过专用网络（如光纤、有线电视网络、IP 网络等），将单频网适配器输出的码流分配到不同的发射站点，再由不同发射站点处的激励器，分别将适配码流调制到射频信号并发射。不同站点处的激励器通过外接 GPS 信号，保证射频信号的载波同步和发射时刻的同步，满足单频网的同步要求。由于需要基础设施建设，这种单频网组网方式成本昂贵，但是质量稳定可靠。

8.3.2　同频直放站补点覆盖

这种方法是将空中信号接收后，经过功率放大直接发射出去，对覆盖盲区进行补点。但是由于接收、发射天线隔离度的限制，发射信号的功率无法太大。这类设备往往需要配合回波消除功能。回波消除功能是将接收天线接收到的信号变换到基带，经过数字基带回波消除处理，再经过射频放大后再次发射出去。由于不需要码流分发网络，所以组网成本较低。同时由于引入了回波消除处理，可以有效缓解同频转发所带来的收发天线隔离度问题。回波消除处理只引入了很小的时延，完全满足单频网的同步要求。但是，回波消除处理会对发射信号的信噪比造成一定程度的恶化。

8.3.3　基于射频信号分配网络的单频网覆盖

这种方式将射频信号通过有线网络（如光纤、有线电视网络）分发到各个发射站点，在各个站点处只对该射频信号进行放大并发射，对主塔发射信号进行补点覆盖。由于有线网络拓扑复杂，延迟不确定，因此需要采用特殊设备，对射频信号进行延迟，以满足单频网的同步要求。

8.4　单频网覆盖工程实践

8.4.1　无线覆盖网络规划

在进行单频网建设之前，需要根据实地情况进行无线覆盖的网络规划。根据覆盖区域的大小、地形环境、基础设施情况、网络建设的资金预算等客观条件，灵活选择单频网发射站点的设备类型、功率大小、站址分布、发射信号调制模式、各个发射站点的发射时刻等。

无线覆盖的网络规划，可以配合市场上的一些专用网络规划软件来进行。但是这些网络规划软件往往只能起到计算信号辅助计算的作用，对于实际的设备类型选择、网络优化，还需要更专业的工程实践进一步检验。

8.4.2　网络覆盖优化

单频网设备搭建完成后，往往都需要对网络覆盖进行优化调整。单频网性能的优化建立在覆盖区域内信号接收质量测量基础之上。由于数字电视单频网的原理同接收机对抗多径的能力密切相关，因此在覆盖区域信号测量中，多径分布特征是非常重要的指标。

在单频网覆盖区域信号性能测量中，最重要的性能指标是接收场强和多径分布特征。现在市场上有很多路测仪都具备测试上述两项指标的功能。若接收场强太低，则证明该地区受到了严重遮挡，需要增加覆盖功率；若多径分布特征不利于接收机正常工作，则需要考虑对各个发射站点发射信号的功率、延迟等进行调整。

1. 网络优化常用方法

根据单频网覆盖区域信号测试的结果，就可以对单频网进行网络优化。

如果在该地区，信号的接收场强比较弱，导致接收机无法正常工作，那么需要对该区域进行信号增强。比较常用的手段是架设直放站设备，或者在该区域附近架设新的单频网发射站点。根据接收场强较弱地区的范围，可以灵活选择所采用的建站类型和设备功率大小。

如果在该地区，信号的接收场强较强，但是接收机仍然无法工作，那么往往是因为多径信号的分布特征不利于接收机正常工作。这就需要对多径信号的分布特征进行分析，根据分析的结果，对各个发射站点发射信号的功率、发射延迟等进行调整。调整发射站点的功率和延迟，实际上就可以改变覆盖区域的多径分布特征。因此网络优化的目的就是要让覆盖区域的接收信号在场强、多径信号分布特征方面都满足接收机正常工作的条件。

2. 网络优化分析

单频网网络优化分析，主要是指对覆盖区域内的多径信号分布特征进行分析，需要同接收机接收性能结合起来，往往比较复杂。在工程实践简化后，大致上可以同保护间隔联系起来：一般认为如果多径的最大延迟长度能够限制在保护间隔之内，那么接收机一般都可以正常工作。但是仍然有例外的情况，例如对于单载波调制方式下，接收机对抗多径的能力更加依赖于接收机所采用的算法，即使多径的最大延迟长度能够保持在保护间隔以内，多径的强度、分布等其他特征也能严重影响接收机的接收性能，所以需要更为专业的分析。

3. 发射机标识在网络优化中的作用

在单频网网络优化中，往往需要对多个不同的站点进行参数调整。由于各个站点信号之间存在相互影响，所以站点越多，优化的复杂度越高。这就带来一个对各个发射站点进行远程调控的功能需求。在地面数字电视单频网适配流的 SIP 中，定义了发射机标识，通过该标识，可以分别调整不同发射机的发射参数，从而简化单频网网络优化中的远程控制问题。

8.4.3　常见故障分析与排除

在单频网组网过程中，会经常碰到各种问题。下面对工程中经常出现的一些问题进行分析，希望对未来的工程实践起到参考作用。

1. TS 流

单频网建设中经常碰到的问题，就是不同站点所接收到的 TS 复用流不完全一致。造成这种情况的原因有多种。

(1)单频网适配器输出的适配 TS 流，经过光纤网络进行传输。如果光纤网络传输中采用了一些适配设备(例如常用的 DS3 光网络适配器)，则这些设备往往会对输入 TS 流进行一些插空包、PCR 校正等处理。这些处理破坏了适配流的原始配置，使得进入不同发射站点的 TS 复用流不再相同，从而破坏了单频网组网中内容必须相同的条件。

(2)如果单频网适配器输出的 TS 流经过微波等无线方式进行传输，那么由于微波传输中也需要插入空包，而该空包同单频网复用流中的空包混淆，从而造成码流溢出，单频网组网失败。

(3)如果在单频网 TS 复用流传输的过程中，发生了传输错误，就会造成到达各个发射站点的复用流不一致，从而造成单频网组网失败。

2. GPS

单频网组网中的时间、频率同步都需要 GPS 时钟来保证。然而，GPS 设备非常容易受到干扰，造成 GPS 时钟不稳定。GPS 时钟如果产生了频率漂移，对单频网的正常运行带来的影响是致命的，会导致发射出去的信号成为整个网络中的强干扰源，对其他站点的正常发射信号造成严重干扰。所以，在单频网建设和正常运行中，GPS 是需要重视的环节。实际上，单频网组网中最容易发生故障的环节就是 GPS。建议采购质量稳定的 GPS 产品，并且在网络的运行维护过程中，对 GPS 的工作状态进行密切监控。

3. 激励器

单频网组网中的核心设备就是单频网适配器和激励器。在各个发射站点，激励器需要将接收到的 TS 复用流调制成射频信号，并且根据 SIP 中定义的时间信息，结合 GPS 时钟源提供的时间信息，计算出本地延迟时间，并在激励器中确定发射时刻。因此，单频网同步的主要功能是在激励器中完成的。

在单频网组网和运行维护中，激励器的故障往往同 GPS 密切相关。当 GPS 时钟丢失后，为了不对其他站点的信号产生影响，激励器需要自动将射频输出关闭。当检测到 GPS 时钟恢复后，激励器应该能够自动恢复到正常工作状态。

另外，如果 TS 复用流发生了错误，激励器也应该有一定的检测功能。如果发现 TS 复用流有错误，激励器也应该自动关闭射频输出，以免对其他站点产生干扰。当发现 TS 复用流恢复正常后，激励器应该能够自动恢复到正常工作状态。

最后，在单频网组网过程中经常碰到不同品牌激励器之间的单频网兼容性问题。由于不同品牌的激励器对信号的处理过程不一样，特别是对延迟处理的方式不同，可能会造成它们之间的发射时刻不同步。碰到这种问题，往往需要激励器生产厂家的技术支持。

4. 发射机设备

发射机设备是将激励器输出的射频信号进行大功率放大的关键器件。发射机输出的大功率射频信号经由天线发射出去，其射频指标的好坏，在很大程度上决定了无线覆盖的效果。

由于单频网往往由很多站点组成，每个站点发射机的工作状态都可能会对其他站点的信号造成影响，所以往往需要对单频网网内所有发射站点的发射机设备工作状态进行监控，以确保网络中的各个节点的正常运行。

附录　常用专业术语与缩略语

8-VSB	Trellis-Coded 8-Level Vestigial Side-Band	八电平残留边带调制
AC	Alternating Current	交流电
ASI	Asynchronous Serial Interface	异步串行接口
ATSC	Advanced Television Systems Committee	美国地面数字电视传输标准
BAT	Bouquet Association Table	业务群关联表
BCD	Binary Coded Decimal	二一十进制编码
BCH	Bose、Ray-Chaudhuri、Hocquenghem 缩写	纠错编码
BER	Bit Error Rate	误码率
CA	Conditional Access	条件接收
CAS	Conditional Access System	条件接收系统
CAT	Conditional Access Table	条件接收表
C-OFDM	Coded Orthogonal Frequency Division Multiplexing	编码正交频分复用
CRC	Cyclic Redundancy Check	循环冗余校验
DAB	Digital Audio Broadcasting	数字音频广播
DIT	Discontinuity Information Table	间断信息表
DTMB	Digital Terrestrial Multimedia Broadcasting	中国地面数字电视标准
DTS	Decoding Time Stamp	解码时间戳
DVB	Digital Video Broadcasting	数字视频广播
DVB-C	Digital Video Broadcasting-Cable	欧洲数字电视广播传输标准(有线)
DVB-S	Digital Video Broadcasting-Satellite	欧洲数字电视广播传输标准(卫星)
DVB-T	Digital Video Broadcasting-Terrestrial	欧洲数字电视广播传输标准(地面)
DVD	Digital Versatile Disc	数字通用光盘
EBU	European Broadcasting Union	欧洲广播联盟
EIT	Event Information Table	事件信息表
EMM	Entitlement Management Message	授权管理信息
EPG	Electronic Program Guide	电子节目指南
ES	Elementary Stream	基本流
ETS	European Telecommunication Standard	欧洲电信标准
ETSI	European Telecommunication Standard Institute	欧洲电信标准委员会
FEC	Forward Error Correction	前向纠错

FLS	Forward Link Signalling	前向链接信令
FTP	File Transfer Protocol	文件传输协议
GPS	Global Positioning System	全球定位系统
HTTP	Hyper Text Transfer Protocol	超文本传输协议
ID	Identifier	标识符
IEC	International Electrotechnical Commission	国际电工委员会
IF	Intermediate Frequency	中频
IP	Internet Protocol	因特网协议
IPPV	Impulse Pay Per View	即时按次付费节目
IRD	Integrated Receiver Decoder	综合接收解码器
ISDB-T	Integrated Service Digital Broadcasting-Terrestrial	日本地面综合业务数字广播标准
ISO	International Organization for Standardization	国际标准化组织
ITU	International Telecommunication Union	国际电联组织
JTC	Joint Technical Committee	联合技术委员会
LDPC	Low Density Parity Check Codes	低密度校验码
LNA	Low Noise Amplifier	低噪声放大器
LSB	Least Significant Bit	最低有效位
MER	Modulation Error Ratio	调制误差率
MFN	Multi Frequency Network	多频网
MPEG	Moving Picture Experts Group	运动图像专家组
MPTS	Multi Program Transport Stream	多节目传输流
NIT	Network Information Table	网络信息表
NVOD	Near Video On Demand	准视频点播
OFDM	Orthogonal Frequency Division Multiplexing	正交频分复用
OSD	On Screen Display	屏幕显示
PAPR	Peak to Average Power Ratio	峰值平均功率比
PAT	Program Association Table	节目关联表
PCR	Program Clock Reference	节目时钟基准
PDC	Program Delivery Control	节目传送控制
PES	Packetized Elementary Stream	打包的基本流
PID	Packet Identifier	包标识符
PIL	Program Identification Label	节目标识标签
PMT	Program Map Table	节目映射表
PPC	Pay Per Channel	按频道付费
pps	pulse per second	秒脉冲
PPV	Pay Per View	按次付费

PS	Program stream	节目流
PSI	Program Specific Information	节目特定信息
PSTN	Public Switched Telephone Network	公共交换电话网
PTS	Presentation Time Stamp	显示时间戳
QAM	Quadrature Amplitude Modulation	正交幅度调制
QPSK	Quaternary Phase Shift Keying	四相相移键控
RF	Radio Frequency	射频
RS	Reed-Solomon	里德-所罗门
RST	Running Status Table	运行状态表
RX	Receiver	收端
SDI	Serial Digital Interface	串行数字接口
SDT	Service Description Table	业务描述表
SF	Second Frame	秒帧
SFN	Single Frequency Network	单频网
SI	Service Information	业务信息
SIP	Second Frame Initialization Packet	秒帧初始化包
SIT	Selection Information Table	选择信息表
SMS	Subscriber Management System	用户管理系统
SPI	Synchronous Parallel Interface	同步并行接口
SPTS	Single Program Transport Stream	单节目传输流
ST	Stuffing Table	填充表
STB	Set Top Box	机顶盒
STC	System Time Clock	系统时钟
TCP	Transport Control Protocol	传输控制协议
TDS-OFDM	Time Domain Synchronization-Orthogonal Frequency Division Multiplexing	时域同步正交频分复用
TDT	Time and Date Table	时间和日期表
TOT	Time Offset Table	时间偏移表
TS	Transport Stream	传输流
TSDT	Transport Stream Description Table	传送流描述表
TX	Transmitter	发端
UHF	Ultra High Frequency	特高频
UML	Unified Modeling Language	统一建模语言
UTC	Universal Time，Co-ordinated	世界协调时
VBI	Vertical Blanking Interval	场消隐期
VBV	Video Buffer Verifier	视频缓冲验证
VHF	Very High Frequency	甚高频

VOD	Video On Demand	视频点播
VPS	Video Programme System	视频节目系统
VSWR	Voltage Standing Wave Ratio	电压驻波比
WAP	Wireless Application Protocol	无线应用通信协议
XML	eXtensible Markup Language	可扩展标记语言

参 考 文 献

COMBA. 馈线接头制作指导手册.

GB/T 5051—1994 ,电视和调频广播发射天线馈线系统技术指标.

GY/T 229. 1—2008,地面数字电视广播单频网适配器技术要求和测量方法.

GY/T 238. 1—2008,地面数字电视广播信号覆盖客观评估和测量方法第 1 部分:单点发射室外固定接收.

陈 玲. 电压驻波比 VSWR 对广播电视天馈线系统的影响. 科技传播,2010,10(上).

高风吉. 适用于地面数字电视广播的单频网. 广播与电视技术,2003,6.

李志辉,吴建伟,杨艳丽. 电视发射天馈系统的常见故障及维护方法. 西部广播电视,2006 ,7.

刘青立. 射频同轴继电器原理、结构及应用. 机电元件,2009 ,2.

卢江浩. 数字电视发射机研发现状. 中国传媒科技,2001,8.

吕传和. 国内外电视发射机发展概况及对进口电视发射机的反思.

宋树春,张兴会. 电视发射机天馈系统的故障分析与处理. 内蒙古广播与电视技术,2010,27 (2): 67～68 .

宋文君. 模拟与数字电视发射机的异同. RADIO&TELEVISION INFORMATION,2010,9.

浙江龙游新西帝电子有限公司. 射频同轴电缆线知识.

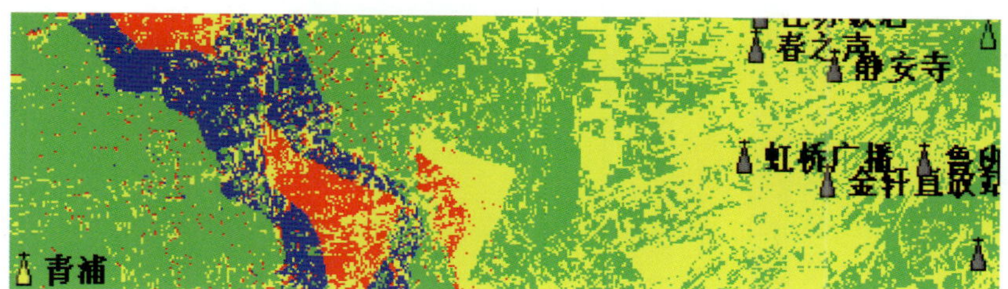

图 7-3　调整前单频网覆盖重叠区示意图

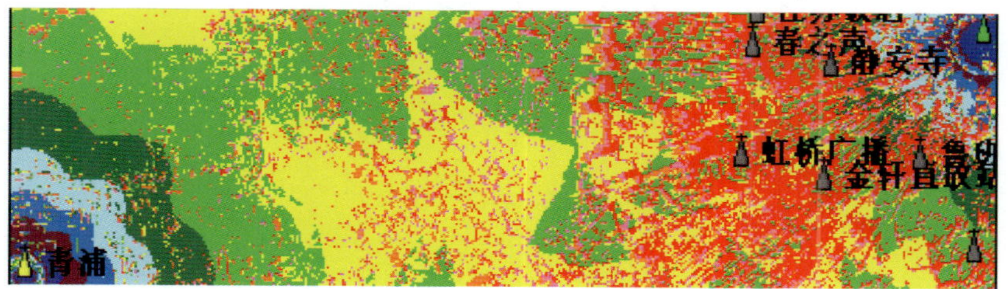

图 7-4　调整前单频网场强叠加示意图

图 7-5　功率调整后单频网覆盖重叠区示意图

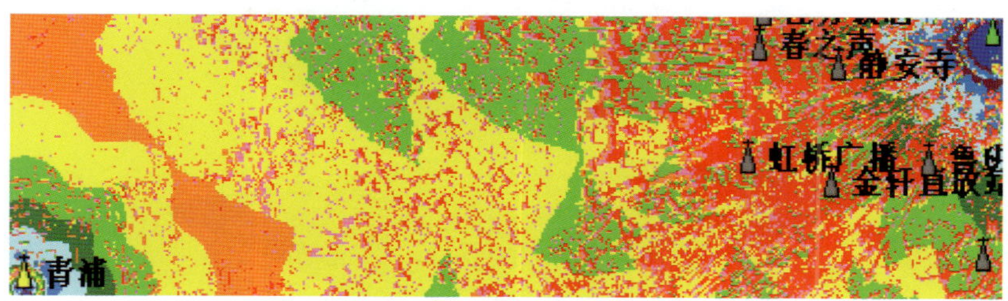

图 7-6　功率调整后单频网场强叠加示意图

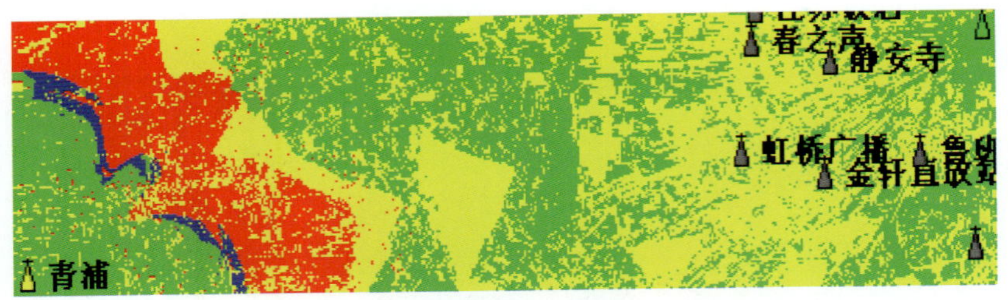

图 7-7　天线调整后单频网覆盖重叠区示意图

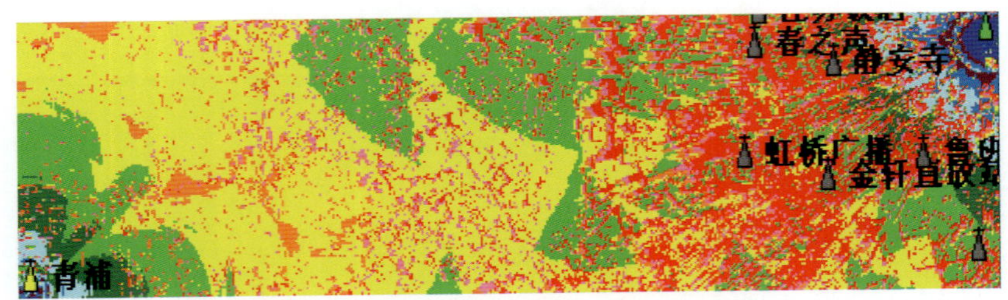

图 7-8　天线调整后单频网场强叠加示意图

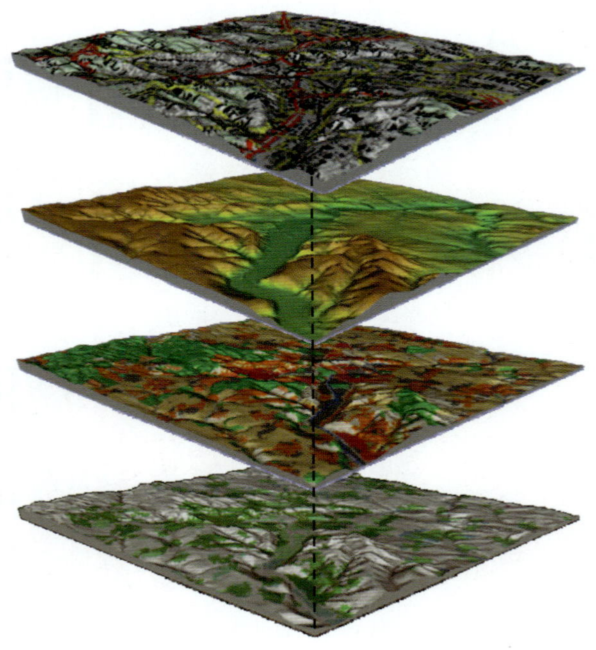

图 7-9　电子地图

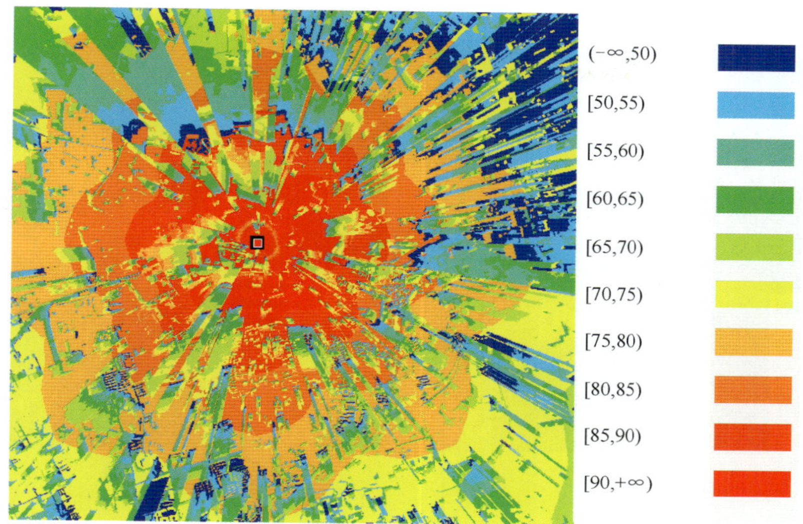

图 7-12　Hata 模型场强预测

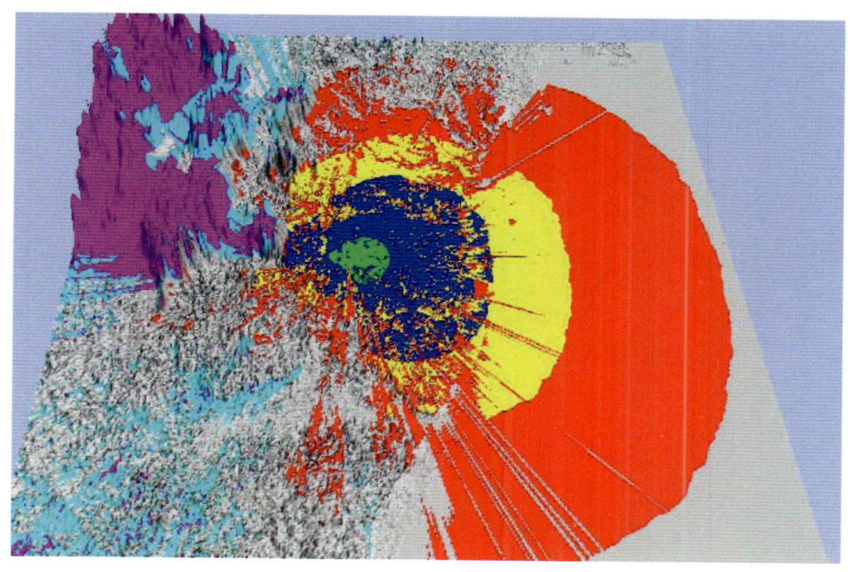

图 7-13　预测结果与地图 3D 显示

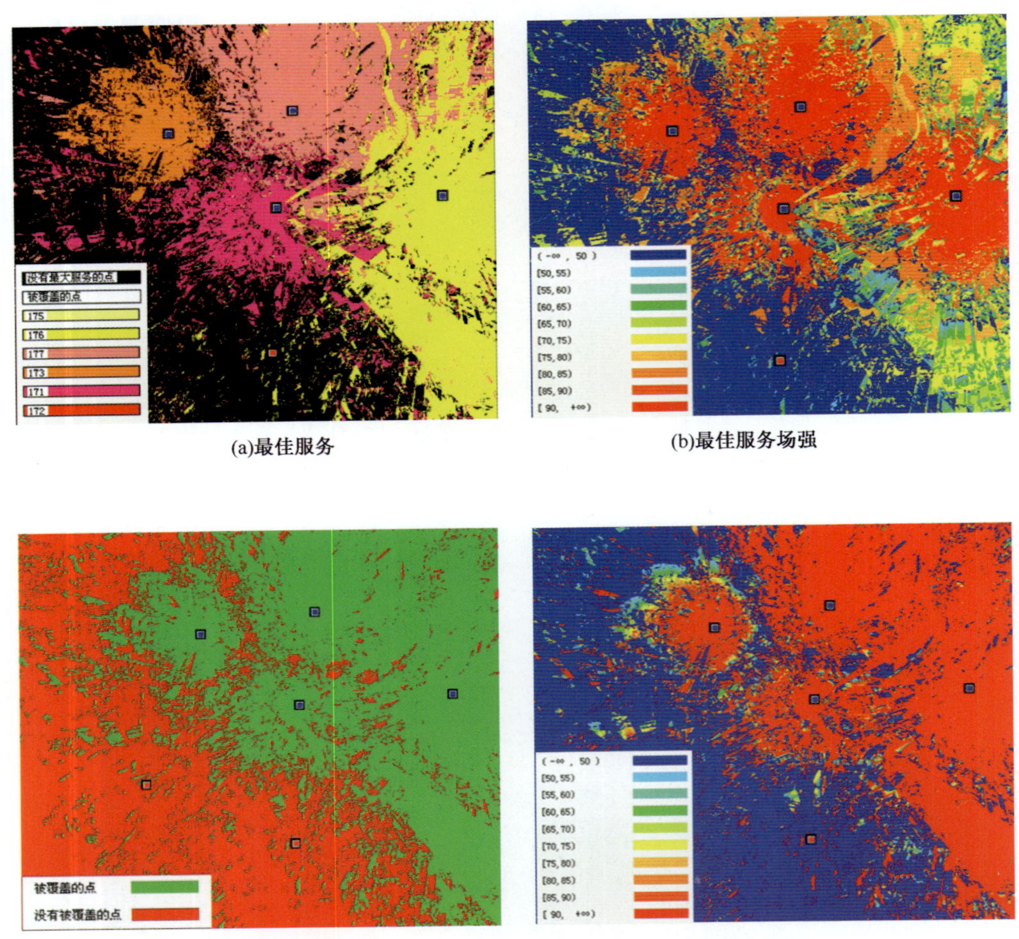

(a)最佳服务 (b)最佳服务场强

(c)覆盖区域 (d)覆盖概率

图 7-16 网络分析结果示例

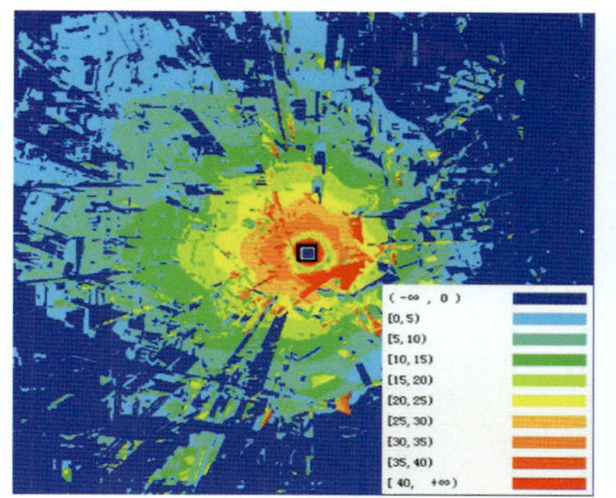

(e)单个欲收台C/I

(f)C/I等值线

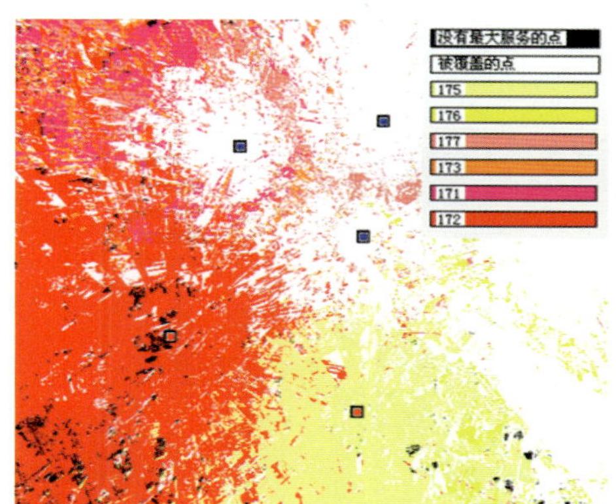

(g)最强干扰

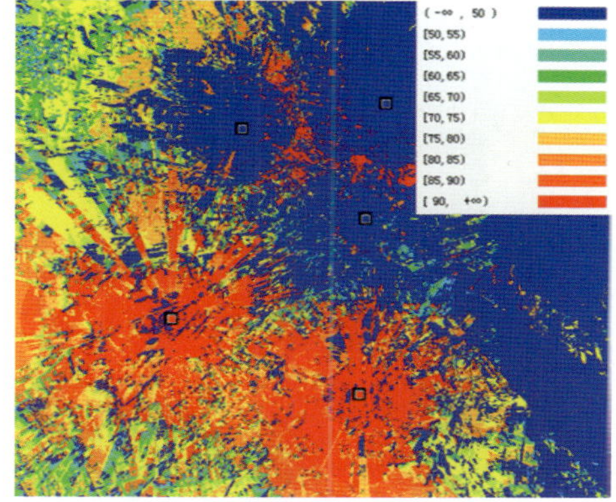

(h)最强干扰强度

图 7-16　网络分析结果示例(续)

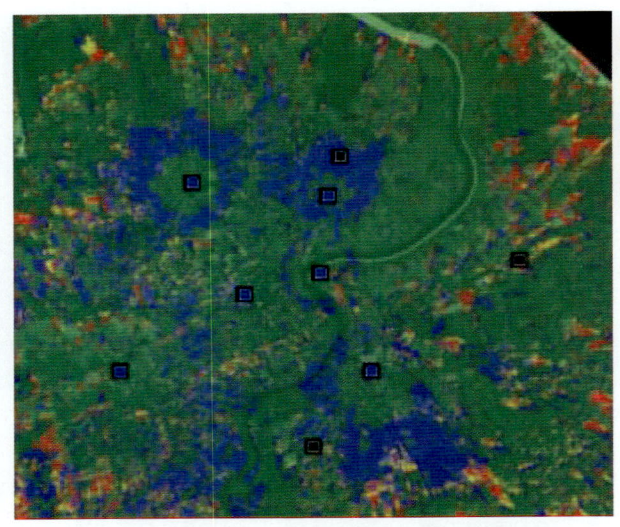

非服务非重叠

非服务重叠区

服务重叠区

服务非重叠区

图 7-17　单频网服务区和重叠区

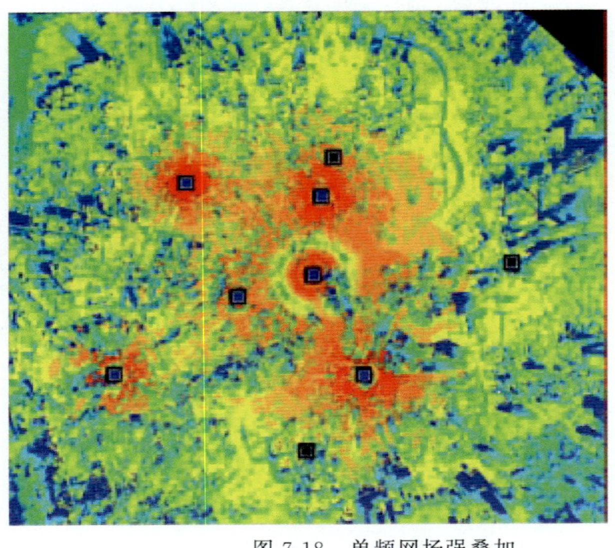

(−∞,50)

[50,55)

[55,60)

[60,65)

[65,70)

[70,75)

[75,80)

[80,85)

[85,90)

[90,+∞)

图 7-18　单频网场强叠加

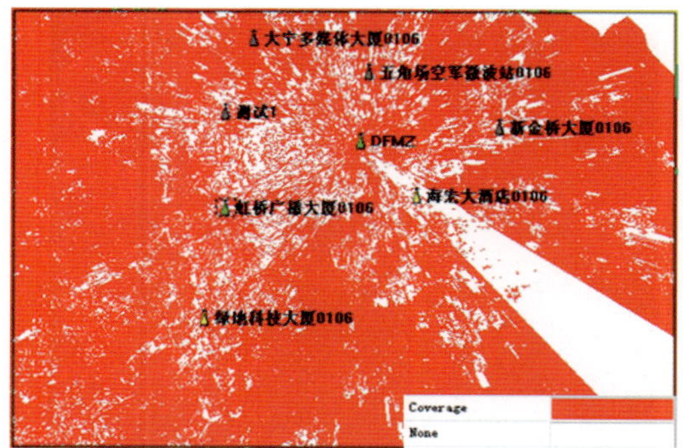

(a) 原先单频网覆盖

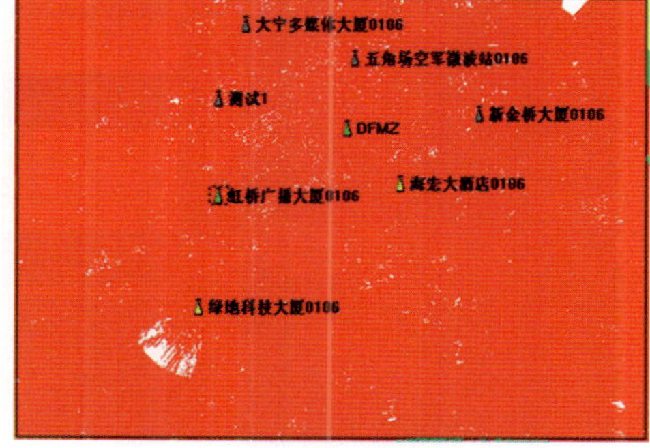

(b) 新单频网覆盖

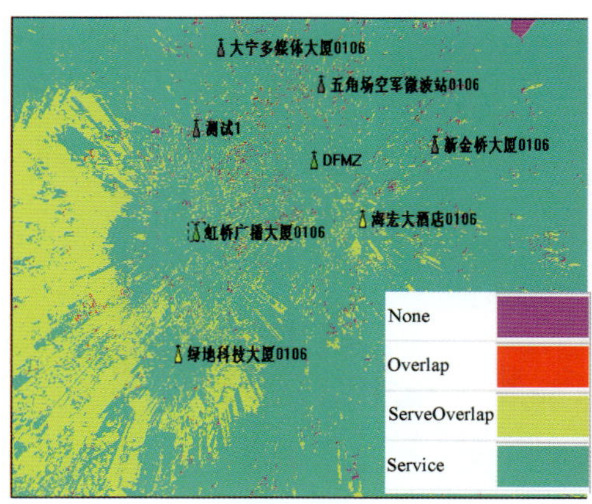

(c) 服务区与重叠区

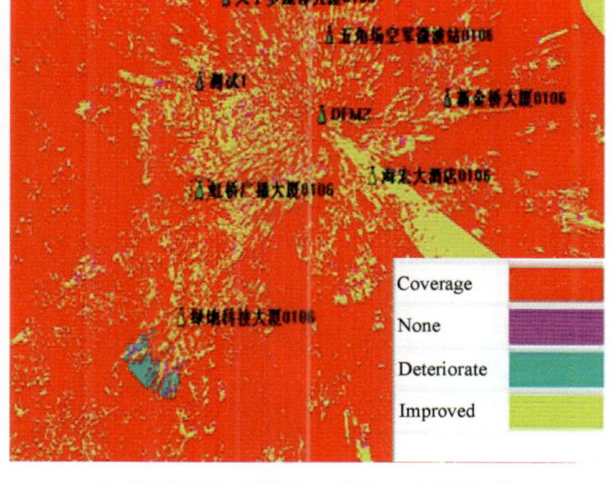

(d) 前后对比（覆盖、恶化、改善区域）

图 7-19　新增单频网台站分析

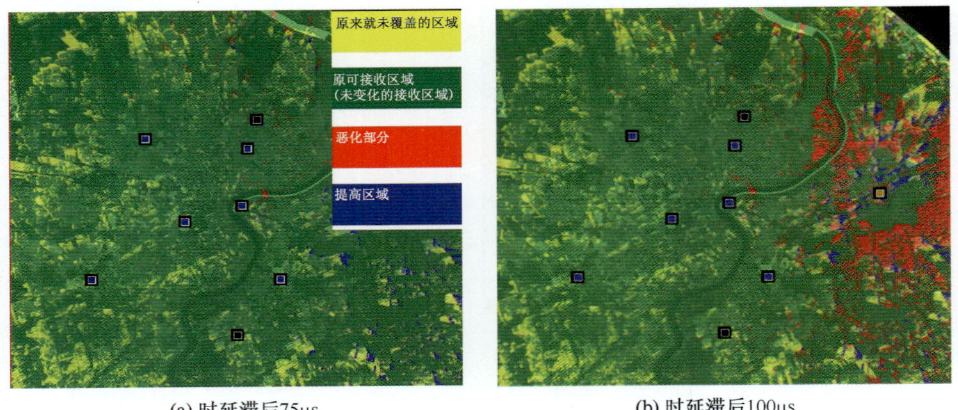

(a) 时延滞后75μs　　(b) 时延滞后100μs

图 7-20　时延调整对比

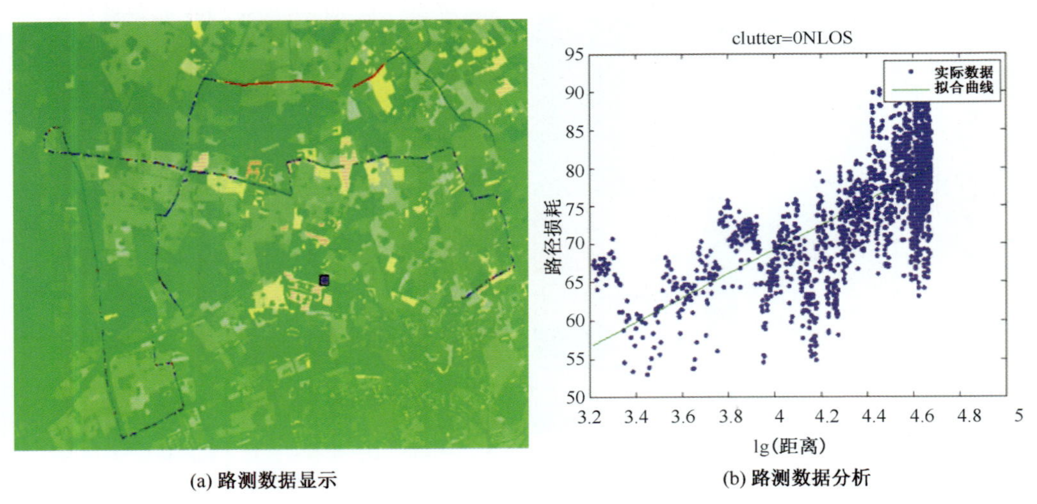

(a) 路测数据显示　　(b) 路测数据分析

图 7-21　路测数据处理